**SCIENCE.COM**

**Scientific Computing**

Herausgegeben von Joachim Lammarsch

*Michael Komma*

# Moderne Physik mit Maple

## Von Newton zu Feynman

An International Thomson Publishing Company

Bonn · Albany · Belmont · Boston · Cincinnati · Detroit · Johannesburg · London
Madrid · Melbourne · Mexico City · New York · Paris · Singapore · Tokyo · Toronto

Die Informationen in diesem Produkt wurden mit größtmöglicher Sorgfalt erarbeitet. Dennoch können Fehler nicht vollständi
ausgeschlossen werden. Verlag, Autoren und Übersetzer übernehmen keine juristische Verantwortung oder irgendeine Haftu
für eventuell verbliebene fehlerhafte Angaben und deren Folgen.

Alle Warennamen werden ohne Gewährleistung der freien Verwendbarkeit benutzt und sind möglicherweise eingetragene
Warenzeichen. Der Verlag richtet sich im wesentlichen nach den Schreibweisen der Hersteller.

Das Werk einschließlich aller seiner Teile ist urheberrechtlich geschützt. Alle Rechte vorbehalten, einschließlich der
Vervielfältigung, Übersetzung, Mikroverfilmung sowie Einspeicherung und Verarbeitung in elektronischen Systemen.

Die deutsche Bibliothek - Cip Einheitsaufnahme

Komma, Michael:
Moderne Physik mit Maple: Von Newton zu Feynman / Michael Komma
- 1. Aufl. - Bonn: International Thomson Publishing 1996
ISBN 3-929821-81-8

©1996 by International Thomson Publishing GmbH
1. Auflage 1996

*Herausgeber*
Joachim Lammarsch, Universität Heidelberg

*Satz*
Michael Komma, Reutlingen

*Belichtung*
Wolfram's Doku-Werkstatt, Attenkirchen

*Umschlaggestaltung*
Justo Garcia Pulido, Bonn

*Farbreproduktionen*
ImagingService Flöer, Bonn

*Produktion*
TYP*isch* Müller, München

*Druck und buchbinderische Verarbeitung*
Wiener Verlag, Himberg

ISBN 3-929821-81-8

# Vorwort

*Bilder, Brücken und Wurzeln*

Die Entstehungsgeschichte dieses Buches geht eigentlich zurück bis in die Zeit meiner Dissertation (1980), die die experimentelle Untersuchung bestimmter Elektron-Atom-Wechselwirkungen zum Thema hatte. Solche Elementarprozesse werden von der Quantenelektrodynamik (QED) im Prinzip mit großer Genauigkeit beschrieben, die Theorie erfordert aber schon bei so „einfachen" Vorgängen wie der Ionisation der K-Schale eines Goldatoms durch Elektronenstoß einen so großen Rechenaufwand, daß noch heute (1995) die experimentellen Daten und die theoretischen Werte stark differieren. Vor etwa fünfzehn Jahren entstanden deshalb in der Hochenergiephysik (in der ähnliche Probleme auftreten) Computer-Algebra-Systeme (CAS) zur symbolischen Bearbeitung der umfangreichen Formeln. Aber eine Formel und ihre Auswertung – sei sie numerisch oder symbolisch – ist immer nur so gut wie ihr Ansatz, und der Ansatz ist auch im Zeitalter des Computers noch eine Frage der Intuition: Man muß sich zuerst ein Bild von dem machen können, was man beschreiben will, denn die Vorstellung kommt vor der (ersten) Formulierung.

Ich verdanke es meinem Doktorvater Prof. W. Nakel, daß ich über all den Neuerungen der letzten fünfzehn Jahre diese Erkenntnis nicht aus den Augen verloren habe. Aber auch meine Schüler haben wesentlich dazu beigetragen, daß ich bis heute die intuitive Seite der Physik hoch einschätze. Mit ihren „naiven Fragen" erinnern sie mich Jahr für Jahr an die ungelösten Fundamentalprobleme der Physik – und davon gibt es noch genug, gerade in der Atomphysik. Der traditionelle Kontakt zur Universität Tübingen und meine Lehrtätigkeit boten also genügend Stoff für ein Buch, in dem ich versuchen wollte, die aktuelle Forschung der Schulphysik näher zu bringen, es fehlte nur noch der konkrete Anlaß.

Anfang 1992 fand in Donaueschingen eine Fortbildung zur „Quantenphysik an der Schule" statt. Sie fiel in die Zeit des beginnenden Feynman-Booms, der heute noch anhält. In seiner genialen Art, komplexe Theorien einer breiten Öffentlichkeit zugänglich zu machen, elementarisiert R. P. Feynman gekonnt und pointiert. Und sein Buch „QED – Die seltsame Theorie des Lichtes und der Materie" [1] ist ein solches Meisterstück, daß sich damals viele PC-Programmierer sofort hinsetzten und die „elementaren" Formeln in ihre Computer tippten. Nach dem Motto „So einfach ist Physik" wurden dann auch auf besagter Fortbildungsveranstaltung Programme dieser Art vorgestellt. Zu der oft falsch verstandenen Elementarisierung der QED kam noch das Dogma der orthodoxen Quantenphysiker: „Es gibt keinen Übergang von der klassischen Physik zur Quantenphysik, also muß auch im Unterricht ein harter Bruch stattfinden!" Ich frage mich heute noch, wo denn dieser Bruch liegen soll, bei welcher Größenordnung der Makrokosmos aufhört und der Mikrokosmos anfängt... und vor allem: bei welcher Dezimale hinter dem Komma?

Hier wurde die Schattenseite der intuitiven Physik sichtbar, nämlich die Leichtfertigkeit im Umgang mit Bildern: *Das* war nicht die Quantenphysik an der Schule von morgen! Auch an der Schule kann Physik nicht ohne das Gerüst der Mathematik betrieben werden. Ende 1992 stellte ich deshalb ein neues Konzept für eine weitere Fortbildung vor. Die positive Resonanz an der Universität Tübingen und unter den Kollegen ermutigte mich, eine Veranstaltungsreihe auszuarbeiten, in der wir den Dingen auf den Grund gehen wollten.

Das Fundamentalproblem des Übergangs von der klassischen Physik zur Quantenphysik war natürlich schon den Vätern der Quantenphysik bekannt, allen voran E. Schrödinger [2]. Es wurde nur im Laufe der Zeit immer mehr verdrängt, weil die Erfolge der Quantenphysik (insbesondere der QED) derart überwältigend sind, daß man leicht vergessen kann, über ihr Fundament nachzudenken. Aber gerade danach stellt jeder mitdenkende Schüler viele Fragen. Es sind oft die gleichen Fragen, die auch die moderne Forschung (z.B. die Quantenoptik) nun wieder nachdrücklich stellt. Und es gibt nur *einen* Ansatz zu ihrer Beantwortung, nur eine Brücke führt von der klassischen Physik zur Quantenphysik: „die Mechanisierung eines Problems". Das bedeutet die Beschreibung der (universellen) Physik in der Sprache der theoretischen Mechanik. Wir haben *keinen* anderen Zugang. Wir *müssen* jede grundlegende Gleichung in der Sprache der Mechanik aufstellen. Wir *können* allerdings bei der Interpretation versuchen, dieses Fundament zu verlassen. Doch bevor wir bedingungslos (grundlos, bodenlos) „axiomatische Quantenphysik" betreiben, sollten wir uns Rechenschaft darüber ablegen, daß es nur zwei Pfeiler gibt, die die gesamte Physik tragen: das *Wirkungsprinzip* und das *Huygenssche Prinzip*. Wer diese beiden Pfeiler ignoriert oder gar einreißt, landet unweigerlich im Welle-Teilchen-Dualismus. Er schreibt zwar $\psi = \sum_j e^{iS_j/\hbar}$, weiß aber nicht mehr, was es bedeutet. Schrödinger und Dirac [3] wußten es noch und R.P.F. – der Meister der Pfad- und Wirkungsintegrale – natürlich auch. Nur hat Meister Feynman das Wirkungsprinzip wohl so verinnerlicht, daß er es in seinen populärwissenschaftlichen Veröffentlichungen kaum noch erwähnt. Und so droht manchem Leser statt einer Elementarisierung eine Simplifizierung: das Huygenssche Prinzip kennt jeder (?), und das Wirkungsprinzip braucht man nicht.

Der Brückenschlag von der klassischen Physik zur Quantenphysik ist aber nur mit *beiden* Prinzipien möglich. Und genau dies ist der Tenor, der Kristallisationspunkt und das Hauptanliegen dieses Buches.

Zu meiner großen Freude konnte an meiner Schule vom März bis Juni 1993 die erste Brücke gebaut werden. Ich danke den interessierten Kollegen für ihre Ausdauer und die Bereitschaft, einmal mehr die Schulbank zu drücken. Wir sind gemeinsam den Weg zurückgegangen in die Studienzeit: Wie war das noch mit dem d'Alembertschen Prinzip, dem Wirkungsprinzip und der $\Psi$-Funktion? Was *ist* eigentlich diese $\Psi$-Funktion? Und wie sieht sie aus? Zu unserer Studienzeit hatten wir nur die Gleichung, aber jetzt hatten wir ein mächtiges Werkzeug, solche Gleichungen zu handhaben und ihre Aussagen zu veranschaulichen: CAS! Mit einem Computer-Algebra-System (damals benutzten wir Mathematica) war es fast ein Kinderspiel, Gleichungen für Quantenpotentiale aufzustellen, zu lösen und das Ergebnis auf den Bildschirm zu zaubern. Der Propagator des Elektrons? Mit dem richtigen Bild *sieht* man, was er bedeutet. Vielleicht nicht auf den ersten Blick, aber in der interaktiven Arbeit mit diesen Systemen liegt eine Eigendynamik, die sich nicht aufhalten läßt. Eine Frage führt zu einer ersten Antwort. Die Visualisierung dieser Antwort legt viele neue, vorher nie gestellte Fragen frei (man sah sie ja nie). Die neuen Fragen können interaktiv in die ursprüngliche Frage eingearbeitet werden, Parameter können gezielt verändert werden... und das alles mit einer Mathematik, deren Realisierung mit Bleistift und Papier Wochen in Anspruch nehmen würde. So läßt sich's gut forschen, zu Hause am eigenen PC. Aber dieses Abende und Nächte füllende Privatvergnügen hätte nicht zu einem Buch geführt, wenn nicht im Herbst 1993 eine letzte entscheidende Weichenstellung erfolgt wäre.

Unter der Leitung von RSD H. Oettinger begann in Baden-Württemberg das Pilotprojekt „Computer-Algebra an der Schule", und Waterloo Maple Software GmbH stellte dafür die Software zur Verfügung. Damit war die Bahn frei für eine moderne Physik, die man mit gutem Gewissen populär nennen kann. Wir müssen nun nicht mehr simulieren nur um der Simulation willen („du sollst dir nicht nur ein Bild machen..."), wir können *alle* die Entstehung der Bilder bis zu ihrer Wurzel zurückverfolgen. Schüler, Studenten, Lehrer und Professoren können in dieser offenen Computergesellschaft das gleiche: *forschen*. Ist diese Botschaft nicht Grund genug, ein Buch zu schreiben? Also setzte ich Maple ein, wo immer es im Mathematik-, Informatik- und Physikunterricht ging. Von der Kurvendiskussion in Klasse 11 bis zum Wellenpaket im Physik-Leistungskurs: „Wir maplen das" wurde zur stehenden Redewendung und wird es bleiben. Mein Dank also allen Maplern der Experimentierphase und meiner Frau und meiner Familie. Denn das CAS forderte seinen Tribut. Wenn damit *alles* geht, sollte man doch den Bogen etwas weiter spannen und nicht „nur" Quantenphysik treiben. Da gibt es noch Newtons Physik, Huygens Physik, Hamiltons Physik... eben Physik. Nur Physik? Nein, die Anwendung des CAS selbst mußte so weit erläutert werden, daß auch der CA-Neuling die notwendige Information im

Buch findet. Mir war von vornherein klar, daß eine Synthese immer ein Wagnis ist, aber nun hatte ich es mit einer Synthese in mehrfacher Hinsicht zu tun: klassische Physik – Quantenphysik – Computer-Algebra. Doch wir müssen alle einmal dieses Neuland betreten, und ich danke den Kollegen und Gutachtern, die freundlicherweise mein Manuskript durchgelesen und die Programme getestet haben, für ihre Hinweise zu dieser Problematik. Wir leben – nicht nur in der Physik – in einer Übergangsphase, die dadurch gekennzeichnet ist, daß nun vielen von uns Informationen zugänglich werden, die bis gestern nur einem kleinen Kreis vorbehalten waren. Diese Demokratisierung der Forschung wird sowohl durch die herkömmliche Art der Publikation als auch durch die neuen Werkzeuge stark vorangetrieben. Sie hat sich aber noch nicht so weit etabliert, daß die neuen Methoden zur Selbstverständlichkeit geworden sind, und so mußte in dieser Übergangszeit ein Buch entstehen, das von der einen Hälfte der Testleser für ein Maple-Buch gehalten wird und von der anderen für ein Physikbuch. In wenigen Jahren wird das Werkzeug wieder in den Hintergrund treten und das Werkstück seinen alten Platz einnehmen. Nur wird es dann – mit Ihrer Hilfe – etwas anders aussehen.

Aber ich hätte über der Physik beinahe etwas vergessen. Ein Buch muß gedruckt werden, irgendwo muß sich die Physik ja materialisieren, und sei es in einem Layout. Doch dafür hat man ja TEX – so dachte ich Anfang 1995. Ich mußte das Buch nur noch setzen und dabei mit über 100 Abbildungen, der von Maple produzierten Ausgabe, den PostScript-Fonts, verschiedenen Style-Files und noch so manchen Feinheiten zurechtkommen. Diese letzte Synthese war *wirklich* mit Arbeit verbunden, und ich habe zumindest in dieser Hinsicht für mein nächstes Buch viel gelernt und bedanke mich beim Verlag dafür: Herr J. Lammarsch, Frau M. Müller und vor allem Frau Chr. Loeser-Preisendanz haben mit liebenswürdiger Ausdauer dafür gesorgt, daß nun auch die Form stimmt – so hoffe ich.

*Michael Komma*                                                      Cordigliano, August 1995

# Inhaltsverzeichnis

**Einleitung**     **1**
    Zur Physik . . . . . . . . . . . . . . . . . . . . . . . . . . . . 2
    Zum CAS . . . . . . . . . . . . . . . . . . . . . . . . . . . . . 5

**1 Einführung in Maple**     **9**
    1.1 Worksheets . . . . . . . . . . . . . . . . . . . . . . . . . . . 10
       1.1.1 Worksheets laden und speichern . . . . . . . . . . 10
       1.1.2 Worksheets editieren . . . . . . . . . . . . . . . . 10
    1.2 Einfache Befehle . . . . . . . . . . . . . . . . . . . . . . . . 12
    1.3 Funktionen . . . . . . . . . . . . . . . . . . . . . . . . . . . 16
    1.4 Prozeduren . . . . . . . . . . . . . . . . . . . . . . . . . . . 17
       1.4.1 Speichern und Laden von Prozeduren . . . . . . . . 18
    1.5 Library . . . . . . . . . . . . . . . . . . . . . . . . . . . . . 19
       1.5.1 Packages . . . . . . . . . . . . . . . . . . . . . . . 20
    1.6 Graphik . . . . . . . . . . . . . . . . . . . . . . . . . . . . . 21
       1.6.1 Plots . . . . . . . . . . . . . . . . . . . . . . . . . 21
    1.7 Extras . . . . . . . . . . . . . . . . . . . . . . . . . . . . . . 23
       1.7.1 `pat.wri, pat.txt` . . . . . . . . . . . . . . . . 23
       1.7.2 `stich.ms` . . . . . . . . . . . . . . . . . . . . . 23
       1.7.3 `index.htm, maple.htm` . . . . . . . . . . . . . 24
       1.7.4 `fig.ms` . . . . . . . . . . . . . . . . . . . . . . 25

**2 Newton**     **27**
    2.1 Kinematik . . . . . . . . . . . . . . . . . . . . . . . . . . . 29
       2.1.1 Gleichförmige Bewegung . . . . . . . . . . . . . . . 29
       2.1.2 Stückweise gleichförmige Bewegung . . . . . . . . . 34
       2.1.3 Mittlere Geschwindigkeit . . . . . . . . . . . . . . 35
       2.1.4 Zwei gleichförmig bewegte Körper . . . . . . . . . 38
       2.1.5 Beschleunigte Bewegungen . . . . . . . . . . . . . 40
       2.1.6 Der Grundgedanke der Differential- und Integralrechnung   42

|  |  | 2.1.7 | Statistik-Befehle (nicht nur für Fortgeschrittene) | 51 |
|---|---|---|---|---|
|  |  | 2.1.8 | Dreidimensionale Kinematik | 55 |
|  | 2.2 | Die Bewegungsgleichung | | 60 |
|  |  | 2.2.1 | Geschlossene Lösungen | 61 |
|  |  | 2.2.2 | Prozedur zur geschlossenen Lösung | 76 |
|  |  | 2.2.3 | Prozedur zur numerischen Lösung | 82 |
|  |  | 2.2.4 | Keplerbewegung | 84 |
|  |  | 2.2.5 | Mathematisches Pendel | 86 |
|  |  | 2.2.6 | Anwendungen | 90 |

# 3 Huygens — 97

| | 3.1 | Schwingungen | | 98 |
|---|---|---|---|---|
| | | 3.1.1 | Darstellung und Handhabung von Lösungsfunktionen | 99 |
| | | 3.1.2 | Schnelle Fouriertransformation | 102 |
| | | 3.1.3 | Fourierreihe und -transformation | 106 |
| | | 3.1.4 | Gaußverteilung und Resonanzlinien | 110 |
| | 3.2 | Die Wellengleichung | | 114 |
| | | 3.2.1 | Pakete | 125 |
| | 3.3 | Form aus Kohärenz | | 132 |
| | | 3.3.1 | Anwendungen | 141 |

# 4 Hamilton — 151

| | 4.1 | Das Wirkungsprinzip | | 153 |
|---|---|---|---|---|
| | | 4.1.1 | Die Wirkungsfunktion | 158 |
| | | 4.1.2 | Schwache Extrema | 164 |
| | | 4.1.3 | Lineare Approximation | 172 |
| | | 4.1.4 | Zufallspfade | 176 |

# 5 Feynman — 183

| | 5.1 | Der Brückenschlag | | 184 |
|---|---|---|---|---|
| | 5.2 | Klassische Beispiele der Mikrophysik | | 186 |
| | | 5.2.1 | Der Wurf | 186 |
| | | 5.2.2 | Bewegung im Coulombfeld | 200 |
| | | 5.2.3 | Rydberg-Atome | 213 |
| | | 5.2.4 | H-Atome | 220 |
| | 5.3 | Theorie und Ausblick | | 222 |
| | | 5.3.1 | Der Propagator | 222 |
| | | 5.3.2 | Schrödingergleichung | 230 |
| | | 5.3.3 | Quantenpotential | 234 |

| | | |
|---|---|---|
| **A** | **Gewöhnliche Differentialgleichungen** | **243** |
| | A.1 DG-Werkzeuge . . . . . . . . . . . . . . . . . . . . . . . . | 244 |
| | A.2 Lineare Differentialgleichungen . . . . . . . . . . . . . . . | 255 |
| |     A.2.1 DG 1.Ordnung mit konstanten Koeffizienten . . . . . . | 255 |
| |     A.2.2 DG 2.Ordnung mit konstanten Koeffizienten . . . . . . | 262 |
| **B** | **Maple** | **277** |
| | B.1 Routine . . . . . . . . . . . . . . . . . . . . . . . . . . . | 277 |
| | B.2 Details . . . . . . . . . . . . . . . . . . . . . . . . . . . | 285 |
| **C** | **Worksheets** | **299** |
| **Literaturverzeichnis** | | **303** |
| **Index** | | **305** |

# Abbildungsverzeichnis

| | | |
|---|---|---|
| Übersicht | . . . . . . . . . . . . . . . . . . . . . . . . . . . . . . | 2 |
| 1.1 | Plot-Strukturen . . . . . . . . . . . . . . . . . . . . . . . | 20 |
| 1.2 | Standardbereich für x . . . . . . . . . . . . . . . . . . . | 21 |
| 1.3 | Explizite Bereichsangabe für x . . . . . . . . . . . . . . | 21 |
| 1.4 | Dreidimensionale Plots stellen Flächen im Raum dar . . . . . . . | 22 |
| 2.1 | x-t-Diagramm . . . . . . . . . . . . . . . . . . . . . . . | 31 |
| 2.2 | x-t-Diagramm (3D) . . . . . . . . . . . . . . . . . . . . . | 32 |
| 2.3 | x-t-Diagramm (Schar) . . . . . . . . . . . . . . . . . . . | 33 |
| 2.4 | Stückweise gleichförmige Bewegung . . . . . . . . . . . . . | 34 |
| 2.5 | Mittlere Geschwindigkeit . . . . . . . . . . . . . . . . . | 36 |
| 2.6 | Histogramm . . . . . . . . . . . . . . . . . . . . . . . . | 37 |
| 2.7 | v-t-Diagramm . . . . . . . . . . . . . . . . . . . . . . . | 38 |
| 2.8 | Funktion und Ableitung . . . . . . . . . . . . . . . . . . | 40 |
| 2.9 | Momentangeschwindigkeit als Ableitung . . . . . . . . . . . | 41 |
| 2.10 | Lineare Approximation . . . . . . . . . . . . . . . . . . | 44 |
| 2.11 | Differenzieren . . . . . . . . . . . . . . . . . . . . . . | 45 |
| 2.12 | Momentanes Mittel . . . . . . . . . . . . . . . . . . . . | 49 |
| 2.13 | x-t-Diagramm (Näherung) . . . . . . . . . . . . . . . . . | 50 |
| 2.14 | Zusammenfassung . . . . . . . . . . . . . . . . . . . . . | 52 |
| 2.15 | Kurvenfit . . . . . . . . . . . . . . . . . . . . . . . . | 54 |
| 2.16 | Wurfparabel . . . . . . . . . . . . . . . . . . . . . . . | 57 |
| 2.17 | Raumkurve und parametrischer Plot . . . . . . . . . . . . | 58 |
| 2.18 | Phasenportraits (parametrischer Plot) . . . . . . . . . . . | 59 |
| 2.19 | Newtons Maschine . . . . . . . . . . . . . . . . . . . . . | 60 |
| 2.20 | Wurf-Diagramme . . . . . . . . . . . . . . . . . . . . . . | 68 |
| 2.21 | Feuerwerk . . . . . . . . . . . . . . . . . . . . . . . . | 69 |
| 2.22 | Steilschuß – Flachschuß . . . . . . . . . . . . . . . . . | 71 |
| 2.23 | Elektronenbahn . . . . . . . . . . . . . . . . . . . . . . | 75 |
| 2.24 | Gedämpfte Schwingung . . . . . . . . . . . . . . . . . . . | 80 |

| | | |
|---|---|---|
| 2.25 | v-x-Diagramm | 81 |
| 2.26 | Keplerbewegung | 86 |
| 2.27 | Mathematisches Pendel | 87 |
| 2.28 | Phasenbahn | 87 |
| 2.29 | Phasen 1 | 88 |
| 2.30 | Phasen 2 | 88 |
| 2.31 | Plot einer Liste | 89 |
| 2.32 | a-v-Portrait | 89 |
| | | |
| 3.1 | Superposition | 99 |
| 3.2 | Schwebung | 99 |
| 3.3 | Gedämpfte Schwingung | 100 |
| 3.4 | Phasen als Raumkurve | 100 |
| 3.5 | Phasen als Fläche | 100 |
| 3.6 | Lissajous | 101 |
| 3.7 | Epizyklen | 101 |
| 3.8 | Schnelle Fouriertransformation | 104 |
| 3.9 | Diskretes Spektrum | 105 |
| 3.10 | Fourierreihe und Spektrum | 107 |
| 3.11 | Fouriertransformierte | 108 |
| 3.12 | Frequenzband | 110 |
| 3.13 | Gaußpakete | 111 |
| 3.14 | Resonanzen | 113 |
| 3.15 | Lösungen der Wellengleichung | 119 |
| 3.16 | Elektron | 129 |
| 3.17 | Information | 130 |
| 3.18 | Lineare Antenne | 134 |
| 3.19 | Richtantenne | 135 |
| 3.20 | Kohärenz | 136 |
| 3.21 | Doppelspalt - realistisch | 139 |
| 3.22 | Dopplereffekt | 140 |
| 3.23 | Mach | 140 |
| 3.24 | Interferenzhyperbeln und -ellipsen | 142 |
| 3.25 | Orthogonalität | 142 |
| 3.26 | Strahlungscharakteristiken | 145 |
| 3.27 | Auflösung | 146 |
| 3.28 | Einzelspalt | 148 |
| 3.29 | Mehrfachspalt | 148 |
| 3.30 | Einhüllende | 150 |
| 3.31 | Simulation | 150 |
| | | |
| 4.1 | Gleichgewichtslagen | 152 |
| 4.2 | Virtuelle Bahn | 154 |

| | | |
|---|---|---|
| 4.3 | Virtuelle Bewegung | 161 |
| 4.4 | Extremalprinzip | 161 |
| 4.5 | Antimaterie | 162 |
| 4.6 | Iso-Wirkungen | 163 |
| 4.7 | Parameterraum | 167 |
| 4.8 | Näherungspolynom | 171 |
| 4.9 | Lineare Approximation | 175 |
| 4.10 | Zufallspfade | 180 |
| 5.1 | Senkrechter Wurf | 188 |
| 5.2 | Schiefer Wurf | 193 |
| 5.3 | Wellenfronten zum schiefen Wurf | 194 |
| 5.4 | Schiefer Wurf, quantenmechanisch | 198 |
| 5.5 | Konfokale Ellipsen | 201 |
| 5.6 | Hyperbelbahnen | 202 |
| 5.7 | Wellenfronten im Zentralfeld | 204 |
| 5.8 | Coulombwellen | 206 |
| 5.9 | Stationärer Zustand | 207 |
| 5.10 | Coulombwellen - Interferenz | 208 |
| 5.11 | s-Zustand | 210 |
| 5.12 | p-Zustand | 211 |
| 5.13 | Gaußpaket | 216 |
| 5.14 | Eingeschlossenes Paket | 217 |
| 5.15 | Polarpaket im SPS | 218 |
| 5.16 | Polarpaket im Labor-System | 218 |
| 5.17 | Stationäres Paket | 219 |
| 5.18 | 3D-Winkelverteilung | 220 |
| 5.19 | H-Orbitale | 221 |
| 5.20 | Realteil des Propagators | 227 |
| 5.21 | Propagator | 228 |
| 5.22 | Doppelspalt | 235 |
| 5.23 | Quantenpotential | 240 |
| A.1 | Lösungsscharen | 245 |
| A.2 | Richtungsfelder | 248 |
| A.3 | Isoklinen | 250 |
| A.4 | Trajektorien | 251 |
| A.5 | Orthogonaltrajektorien | 253 |
| A.6 | Geometrische Reihe | 261 |
| A.7 | Eigenwerte | 266 |
| A.8 | Linien gleicher Amplitude | 268 |
| A.9 | Fibonacci | 272 |

# Einleitung

In der heutigen Zeit kann ein Physikbuch weniger denn je eine Zusammenstellung der Formeln von gestern sein. Das liegt sowohl am Gegenstand selbst als auch an den „mächtigen Werkzeugen", die uns heute zur Verfügung stehen. Die Physik ist wieder lebendig geworden, seitdem man mit hochmodernen Apparaturen in einem neuen Anlauf alten Problemen zu Leibe rückt, die bis vor kurzem nur im Gedankenexperiment untersucht werden konnten oder gar in das Reich der Metaphysik abgeschoben wurden. Dazu kommt ein Entwicklungsschub durch „den Computer", dessen Tragweite wohl nur von Sciencefiction-Autoren richtig eingeschätzt werden kann. Die sich wechselseitig aufschaukelnde Entwicklung von Software und Hardware – die ihren Ursprung ebenfalls in der Physik hat – wird inzwischen so geschickt vermarktet, daß schon in naher Zukunft den „Computer-Kids" die gleichen Mittel zur Verfügung stehen werden wie dem Hochenergiephysiker.

In dieser Aufbruchstimmung fällt es schwer, ein „Maple-Buch für Physiker" zu schreiben, das sich auf die Anwendung von Maple-Befehlen auf die alte Physik beschränkt. Andererseits kann man nicht die Mehrzahl der Interessenten im Dunkeln tappen lassen, indem man ein Physikbuch schreibt, das sowohl die Kenntnis der aktuellen Fragestellungen als auch die Kenntnis von Computer-Algebra-Systemen (wie Maple) voraussetzt. Es gibt nur einen Ausweg aus diesem Dilemma: das Wagnis der Synthese. Nach der chronologischen Skizze im Vorwort ist es deshalb erforderlich, noch einmal etwas ausführlicher auf die logischen Zusammenhänge einzugehen, die den mehrschichtigen Aufbau des Buches ausmachen. Denn vor uns liegt ein „Spaziergang durch die Physik", auf dem uns Maple auf Aussichtspunkte tragen wird, die vorher noch keiner kannte und von denen aus wir nie geahnte Einblicke und Überblicke erhalten werden. Aber wir werden auch Durststrecken überstehen müssen, und der eine oder andere Exkurs mag auf den ersten Blick überflüssig erscheinen. In diesem Fall empfiehlt es sich, die Einleitung noch einmal in Ruhe zu lesen.

# Zur Physik

Von Newton zu Feynman führen viele Pfade, auch verschlungene. Es ist deshalb angebracht, sich die Orientierung mit einer Landkarte etwas zu erleichtern. Wenn Sie die Übersicht mit dem Inhaltsverzeichnis vergleichen, werden Sie leicht die einzelnen Kapitel wiederfinden. Der Vorteil einer Karte liegt aber in der zweiten Dimension und, wenn man noch verschiedene Schrifttypen zu Hilfe nimmt, in der Möglichkeit der Konturierung. Lassen Sie mich deshalb den Aufbau des Buches mit diesem Hilfsmittel erläutern – die Physik ist nun einmal nicht so linear wie ein Inhaltsverzeichnis.

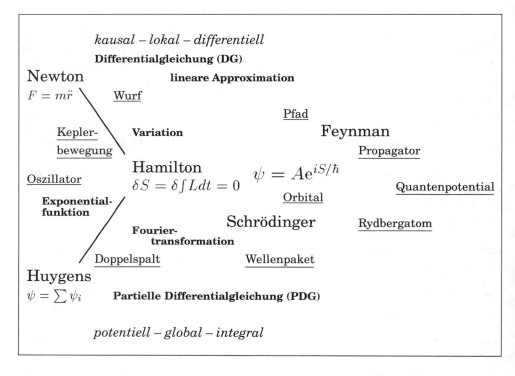

*Übersicht: Die wichtigsten Stationen dieses Buches werden durch die groß gedruckten Namen der Physiker markiert. Die wichtigsten Beispiele sind unterstrichen, die benötigte Mathematik ist klein und fett gesetzt, und die Gleichungen sprechen für sich.*

Mein Hauptanliegen besteht darin, eine etwas in Vergessenheit geratene Vereinheitlichung wieder ans Tageslicht zu befördern. Während alle Welt von den großen Vereinheitlichungen spricht, die uns Physikern – und dem Rest der Welt – noch bevorstehen, haben viele vergessen, daß Hamilton eine der größten

Vereinheitlichungen vollbracht hat: Er hat den Welle-Teilchen-Dualismus abgeschafft, bevor es ihn gab. In der Landkarte ist das durch die beiden Linien angedeutet. Sie führen nicht *von* Newton oder Huygens *zu* Hamilton, sie besagen nur, daß die Hamiltonsche Physik beides beinhaltet: Welle und Teilchen. Sie ist deshalb die Basis für alles Folgende (solange nicht eine neue, tiefer liegende gefunden wird). Die Funktion, auf der unsere heutige Physik aufbaut, ist die Wirkungsfunktion, und das Prinzip, das die gesamte klassische Physik regiert, ist das Prinzip der kleinsten Wirkung. Zur Quanten- oder Wellenmechanik fehlt nur noch ein kleiner Schritt: Die Wirkung spielt die Rolle einer Phase, sie ist das Argument der $\psi$-Funktion. Aber dieser kleine Schritt ist so wichtig, daß ich ihn in das Zentrum des Buches gestellt habe. Hat man ihn vergessen, *weil* er so klein ist? Will man ihn nicht tun, weil damit so vieles entmystifiziert wird und dann die Physikstudenten – um mit Feynman [1] zu sprechen – keine Alpträume mehr haben? Wie läßt es sich erklären, daß an den Schulen und in den meisten Schulbüchern zwar das Plancksche Wirkungsquantum erwähnt wird (meist im Zusammenhang mit irgendwelchen Quantensprüngen), die Wirkung als solche aber totgeschwiegen wird, ganz gegen jede gute Tradition, nach der *vor* der Einführung einer Dimension die Größe behandelt werden sollte? Als ob man die Einheit Newton einführen könnte, ohne von der Kraft zu sprechen. Ich weiß nicht, wie die Lehre der Physik in diese Schieflage kommen konnte, ich weiß nur, daß einige Überzeugungsarbeit nötig ist, um aus dieser Sackgasse wieder herauszukommen.

Wenn Sie sich überzeugen lassen wollen, daß der kleine Schritt wirklich Wirkung zeigt, so können Sie ihn an vielen Beispielen, die sich wie ein Geflecht durch das Buch ziehen, in immer neuen Variationen nachvollziehen. Und wenn Sie genügend Übung besitzen, können Sie gegen Ende des Buches auch den einen oder anderen größeren Sprung wagen. Keine Angst, Sie landen damit nicht bei Exoten. Wir sind in guter Gesellschaft: Dirac[3], Schrödinger[2], Feynman[4], Prigogine[5] und Bohm[6] (um nur einige zu nennen) hatten auch schon den Mut, dieses Fundamentalproblem nicht nur beim Namen zu nennen, sondern auch daran zu arbeiten: Der Übergang von der Makrophysik zur Mikrophysik ist kein Tabu.

Und die Enttabuisierung schreitet um so mehr voran, je besser die Formeln, deren Interpretation früher nur einem kleinen Kreis möglich war, vielen zugänglich gemacht werden. Bahnbrechend ist hier – einmal mehr – die Feynmansche Art, Physik zu vermitteln [7], aber auch solche Bücher wie von Dittrich und Reuter [8], die nach dem Motto „klassische Probleme quantenmechanisch behandelt" vorgehen.

Ich schließe mich diesem Wahlspruch an und zeige, wie man so „banale" Fragestellungen wie die Wurfbewegung in die Sprache der Quantenphysik (sie heißt nun einmal so) übersetzt. Solche Prototypen der Bewegung werden im Buch von verschiedenen Seiten beleuchtet. Sei es nun der Wurf, die Keplerbewegung oder der Oszillator, mit einem Computer-Algebra-System kann geradezu greifbar veranschaulicht werden, wie sich der Übergang von der klassischen Makrophysik zur Mikrophysik unserer Zeit vollzieht, wie die Keplerbewegung ihre Entsprechung in Schrödingers Atom findet, und wie der Doppelspalt sich über Feynmans Propagator im Bohmschen Quantenpotential spiegelt.

Diese Themen werden ja nicht nur in wissenschaftlichen Zeitschriften in zunehmendem Maß einem breiten Publikum zugänglich gemacht, sie sind auch wieder Gegenstand der modernsten Forschung. Wenn man mitreden will, ist aber ein Minimum an Mathematik erforderlich. Die Übersicht enthält deshalb auch solche Stichwörter wie „lineare Approximation" oder „Differentialgleichung". Diese mathematischen Akzente oder Seitenthemen werden ebenfalls behandelt, zum Teil auch etwas ausführlicher im Anhang.

Damit hat das Buch also einen dreischichtigen Aufbau: Physik – Beispiele – Mathematik. Zur groben Orientierung kann die Übersichtskarte auch so gelesen werden: Im Norden wird Newtons kausale Teilchenphysik betrieben, die mit der Differentialrechnung lokale Eigenschaften bestimmt. Im Süden nimmt man es nicht so genau, Wellen haben einen globalen Charakter, und es muß über große Raumgebiete integriert werden, wenn man wissen will, was sie alles können. Aus dem Westen kommen die Dualisten (seit Plato), und im Osten kennt man nicht nur die zweiwertige Logik.

Die Gesamtkonzeption des Buches kann man sich am besten vorstellen, wenn man vom Feynman-Kapitel aus zurückblickt: Zunächst wird ganz normale Schulphysik behandelt, was die Inhalte und Beispiele angeht. Aber die Art, in der diese Beispiele bearbeitet werden, bereitet die moderne Physik vor. So ist zum Beispiel die „lineare Approximation" eine Vorstufe der Pfadintegrale und das Experimentieren mit Wellengleichungen und Fourierreihen die Grundlage für die Schrödingergleichung und den Propagator. Der größte Teil der Worksheets wurde übrigens im Unterricht (Leistungskurs Physik aber auch Mechanik in Klasse 11) eingesetzt. Aber es lohnt sich auch für Studenten, die Physik mit Maple machen wollen, bei den ersten Kapiteln einzusteigen. Um Seiteneinstiege zu ermöglichen, wurden die Worksheets weitgehend als selbständige Einheiten angelegt, die nicht unbedingt ein konsequentes Abarbeiten des Vorangehenden erfordern. Das hat natürlich eine gewisse Redundanz zur Folge, die aber in Anbetracht der vielen Variationsmöglichkeiten kaum zur Langeweile führen wird.

So viel zur „modernen Physik" im Titel. Nun fehlt noch das „mit Maple" und damit eine vierte Schicht, wenn man im Bild bleibt.

# Zum CAS

Mit dem Computer-Algebra-System (CAS) Maple können Sie die oben erwähnten Zusammenhänge untersuchen und am eigenen Computer forschen. Allerdings haben sich solche Programme (CAS) noch nicht so stark verbreitet wie der Taschenrechner, und man kann als Autor nicht davon ausgehen, daß jeder Leser dieses Werkzeug beherrscht. Also muß in einem Buch „Physik mit Maple" auch der Gebrauch des Werkzeugs erläutert werden, wenn der beabsichtigte Brückenschlag von der Mikrophysik zur Makrophysik nicht zum unmöglichen Spagat werden soll.

Sie finden deshalb im ersten Kapitel eine erste Einführung für den Maple-Anfänger. Damit der Blick auf die Physik nicht verstellt wird, habe ich weitere Informationen und Beispiele zu Maple in den Anhang B aufgenommen. Sie sind zum Nachschlagen gedacht, wenn es Probleme mit der Syntax geben sollte. Der Anhang A kann ebenfalls als ein Maple-Kapitel betrachtet werden, und zwar zum Thema Differentialgleichungen. Er stellt damit ein wichtiges mathematisches Bindeglied von der Physik zum Werkzeug Maple dar und behandelt Themen, die hinter vielen Fragestellungen des Buches stehen, aber nicht in den Hauptteil aufgenommen wurden, um den jeweiligen Gedankengang nicht unnötig zu unterbrechen. Natürlich werden die Befehle auch im laufenden Text kommentiert, und ich denke, daß Sie einige Tips und Tricks zu Maple finden werden. Außerdem haben Sie die Möglichkeit, den mitgelieferten elektronischen Index (Beschreibung in Abschnitt 1.7.2) zu verwenden, den Sie Ihren eigenen Wünschen anpassen können. Dennoch handelt es sich hier erst in zweiter Linie um ein Maple-Buch, so daß Sie wohl nicht ohne die Maple-Hilfe oder entsprechende Literatur (wie zum Beispiel [9], [10]) auskommen werden, wenn Sie weitere Einzelheiten erfahren wollen. Nun noch ein paar Ratschläge zur Arbeit mit Maple und mit diesem Buch:

- Sie haben zwei Bücher: ein gedrucktes (passives) und ein elektronisches (interaktives). Wer Maple schon kennt, kann das gedruckte Buch auch ohne den Computer lesen. Das ist oft nützlich, wenn man etwas nachschlagen will oder durch Vergleiche den Überblick behalten will. Aus diesen Gründen sind die Maple-Programme (Worksheets) mit Ein- und Ausgabe relativ vollständig wiedergegeben. Aber das eigentliche Medium ist natürlich das Maple-Worksheet (Arbeitsblatt), das seinerseits so ausführlich kommentiert ist, daß es weitgehend ohne Buch am Bildschirm bearbeitet werden kann. Sie können dabei in Stufen vorgehen: Für den ersten Durchgang, der auch ohne Maple-Kenntnisse möglich ist, reicht es aus, den Cursor auf den ersten Maple-Befehl zu stellen und die Return-Taste zu betätigen. Danach erhalten Sie das Ergebnis, und der Cursor springt zum nächsten Befehl (und so weiter). Vor einem zweiten Durchgang können Sie die Maple-Ausgabe löschen, dann wird besser sichtbar, was berechnet wird. Ebenso können Sie in den Worksheets den Text löschen, wenn Sie nur die direkte Abfolge der Befehle sehen wollen, was manchmal den Überblick erleichtert.

- Die wichtigste Art der Anwendung besteht aber wohl in der mehrmaligen Abarbeitung bestimmter Befehlsfolgen in Form einer Schleife (engl.: loop). Diese Experimentierschleifen haben in mehrfacher Hinsicht einen großen heuristischen Wert. Durch die Veränderung eines Befehls (der kleinstmöglichen Schleife) können Sie studieren, wie Maple reagiert, durch die Veränderung von Parametern (oder allgemein von Eingabegrößen) können Sie studieren, wie die Physik reagiert, und durch das Hinzufügen oder Weglassen von Befehlen können Sie eigenen Fragestellungen gezielt nachgehen. Wenn Sie dieses Stadium erreicht haben, betreiben Sie Physik mit Maple, und Sie werden dieses Stadium bald erreichen. Dann steht ihnen ein unendliches Buch zur Verfügung – das Sie allerdings selbst schreiben müssen.

- In den meisten Worksheets (vor allem am Anfang) wird explizit auf Experimentierschleifen hingewiesen. Aber für die Arbeit mit einem CAS ist es wichtig zu wissen, daß diese Experimente prinzipiell immer möglich sind. Das reicht von der Veränderung eines Plot-Befehls bis zur Optimierung einer Prozedur. Im Gegensatz zur Programmierung mit einer Compiler-Sprache können Sie ziemlich mühelos in das Geschehen eingreifen, Sie müssen dabei nur die wichtigste CAS-Regel beachten: Die Belegung von Variablen hängt vom aktuellen Zustand *Ihrer* Session ab. Falls Sie es gewohnt sind, physikalische Probleme in eine Compiler-Sprache (wie FORTRAN oder Pascal) zu übersetzen und dann das Programm laufen zu lassen, müssen (und können) Sie das vergessen. Ein CAS bearbeitet ähnlich wie eine Interpreter-Sprache (etwa BASIC) immer nur die Befehle, die Sie geben, und in der Reihenfolge, in der Sie sie geben.

- Ein Worksheet ist also kein Programm, das von Anfang bis Ende durchläuft (obwohl sich das natürlich auch machen läßt), es ist die Übertragung eines Arbeitsblattes auf den Computer, und der Benutzer ist dafür verantwortlich, was gilt. Diesen Preis muß man zahlen, wenn man nicht im herkömmlichen Stil programmieren will und wenn man Probleme so flexibel behandeln will, wie man es mit Papier und Bleistift gewohnt ist. Aber es ist ein Preis, den man bei der wissenschaftlichen Arbeit immer zahlen muß: Mitdenken. Das hört sich an wie eine Binsenweisheit und ist dennoch ein ernstzunehmendes Problem bei der Arbeit mit einem CAS. Wenn es Ihnen irgend möglich ist, sollten Sie die diesbezüglichen Diskussionen in den Mailboxen und im Internet (insbesondere in der Maple User Group, e-mail: `maple-list@daisy.uwaterloo.ca`) verfolgen. Sie werden dann feststellen, daß die Beschwerden über „falsche Reaktionen" von Maple meist von den Benutzern stammen, die spezielle Wünsche haben. Das ist aber ein Widerspruch in sich. Je spezieller die Anforderungen an ein CAS sind, desto komplexer muß die Architektur dieses Systems sein. Maple kann aber nicht *für* den Benutzer denken, nur der Benutzer kann denken, entscheiden, beurteilen. Und dafür müssen die Designer eines CAS die Optionen offen halten, die Mehrdeutigkeit *muß* einem CAS einprogrammiert werden, wenn es als Universalwerkzeug eingesetzt werden soll. Freilich arbeiten die Maple-Designer mit bienenhaftem Fleiß an diesem Problem, aber von der künstlichen Intelligenz, die alles auf Knopfdruck liefert, sind wir noch ein ganzes Stück entfernt – und das ist gut so.

- Anmerkungen zu den verschiedenen Versionen und Ausgaben von Maple: Die (momentane) Grundversion von Maple hat den Namen MapleV, wobei V für die römische Fünf steht. Die Worksheets des Buches laufen mit MapleV Release 2 und 3. In der Literatur (und im Buch) wird Release mit R abgekürzt, MapleVR2 bedeutet also MapleV Release 2. Die Student Edition von MapleVR2 oder 3 kann fast uneingeschränkt mit den vorliegenden Worksheets verwendet werden. Die einzige Einschränkung besteht darin, daß bei Graphiken mit hoher Auflösung oder bei manchen Animationen die Anzahl der berechneten Punkte kleiner als 5120 gehalten werden muß. Falls Sie also die Fehlermeldung `array size limited to 5120 elements in Student Edition` erhalten, so können Sie durch Änderung der Plot-Optionen (`numpoints`, `grid` oder `frames`) immer noch eine Ausgabe erreichen, die das Wesentliche wiedergibt – in den Worksheets wird auf diese Stellen hingewiesen, und die entsprechenden Abänderungen der Befehle werden erläutert.

# 1

# Einführung in Maple

*Grundkenntnisse der Bedienung und einfache Befehle*

Das Werkzeug und das Werkstück bedingen sich gegenseitig, und es ist ein methodisches Ziel dieses Buches, diese Verflechtung zu zeigen. Sie werden deshalb Maple am physikalischen Problem selbst lernen und umgekehrt durch Maple manchen Einblick in die Physik bekommen, der ohne dieses Hilfsmittel nicht möglich wäre. Dennoch möchte man, bevor man so richtig zur Sache geht, erst einmal den Werkzeugkasten inspizieren, um zu sehen, was es da alles Schönes gibt und wozu es sich verwenden läßt. Und so ist auch diese kurze Einführung gedacht. Sie ist eine Zusammenstellung der für den Physiker wichtigsten Hilfsmittel und soll Ihnen das Auffinden ständig wiederkehrender Handhabungen erleichtern. Wer die mitgelieferten Worksheets möglichst schnell ausprobieren will, wird mit diesem Kapitel auskommen. Zwei weitere Kapitel finden Sie im Anhang: *Routine* behandelt Befehle, die zu „Physikers Alltag" gehören, und die *Details* sind nicht nur für Insider reserviert, auch der Maple-Anfänger kann sich in diesem Abschnitt einen Überblick darüber verschaffen, was mit Maple alles möglich ist.

Die gesamte Maple-Hilfe ist im Help-Menu enthalten. Sie kann auch mit ?Stichwort oder kontext-sensitiv mit Ctrl+F1 (Help-on) abgefragt werden. Mit einem Fragezeichen erhält man die vollständige Hilfe, mit zwei Fragezeichen nur die Syntax und mit drei Fragezeichen nur die Beispiele. Im Folgenden werden nur die wichtigsten Begriffe und Handgriffe für den Einsteiger aufgeführt. Die englischen Stichwörter sind mit (?Stichwort) angegeben.

## 1.1 Worksheets

Das Konzept des Arbeitsblattes oder Worksheets spielt in Computer-Algebra-Systemen von heute eine entscheidende Rolle. Insbesondere bei der Verwendung einer graphischen Oberfläche arbeitet man in einem Worksheet fast so wie mit Papier und Bleistift. *Fast so* heißt, daß man nicht nur mit dem arbeitet, was man schwarz auf weiß sieht, sondern mit einem Computer und seinem Speicher. Das erfordert ein Mitdenken mit dem Computer, z.B. bei der Vergabe von Variablennamen und der *Reihenfolge der Abarbeitung* von Befehlen.

### 1.1.1 Worksheets laden und speichern

*intro1.ms*

Die Handhabung von Worksheets wird in `Interface-Help` (`Shift`+`F1`) beschrieben. Maple arbeitet mit zwei *Dateitypen*: Das lesbare Worksheet hat die Erweiterung .ms und wird im File-Menu mit `open` geladen und mit `save` gespeichert. Der „innere Zustand" von Maple wird mit abgespeichert, wenn die Option `save kernel state` aktiviert ist. Die entsprechende Datei hat die Erweiterung .m und kann durch Abarbeiten des Worksheets jederzeit neu erzeugt werden. Es ist also nicht sinnvoll, diese Datei immer automatisch mit abzuspeichern (siehe jedoch Abschnitt 1.4.1 Speichern von Prozeduren).

### 1.1.2 Worksheets editieren

Die Arbeit mit einem Worksheet findet in vier Bereichen oder Regions statt. Je nach Region sind verschiedene Aktionen möglich. Laden Sie das Worksheet `intro1.ms`, um mit der hier abgedruckten kurzen Einführung interaktiv zu arbeiten.

*Regions*

- *Text*: Normaler Texteditor zur Kommentierung des Worksheets. (Dieser Text steht in einer Text-Region.)

  – Besonderheiten: Die `Tab`-Taste erzeugt eine neue Input-Region. `Shift`+`↵` springt in die nächste Input-Region. Der Zeilenumbruch richtet sich nach der Fenstergröße, also ggf. auf volle Fenstergröße stellen, um die Struktur dieses Textes zu erhalten.

- *Input*: Region für Maple-Befehle. Inputprompts (> unter den meisten Systemen) können im Menupunkt `View` oder mit `F10` aktiviert und deaktiviert werden. Die nächsten Zeilen bilden eine Input-Region, die zwischen zwei Trennungslinien (Separatoren) steht:

```
> Dies ist Input. Wenn der Cursor irgendwo in
> dieser Region steht, erzeugt RETURN
> eine Fehlermeldung in einer Output-Region,
> weil der Strichpunkt fehlt.
```

Sie wundern sich wohl, weshalb wir mit einer Fehlermeldung anfangen? Aber ich kenne kaum jemanden, der diesen Fehler noch nicht produziert hat – er ist sozusagen der normale Einstieg in Maple. Das Nummer-Zeichen ist fast ebenso wichtig wie der Strichpunkt. Alles was in einer Inputzeile nach # steht, wird vom Maple-Befehlsinterpreter ignoriert.

```
> # Kommentare koennen mit dem Nummer-Zeichen
> # eingeleitet werden.
> # Diese Zeilen erzeugen also keine Fehlermeldung.
```

*Die Separatoren werden von nun an im gedruckten Worksheet weggelassen.*

- *Output- und Graphik-Region:* Diese Regionen werden von Maple erzeugt. In einer Output-Region stehen die Antworten von Maple im `Pretty-print`-Format (LaTeX). Dieser Output kann nicht weiterverarbeitet werden. Dagegen können „lineare" Ausgaben in eine Input-Region kopiert und dort weiter bearbeitet werden. Eine Graphik-Region entsteht, wenn man einen Plot in das Worksheet kopiert. Das gleichzeitige Kopieren von Regions verschiedener Art in den Zwischenspeicher ist in Release 3 noch nicht möglich.

## *Aktionen:*

- *Löschen*: Region oder Teile davon mit gehaltener linker Maustaste überstreichen, `Del`-Taste oder Edit-Menu.

- *Einfügen*: Cursor mit Maus oder Pfeiltasten an die gewünschte Stelle setzen.

- *Copy&Paste*: Geht mit `Ctrl`+`C` bzw. mit `Ctrl`+`X` und `Ctrl`+`V` schneller als mit dem Edit-Menu.

- *Mehrzeiliger Input*: `Shift`+`↵` (oder über das Zeilenende hinausschreiben).

- *Neue Input-Region*: Läßt sich mit `Tab` (= `Ctrl`+`I`) unterhalb oder mit `Ctrl`+`O` oberhalb einfügen.

- *Umschalten von Text auf Input* (und umgekehrt): `F5` (oder Format-Menu)

- *Vereinigen von Regions*: F4 (oder Format-Menu)
- *Teilen einer Region*: F3 (oder Format-Menu)
  - Tips: Die Tasten F5, F4 und F3 sind im Entwicklungsstadium eines Worksheets sehr nützlich! Mit F5 kann man z.B. leicht eine Inputzeile deaktivieren und wieder aktivieren. Mit F3 einen „Haltepunkt" setzen und mit F4 zurücknehmen. (Die Anzeige der Separatoren wird mit F9 oder im View-Menu gesteuert.)
- *Übernahme von Output als Input*: siehe ?lprint

## 1.2 Einfache Befehle

Wie schon erwähnt, müssen Befehle durch *Begrenzer* (engl.: Delimiter) abgeschlossen werden, also z.B. 3+5;. Algebraische *Terme* müssen korrekt geschrieben werden. Die *Zuweisung* ist der häufigste Befehl und erfordert wegen der *Bindung* einer Variablen das Mitdenken des Benutzers.

- *Begrenzer*: Jeder Maple-Befehl (?statement) muß mit einem Strichpunkt oder Doppelpunkt abgeschlossen werden, wobei der Doppelpunkt eine Ausgabe unterdrückt. Dadurch sind mehrere Befehle in einer Zeile möglich. Das Vergessen dieser Begrenzer ist am Anfang der häufigste „Syntax-Fehler". Fügen Sie in diesem Fall einfach „ ; " an, dann geht es mit ⏎ weiter... spätestens beim zweiten Versuch.

- *Terme*: Werden in der üblichen Notation geschrieben und von Maple (teilweise vereinfacht) im Pretty-print-Format ausgegeben. Mit doppelten Anführungszeichen (' ') kann man sich auf vorangehenden Input beziehen (maximal drei Ebenen zurück).

```
> x*y+5/6-7*(sqrt(Pi)+c^(-a/b));
> ";
```

$$x\,y + \frac{5}{6} - 7\sqrt{\pi} - 7\,c^{(-\frac{a}{b})}$$

$$x\,y + \frac{5}{6} - 7\sqrt{\pi} - 7\,c^{(-\frac{a}{b})}$$

Enthält der Term nur Konstanten, so wird er sofort ausgewertet. Im zweiten Befehl bewirkt der Dezimalpunkt nach 3 die dezimale Ausgabe.

```
> 3+8*7-9/17;
> 3.+8*7-9/17;"-"";
```

$$\frac{994}{17}$$

- *Zuweisung* (?assignment):
Die Zuweisung hat die Form <Name> := <Ausdruck> mit der üblichen Konvention für Namen (?name). Als Ausdruck (?expression) ist in Maple außer (algebraischen) Termen noch eine Vielfalt anderer Objekte zugelassen. Die wichtigsten Eigenschaften der Zuweisung werden hier aber nur an Termen demonstriert. Tip: Vergeben Sie (besonders im Anfangsstadium) möglichst viele Namen, das erleichtert das Zugreifen auf Teilergebnisse. Das einfachste Beispiel ist die Zuweisung einer Konstanten. Für die anschließende Kontrollausgabe gibt es drei Möglichkeiten (die dritte 8 ist linearer Output):

```
> a:=8; a; print(a); lprint(a);
```

$$a := 8$$

$$8$$

$$8$$

8

- *Rücksetzen* (?unassign): **Name in einfachen Anführungszeichen:**

```
> a:='a'; a;
```

$$a := a$$

$$a$$

- *Überschreiben*:

```
> a:=8; a; a:=ANTON; a;
```

$$a := 8$$

$$8$$

$$a := ANTON$$

$$ANTON$$

- *Bindung*: Beim Assignment wird der AKTUELLE Wert zugewiesen (im Worksheet jeweils groß geschrieben). Die „frühe Bindung" der Variablen a an ANTON wird deshalb für die Variable x übernommen und kann in x nicht ohne weiteres rückgängig gemacht werden. Die „späte Bindung" der Variablen b wirkt sich dagegen noch auf x aus. Spielen Sie mit folgendem Beispiel:

```
> x:=(a+b)^2; x;
```

$$x := (ANTON + b)^2$$

$$(ANTON + b)^2$$

```
> a:=EMIL; b:=9; x;
```

$$a := EMIL$$

$$b := 9$$

$$(ANTON + 9)^2$$

```
> ANTON:=7; x;
```

$$ANTON := 7$$

$$256$$

```
> b:=BEMIL; x;
```

$$b := BEMIL$$

$$(7 + BEMIL)^2$$

Die frühe Bindung kann durch einfache Anführungszeichen wie bei `unassign()` umgangen werden. Dies verhindert eine Auswertung (`?uneval`) vor der Zuweisung und man spricht deshalb auch von einem `delayed assignment`.

```
> x:='(a+b)^2'; x;
```

$$x := (a + b)^2$$

$$(EMIL + BEMIL)^2$$

```
> b:=19; x;
```

$$b := 19$$

$$(EMIL + 19)^2$$

```
> x:=('a'+'b')^2; x;
```
$$x := (a+b)^2$$

$$(EMIL+19)^2$$

```
> a:=danach;x;
```
$$a := danach$$

$$(danach+19)^2$$

Sie bekommen am besten ein Gefühl für `uneval`, wenn Sie damit experimentieren. Denken Sie bei diesen Experimenten auch daran, daß man die Auswertung auch mehrfach verzögern kann (wie in der Online-Hilfe beschrieben).

*Anmerkung:* Verwechseln Sie die einfachen Anführungszeichen (') nicht mit dem Backquote ('). Mit letzterem setzt man Text (Strings):

```
> x:='(a+b)^2';
> a:=10000;x;
```
$$x := (a+b)^2$$

$$a := 10000$$

$$(a+b)^2$$

- *Löschen **aller** Variablen*: (`?restart`):

```
> restart; a;b;x;
```
$$a$$
$$b$$
$$x$$

*1.2 Einfache Befehle*

## 1.3 Funktionen (?function)

Mit der späten Bindung (s.S. 14) können Terme als Funktionen dienen, wenn man der unabhängigen Variablen von Hand einen neuen Wert zuweist bzw. Operationen wie Differenzieren oder Integrieren anwendet. Maple wäre aber kein CAS, wenn es die Funktion als solche nicht kennen würde. Der Umgang mit Funktionen erfordert drei Schritte: einen Funktionsnamen (mit leicht unterschiedlichen Eigenschaften in Release 2 und 3), die Definition der Funktion und schließlich ihren Aufruf.

- *Funktionsname*: Mit <name>(<expression>) wird der Name der Funktion festgelegt. Dies ist nicht zu verwechseln mit <name> alleine:

    > f(x):=meinefunktion; f:=name; f(x);

    $$f(x) := meinefunktion$$

    $$f := name$$

    $$\mathrm{name}(x)$$

- *Funktionsdefinition* (?->): Zur Festlegung der Zuordnungsvorschrift wird (im allgemeinen) der Pfeil-Operator verwendet:

    > f:=x->x^2;

    $$f := x \to x^2$$

- *Funktionsaufruf*: Der Aufruf muß ein Argument (oder die richtige Anzahl davon) enthalten:

    > f(8); f(ABSZISSE); f(variable)^2; f; f();

    $$64$$

    $$ABSZISSE^2$$

    $$variable^4$$

    $$f$$

    ```
    Error, (in f) f uses a 1st argument, x, which is missing
    ```

    Eine weitere Fehlerquelle ist das Überschreiben des Funktionsnamens:

    > f:=etwas: f(irgendwas);

    $$etwas(irgendwas)$$

- *Funktionen mit mehr als einem Argument:* Die Argumente werden als Liste aufgeführt, siehe Beispiel in `intro1.ms`.
- *Vordefinierte Funktionen*: Die umfangreiche Liste der verfügbaren Funktionen läßt sich mit `?inifcn` anzeigen.

## 1.4 Prozeduren (`?proc`)

Sie können Prozeduren auch ohne Programmierkenntnisse verwenden, wenn Sie einfach eine häufig vorkommende Folge von Befehlen zusammenfassen wollen. Für den ersten Gebrauch können Sie die Warnungen zu lokalen Variablen ignorieren. Wichtig ist zunächst nur „das Paket", das mit `proc()` beginnt und mit `end` endet und dem ein Name zugewiesen wird.

```
> first:=proc()
> b:=7;
> x:=a+b;
> y:=x/a-b;
> 1-y^3;
> end;
Warning, 'b' is implicitly declared local
Warning, 'x' is implicitly declared local
Warning, 'y' is implicitly declared local

first := proc() local b,x,y; b := 7; x := a+b; y := x/a-b;
        1-y^3 end
```

Der Aufruf erfolgt mit `Name()`:

```
> first(); first;
```

$$1 - \left(\frac{a+7}{a} - 7\right)^3$$

$$\mathit{first}$$

Auch hier liefert wie bei der Funktion die Angabe des Namens ohne () nur den Namen. Sinnvoller ist es natürlich, die obige Prozedur mit wenigstens einem Parameter zu verwenden:

```
> first:=proc(a)
> b:=7;
> x:=a+b;
> y:=x/a-b;
> 1-y^3;
> end;
```

```
  first := proc(a) local b,x,y; b := 7; x := a+b; y := x/a-b;
      1-y^3 end
> first(5);
```

$$\frac{12292}{125}$$

Wenn Sie auch b als Parameter „programmieren" wollen, schreiben Sie einfach `proc(a,b)` und rufen die Prozedur sinngemäß auf. Der `proc`-Befehl stellt also auch eine (wichtige) Alternative zur Definition einer Funktion dar.

### 1.4.1 Speichern und Laden von Prozeduren (`?save`, `?read`, `?readlib`, `?with`)

- `save filename;` Speichert alle zugewiesenen Namen (also auch Prozeduren) in der Datei `filename` ab. Hat `filename` keine Erweiterung, so wird eine Textdatei erzeugt. Soll der „kernel-state" abgespeichert werden, so gibt man `filename` die Erweiterung `.m`. In diesem Fall muß der Filename in Backquotes (`'`) (`?quotes`) eingeschlossen sein, damit er mit dem Punkt (`?.`) als String gelesen wird.

  ACHTUNG: Es erfolgt keine Warnung vor dem Überschreiben!

- `save name1, name2, .. , filename;` Speichert die angeführten Namen ab.

- `read filename;` **Liest die Datei** `filename` (gleiche Konventionen wie bei save).

```
> save first, testpro;
> first:='first':
> first(5);
```

$$\text{first}(\,5\,)$$

```
> read testpro; first(5);
```

```
  first := proc(a) local b,x,y; b := 7; x := a+b;
      y := x/a-b; 1-y^3 end
```

$$\frac{12292}{125}$$

```
> save first, 'testpro.m';
> first:='first':
> first(5);
```

$$\text{first}(\,5\,)$$

> read 'testpro.m'; first(5);
$$\frac{12292}{125}$$

## 1.5 Library (?lib)

Außer den „builtin functions", die mit dem Laden von Maple sofort zur Verfügung stehen, gibt es gerade für den Physiker einen fast unerschöpflichen Vorrat von Bibliotheks-Funktionen. Die meisten davon stehen in der „system/standard-library" (?libname) und können mit ihrem Namen direkt angesprochen werden, d.h., sie sind „readlib-definiert". Eine Reihe anderer Prozeduren kann (muß) mit dem Befehl readlib(Prozedur); geladen werden. Dies ist dann jeweils in der Online-Hilfe (am Ende) vermerkt. Wenn also ein Maple-Befehl nicht auf Anhieb funktioniert, versuchen Sie es mit readlib oder with (s.u.).

> log10(8); readlib(log10); log10(8);
$$\log 10(8)$$

proc(x) ... end

$$\frac{\ln(8)}{\ln(10)}$$

> readlib(unload); unload(log10); log10(8);

proc(n) ... end

$$\log 10$$

$$\log 10(8)$$

> randpoly(x); unload(randpoly); randpoly(u);
$$-50\,x^5 - 12\,x^4 - 18\,x^3 + 31\,x^2 - 26\,x - 62$$

$$randpoly$$

$$randpoly(u)$$

### 1.5.1 Packages (?package, ?with)

Das für den Normalgebrauch wichtigste Kommando, mit dem man auf die Maple-library zugreift, ist das with-Kommando. Damit spricht man eines der Pakete an, in denen die Maple-Funktionen nach Inhalt geordnet abgelegt sind. Mit am häufigsten benötigt man das Paket plots:

```
> restart;
> pl1:=plot(x,x): pl2:=plot(-x,x):
```

Der nächste Befehl zeigt nur die Plot-Struktur an (mit der linken Maustaste anklicken und mit der Del -Taste löschen).

```
> display({pl1,pl2});
> with(plots);
```

[*animate, animate3d, conformal, contourplot, cylinderplot, densityplot, display, display3d, fieldplot, fieldplot3d, gradplot, gradplot3d, implicitplot, implicitplot3d, loglogplot, logplot, matrixplot, odeplot, pointplot, polarplot, polygonplot, polygonplot3d, polyhedraplot, replot, setoptions, setoptions3d, spacecurve, sparsematrixplot, sphereplot, surfdata, textplot, textplot3d, tubeplot*]

Diese Befehle stehen jetzt zur Verfügung. Wenn Sie sie nicht immer wieder sehen wollen, beenden Sie den with-Befehl mit einem Doppelpunkt.

```
> display({pl1,pl2});
```

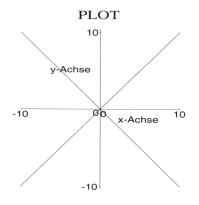

*Abb. 1.1:* Um zwei Plot-Strukturen zu überlagern, benötigt man aus dem Paket plots *den Befehl* display. *Wenn nur dieser eine Befehl geladen werden soll, kann man auch* with(plots,display) *oder* plots[display] *schreiben.*

## 1.6 Graphik

Die Handhabung von Formeln ist das eine wesentliche Element eines CAS. Das andere ist ihre Visualisierung. Maple bietet hier eine Vielzahl von Möglichkeiten, die sicher von jedem Anwender verschieden genutzt werden. Eine etwas ausführlichere Information erhalten Sie im Anhang B.1 bzw. im Worksheet `intro2.ms`. An dieser Stelle geht es zunächst nur darum, überhaupt einmal ein Bild auf den Schirm zu bekommen. Wie erstellt man also einfache Plots mit Maple?

### 1.6.1 Plots (?plot, ?plot3d)

Wer schnell etwas sehen will, kann die folgenden Befehle ausprobieren. Die Plots erscheinen in eigenen Fenstern, in denen eine Reihe von Optionen angeboten wird. Mit der linken Maustaste kann man im zweidimensionalen Plot Koordinaten abfragen und bei dreidimensionalen Plots die Perspektive durch Ziehen ändern - neue Darstellung mit der rechten Maustaste. (Man beseitigt die Plot-Fenster am schnellsten mit einem Doppelklick links oben oder mit Alt +F4.) Graphik kostet Speicher, der aber von Maple unter Windows leider nicht wieder freigegeben wird. Wer zu lange spielt und zu wenig Speicher hat, muß Maple neu starten.

```
> plot(x^2,x);              >   plot(x^2,x=1..1.001);
```

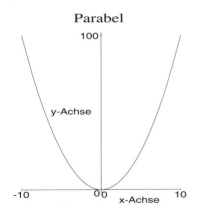
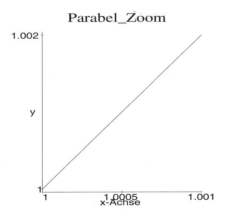

*Abb. 1.2: Standardbereich für x*     *Abb. 1.3: Explizite Bereichsangabe für x*

Die Plot-Befehle haben die Struktur `plot(Funktion, Variable = Bereich)`, wobei die Funktion in diesen Beispielen als Term angegeben ist und die Bereichsgrenzen durch (genau) zwei Punkte getrennt sind. Die Angabe der unabhängigen Variablen ist zwingend (siehe Plot-Befehl zu Abb. 1.2), während die Bereichsangabe optional ist und wie in Abb. 1.3 auch mißbraucht werden kann. Maple legt den Bereich der Ordinate selbständig fest, Sie können ihn aber auch in einer weiteren Bereichsangabe erwähnen (siehe Worksheet intro2.ms). Die Angabe eines Variablennamens für den Ordinatenbereich bewirkt nur eine Beschriftung (wenn der Name des geplotteten Terms angegeben wird, erscheint eben dieser Term wegen der vorangegangenen Zuweisung). Setzen Sie einfach den Cursor an die entsprechende Stelle der Plot-Befehle in intro1.ms, und geben Sie neue Terme und Bereiche ein.

Die Beschriftung der Plots ist eine Sache für sich (siehe Worksheet fig.ms). Ich habe mir erlaubt, den Plots in Maple einen Titel hinzuzufügen, der manchmal nur mit einem gewissen Augenzwinkern zu verstehen ist, also z.B. in Abb. 1.3 „Linearität ist eine Frage des Maßstabs" oder „in erster Näherung ist alles linear" oder „die erste Näherung reicht völlig aus". Andererseits verdient die von Maple erzwungene Achsenbeschriftung leider kein Smiley (mehr dazu in fig.ms).

Für einen 3D-Plot müssen zwei Bereiche angegeben werden. Die Sparversion sieht z.B. so aus:

```
> plot3d(sin(x)*cos(y),x=0..5,y=0..8);
```

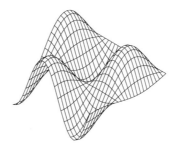

3D-Plot

Abb. 1.4: Dreidimensionale Plots stellen Flächen im Raum dar

intro1.ms

Wenn Sie aber Graphik-Fan sind (wie ich auch), werden Sie sich mit der Sparversion nicht zufriedengeben, sondern gleich tief in das Füllhorn der Optionen greifen. Wer gezielt vorgehen will, kann zunächst mit view experimentieren, um damit den Bereich der Hochachse zu manipulieren. Die Option orientation spricht für sich. Mit grid kann man Zeit sparen und mit axes die Art der Achsen wählen. Hilfe zur Syntax bekommen Sie mit ?plot3d[options].

## 1.7 Extras

Es sei schon an dieser Stelle darauf hingewiesen, daß Ihnen außer den Worksheets `intro2.ms` und `intro3.ms` noch weitere Dateien zur Verfügung stehen, die als zusätzliche Hilfe beim Umgang mit Maple und für die Orientierung im Buch gedacht sind.

### 1.7.1 `pat.wri, pat.txt`

Diese Datei hat ihren Namen von „patterns" und enthält die häufigsten Befehlsmuster. Die Maple-Hilfe ist zwar umfassend und komfortabel, hat aber den Nachteil, daß sie nicht so ohne weiteres den eigenen Bedürfnissen angepaßt werden kann. Mit `pat.wri` als Vorlage können Sie Ihre eigene Hilfe aufbauen und verwenden, indem Sie die Datei mit *Write* laden und als Fenster neben Ihre Maple-Session stellen. Nun können Sie mit der normalen Editor-Suchfunktion nach Stichwörtern suchen, die schon vorhanden sind oder die Sie selbst noch eintragen. Damit läßt sich `pat.wri` als Notizblock verwenden, aus dem Sie dann mit Copy&Paste die gefundenen Befehlsmuster in Ihr Worksheet übernehmen können. Es hat sich herausgestellt, daß diese einfache Methode sehr wirkungsvoll ist, wenn man Maple lernt, aber auch, wenn man häufig wiederkehrende Fehler, die oft nur durch Nuancen in der Maple-Syntax bedingt sind, vermeiden will. (`pat.txt` ist die inhaltsgleiche Datei im Textformat, d.h. ohne die Hervorhebungen, die im *Write*-Programm von Windows zu sehen sind.)

### 1.7.2 `stich.ms`

Die Datei hat ihren Namen von „Stichwort" und dient dazu, das Worksheet oder die Worksheets zu finden, in denen eben dieses Stichwort vorkommt, sei es nun ein Maple-Befehl oder ein Begriff aus der Physik oder Mathematik. Die Konzeption entstand mit dem Buch, aber auch im Unterricht: Wenn man selbst viele Worksheets schreibt und auch noch die Worksheets von Schülern (z.B. Referate und Klausuren) verwalten muß, ist man früher oder später auf einen funktionierenden Index angewiesen. Wir hatten zunächst im Informatik-Grundkurs Pascal-Programme mit verketteten Listen und Bäumen geschrieben, um dieser Aufgabe gerecht zu werden. Obwohl diese Programme recht zufriedenstellend funktionierten, hatten sie alle einen Nachteil: Man muß zur Eingabe der Daten die Oberfläche wechseln, und das ist einem manchmal schon zu umständlich – erfahrungsgemäß. Nachdem aber die Referate alle mit einem standardisierten Kopf begannen, in den die Daten (= Stichwörter) auch eingetragen wurden, lag die Idee nahe, diese Information *direkt aus dem Worksheet heraus* weiterzuverarbeiten. Also mußte ein Maple-Programm her, mit dem man das machen kann. Dazu kam noch die „Entdeckung", daß der Maple-Datentyp `table` einem die ganze Programmierarbeit mit verketteten Listen und Bäumen abnimmt, und die Oberfläche auch schon fertig ist. Und so entstand das kleine Worksheet `stich.ms`. Aber lassen Sie sich von der Kürze nicht täuschen – es hat mich einige Tüftelei gekostet, bis alle `op`'s und `nop`'s stimmten. Als Anwender müssen Sie aber diese Maple-Interna nicht beherrschen, um mit `stich.m` arbeiten zu können. Es genügt die Anleitung, die sie am Ende des Worksheets `intro1.ms` finden. Der Index kann in mehrfacher Hinsicht benutzt werden:

*1. Verwendung des vorhandenen Index*

- Ausgabe aller Stichwörter zur Physik und Mathematik (weitgehend identisch mit dem Index des Buches, ohne Verweise zu den Worksheets)

- Ausgabe der Liste der Worksheets, wahlweise mit Kurzbeschreibung oder der vollen zum Worksheet gehörigen Stichwortliste (womit der Kontext ersichtlich wird)

- Liste der Stichwörter mit Verweis zu den Worksheets (in drei Formaten)

- Liste der Maple-Befehle mit Verweis zu den Worksheets (drei Formate)

- Gezielte Stichwortsuche von Begriffen oder Maple-Befehlen: Dies ist wohl die wichtigste Anwendung, z.B. „In welchem Worksheet kommt der Befehl `solve` vor?", oder „In welchem Worksheet finde ich die *Wellengleichung?*"

*2. Interaktives Arbeiten mit dem Index*

- Die oben genannten Punkte ermöglichen zwar schon zum größten Teil interaktives Arbeiten (zumal mit einem WWW-Browser s.u.), Sie können aber darüber hinaus noch leicht die Einträge ändern und so Ihren eigenen Index aufbauen. Natürlich läßt sich `stich.ms` auch für andere Zwecke einsetzen als für die Arbeit mit dem Buch, z.B. für die Katalogisierung eigener Worksheets oder gar für die Verwaltung eines Workseet-Servers.

### 1.7.3 `index.htm, maple.htm`

Das Worksheet `stich.ms` wurde zu `mapstich.ms` weiterentwickelt, womit eine Html-Datei ausgegeben werden kann, die die Links zu den Worksheets (Fundstellen der Stichwörter) enthält. Damit haben Sie die Basis für eine „WWW-Oberfläche" für das Buch, d.h., Sie können die ganze Funktionalität der WWW-Browser nutzen: Suchfunktionen, bookmarks, history..., und vor allem können Sie Maple mit der extension `.ms` verknüpfen, so daß Sie nicht nur die Auskunft erhalten, wo das Gesuchte zu finden ist, sondern das Gesuchte selbst. Auch hier können Sie wieder die Umgebung Ihren eigenen Wünschen anpassen, sei es für den Gebrauch zu Hause, für ein Referat oder für den Unterricht.

### 1.7.4 `fig.ms`

In Maple können Plots (genauer gesagt Plot-Strukturen) als ganz normale Variable (etwa `myplot`) abgespeichert werden, so daß sie jederzeit wieder in ein Worksheet eingelesen und reproduziert werden können. Das Aussehen der Plots kann durch `replot(myplot,options);` mit allen zur Verfügung stehenden Plot-Optionen verändert werden. Außerdem gibt es noch die Möglichkeit, einen Plot aus einem Plot-Fenster heraus in die Zwischenablage zu kopieren oder als Datei zu speichern. Soll die Datei aber im PostScript-Format gespeichert werden, so erhält man mit MapleV Release 3 nicht ohne weiteres das gewünschte Ergebnis:

- Die Figur ist um 90° gedreht (landscape)
- Der automatisch gelieferte Rahmen ist nicht immer erwünscht
- Die Beschriftung ist zu klein (insbesondere für nachfolgende Verkleinerung)

M.Kofler [10] erläutert, wie man die von Maple erzeugte PostScript-Datei ändern kann, bzw. bietet ein Programm an, mit dem man das gewünschte Ergebnis erzielen kann.

Aber es geht auch einfacher, wenn man (wie mit `stich.ms`) *in Maple bleibt*. Dort gibt es nämlich den Befehl `plotsetup`, der die Optionen `portrait` (aufrechtes Bild) und `noborder` (ohne Rahmen) kennt. Titel, Achsenbeschriftung und Fontgröße können ebenso einfach *in Maple* bestimmt werden. Wenn man alles zusammenfaßt, bekommt man ein sechszeiliges Worksheet mit dem Namen `fig.ms` und geniert sich schon fast, es weiterzugeben. Aber es erspart trotz seiner Kürze (oder wegen seiner Kürze?) viel Arbeit, wenn man PostScript-Plots erzeugen will. Natürlich wurde es zur Erzeugung der Abbildungen in diesem Buch benutzt, und deshalb finden Sie in den meisten Worksheets noch Reste dieses Arbeitsabschnitts. Sie erkennen sie an den Befehlen `pspl(filename);` und `winpl();`, die aber in Text umgewandelt sind und deshalb bei der Ausführung der Worksheets ohne Wirkung bleiben, es sei denn, Sie verwandeln sie wieder in Input, um damit zu experimentieren. (Mit aus dem letzten Grund habe ich diese Befehle in den Worksheets stehen lassen; wenn sie *wirklich* stören, können sie ja leicht entfernt werden.) Eine Gebrauchsanleitung finden Sie in `fig.ms` oder, wenn Sie `fig.m` eingelesen haben, mit dem Befehl `hfig;`.

Was sich allerdings weder mit einem externen Programm noch mit den genannten Befehlen *gezielt* beeinflussen läßt, ist die *Art*, in der MapleV3 Achsen beschriftet und die Markierungen verteilt. In dieser Release hat der Benutzer die Sache leider noch nicht voll im Griff und wird manchmal von den internen Algorithmen zur Beschriftung (Position und Anzahl) einfach überspielt. Sie sehen das in manchen Figuren, wenn die Beschriftung auch nach längerem Experimentieren nicht unbedingt dort gelandet ist, wo sie vom Autor vorgesehen war. Ich habe das in der Hoffnung auf eine Besserung mit Release 4 stehen lassen und nur dort etwas künstlich geschönt (durch Eingriffe in die PostScript-Dateien direkt), wo der Maple-Output völlig unerträglich war. Also wundern Sie sich bitte nicht, wenn Sie eine Achsenbeschriftung entdecken, die Sie mit Maple *absolut* nicht nachbilden können.

# 2

# Newton

*Dieses Kapitel führt von der gleichförmigen Bewegung eines Massenpunktes bis zur Lösung der Newtonschen Bewegungsgleichung für beliebige Kraftgesetze*

Die Newtonsche Mechanik verdankt ihren durchschlagenden Erfolg in erster Linie der Differentialrechnung. Ohne dieses von Newton und Leibniz zur gleichen Zeit entwickelte mächtige Instrument ist die deterministische Physik (also z.B. auch die Schrödinger-Gleichung) undenkbar. Die Differentialrechnung – oder allgemeiner die Infinitesimalrechnung – beschäftigt sich mit Funktionen, ihrem lokalen und globalen Verhalten. In unserer Zeit haben wir nun ein neues Werkzeug zur Untersuchung von Funktionen an die Hand bekommen, dessen Mächtigkeit schon heute – also zu einem Zeitpunkt, in dem seine Möglichkeiten noch längst nicht ausgeschöpft sind – überwältigend erscheint. Man müßte es eigentlich ein Metawerkzeug oder eine Werkzeugmaschine nennen, denn es ist ein Werkzeug, mit dem sich das alte Werkzeug (Differentialrechnung) handhaben läßt und mit dem sich neue Werkzeuge (Formeln und Algorithmen) erstellen lassen. Es trägt den bescheidenen Namen CAS für „Computer-Algebra-System". Aber es kann nicht nur Algebra, es kann viel, viel mehr. Das System kann nicht „nur" Funktionen symbolisch handhaben, es kann sie auch in allen erdenklichen Variationen graphisch darstellen, und was bietet schon mehr Information als ein Bild? Heute muß man es noch mit einem (leicht erlernbaren) Befehlssatz zu diesen Aktionen veranlassen, morgen wird ein Fingerzeig (Mauszeig) dazu genügen und übermorgen ein gesprochener Wunsch... ?

Aber wir leben noch in der Zeit, in der wir uns mit dem Befehlssatz und seiner Syntax vertraut machen müssen. Was läge näher, als das CAS Maple zuerst anhand uns Physikern altvertrauter Handhabungen der Newtonschen Mechanik zu studieren? Wir benutzen also den roten Faden eines jeden Lehrbuches zur klassischen Mechanik. Und wenn wir uns auf diese Weise mit dem neuen Werkzeug vertrautgemacht haben, benutzen wir es, um damit neue Physik zu machen. Die folgende Kurzübersicht symbolisiert die beiden Ebenen Physik und CAS.

Der klassische Aufbau heißt:

- Kinematik eines Massenpunktes (Abschnitt 2.1)
    - *Maple-Befehle zu*: Funktionen, Plots, Lösung von Gleichungen
- Newtons Bewegungsgleichung (Abschnitt 2.2)
    - *Maple-Befehle zu*: Differentialgleichungen, Plots

Im ersten Abschnitt können wir elementare Maple-Befehle zur Aufstellung und Darstellung von Funktionen erlernen und uns – ganz nebenbei – mit der (für uns Physiker) wesentlichen Aussage der Infinitesimalrechnung beschäftigen. Im zweiten Abschnitt können wir das Gelernte auf konkrete Beispiele anwenden und dabei Neues lernen: „Wie schreibt man mit Maple ein (kleines) Programm?", oder: „Wie sieht das Phasendiagramm der Kepler-Bewegung aus?" Ich wage zu behaupten, daß Sie am Ende dieses Abschnitts das Buch zur Seite legen werden. Sie werden begonnen haben, mit *Ihrem* Computer zu forschen! Wenn Sie Maple schon kennen oder schnell erlernt haben, werden Sie physikalische Forschung betreiben. Aber es wird sich nicht immer vermeiden lassen, daß Sie auch „Syntax-Forschung" betreiben müssen, und ich hoffe, daß ich Ihnen auch in diesem Fall mit meinem Buch weiterhelfen kann.

Beginnen wir also mit unserer „Forschung auf zwei Ebenen", nehmen wir das Werkzeug Differentialrechnung mit dem Werkzeug Maple in die Hand.

## 2.1 Kinematik

Wir betrachten die Bewegungsgesetze eines Massenpunktes als gegeben und untersuchen mit Maple die gleichförmige Bewegung, die stückweise gleichförmige Bewegung (als Vorstufe zur beschleunigten Bewegung) und die beschleunigte Bewegung – jeweils eindimensional. Anschließend erweitern wir auf drei Dimensionen.

### 2.1.1 Gleichförmige Bewegung

Das Weg-Zeit-Gesetz ist gegeben durch

> x:=t->v*t+x0;

$$x := t \to v\,t + x0$$

Es ist günstig, dieses Gesetz gleich als Funktion zu schreiben, weil wir dann größere Freiheit im Umgang damit haben. Wir können uns nun schon Werte ausgeben lassen:

> x(6);

$$6\,v + x0$$

Werte für v und x0:

> v:=7: x0:= -10: x(6);

$$32$$

> v:=-7/53: x0:=123/765: x(234); evalf(",100);

$$\frac{-415517}{13515}$$

$-30.74487606363300036995930447650758416574176840547539770625 \backslash$
$23122456529781724010358860525342212356 6408$

Am zweiten Beispiel sehen Sie, weshalb man von Computer-ALGEBRA-Systemen spricht.

*Anmerkung 1:* Die Parameter v und x0 könnte man auch als weitere unabhängige Variable der Funktion wählen, aber dann wird der Funktionsaufruf umständlicher, z.B. x(t,v,x0).

*Anmerkung 2:* Die Schreibweise x0 ist bequemer als x[0], mit der man in Maple eine indizierte Variable erzeugt.

*kino1.ms*

Sie werden in den Worksheets dieses Buches oft „loopen" dürfen, also eine bestimmte Folge von Befehlen in einer Schleife abarbeiten. Das ist natürlich nur sinnvoll, wenn sich dabei etwas ändert oder ändern läßt. Zu diesem Zweck stellen Sie den Cursor, der nach der Ausführung der Befehle einer Input-Region in die nächste Input-Region springt, wieder zurück und tragen z.B. neue Zahlen ein. Das ist die bereits erwähnte typische Arbeitsweise in einem Worksheet: Man arbeitet damit wie mit Papier und Bleistift und Radiergummi. Die Programmierarbeit hat einem schon der Hersteller des CAS abgenommen, so weit sogar, daß man durch einfaches Hinzufügen von weiteren Befehlen sein „Programm" höchst flexibel gestalten kann. Versuchen Sie es zunächst damit, daß Sie vor dem Funktionsaufruf x(...) für v oder x0 zusammengesetzte Terme eingeben, und dann damit, daß sich diese Terme aus mehreren aufeinander folgenden Zeilen berechnen. Beachten Sie dabei die frühe oder späte Bindung, d.h. den aktuellen Wert von Zuweisungen.

Aber man kann auch „echte Mathematik" mit Maple treiben, z.B. die Umkehrfunktion bilden:

```
> t:=xh->solve(x(t)=xh,t);
```

$$t := xh \to \mathrm{solve}(\,\mathrm{x}(\,t\,) = xh, t\,)$$

Test:
```
> v:='Geschwindigkeit': x0:='Startpunkt':
> Zeit=t(Ort);
```

$$Zeit = -\frac{Startpunkt - Ort}{Geschwindigkeit}$$

Im letzten Befehl wird keine Zuweisung vorgenommen, sondern nur eine Gleichung formuliert (zum Zweck der übersichtlichen Ausgabe).

Zahlen:
```
> x0:=3: v:=4: t(5);
```

$$\frac{1}{2}$$

Probe:
```
> x(1/2);
```

$$5$$

Oder:
```
> x(t(x));
```

$$x$$

Bei gegebenem Startpunkt und gegebener Geschwindigkeit können wir nun also die Fragen „Wo ist der Körper zur Zeit $t$ ?" bzw. „Wann ist der Körper am Ort x ?" mühelos beantworten. Ebenso mühelos ist eine Veranschaulichung der Funktionen:

```
> plot(x(Zeit),Zeit=-2..2,-5..10);
```

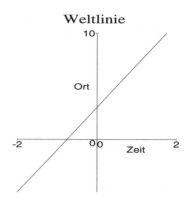

Abb. 2.1: x-t-Diagramm

Im Worksheet `kino1.ms` folgt der Plot der Umkehrfunktion. Daß es sich bei der graphischen Darstellung um Funktion und Umkehrfunktion handelt, sieht man erst, wenn man mit dem Button 1:1 gleiche Maßstäbe auf beiden Achsen wählt. Ein Ablesen der Koordinaten ist aber in jedem Fall möglich. Dazu stellen Sie den Mauszeiger auf den gewünschten Punkt der Geraden und klicken die linke Maustaste. Dann können Sie im `status-bar` die entsprechenden Werte ablesen (`style-status-bar` muß allerdings aktiviert sein). Bei dieser Gelegenheit können Sie auch gleich ausprobieren, was sich in dem Plot-Fenster alles einstellen läßt: Style – Axes – Projection... oder die entsprechenden Buttons. Aber das haben Sie wohl schon getan?

Ebenso wie die Fragen nach Ort und Zeit lassen sich die Fragen nach der erforderlichen Geschwindigkeit oder dem Startpunkt beantworten. Dazu löschen wir zunächst die Zuweisungen für x0 und v:

```
> x0:='x0': v:='v': x(t); t(x);
```

$$v\,t + x0$$

$$-\frac{x0 - x}{v}$$

Dann lassen wir eine der Gleichungen nach $v$ auflösen (Zur Erinnerung: Es kommt bei einem CAS immer nur darauf an, wie man etwas machen *läßt*, und weniger, wie man etwas macht, denn das weiß ja das CAS...):

```
> v:=solve(x(t1)=x1,v);  # solve(t(x1)=t1,v);
```

$$v := -\frac{x0 - x1}{t1}$$

Welche Geschwindigkeit ist also erforderlich, wenn man zur Zeit 0 an der Stelle 5 startet und zur Zeit 7.45 an der Stelle $7*3^\pi$ sein will?

```
> x0:=5: t1:=7.45: x1:=7*3^Pi: v; evalf(");
```

$$-.6711409395 + .9395973153\, 3^\pi$$

$$28.96778053$$

(Sie dürfen wieder loopen, mit Brüchen, Dezimalzahlen, `sin`, `exp`..., aber auch einfach mit Namen)

Weil dieses CAS alles schluckt, liegt es nahe, auch das zu automatisieren. Schließlich möchte man ja nicht alles von Hand eingeben. Wie reagiert also die Funktion $x(t)$ auf eine Änderung der Parameter $v$ oder $x0$? Die einfachste Methode, das zu untersuchen, ist eine dreidimensionale Darstellung (Abb. 2.2):

```
> x0:=5: v:='v':
> plot3d(x(t),t=-1..5,v=-1..3,axes=framed);
```

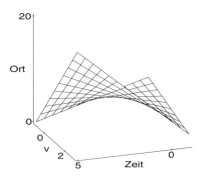

*Abb. 2.2: x-t-Diagramm zu verschiedenen Geschwindigkeiten (3D)*

Jetzt haben Sie wieder die Möglichkeit zum Spielen: Mit der gehaltenen linken Maustaste kann man die Box zu einem anderen Winkel ziehen. Und im Menu gibt es wieder eine ganze Reihe von Darstellungsmöglichkeiten.

Wir sollten aber über der 3D-Darstellung nicht die zweidimensionalen Kurvenscharen vergessen. Man kann mit Maple auch eine Menge (im mathematischen und wörtlichen Sinn) von Funktionen zeichnen lassen. Wenn sich dabei ein Parameter mit einer bestimmten Schrittweite ändert, kann dies am einfachsten mit dem Befehl seq formuliert werden:

```
> plot({seq(x(t),v=-1..3)},t=-1..5);
```

Oder mit einer kleineren Schrittweite (Abb. 2.3):

```
> plot({seq(x(t),v=seq(0.2*i,i=-5..15))},t=-1..5);
```

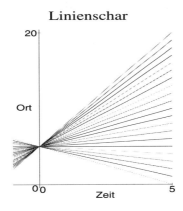

Abb. 2.3: *x-t-Diagramm zu verschiedenen Geschwindigkeiten: Kurvenschar*

2.1 *Kinematik*

## 2.1.2 Stückweise gleichförmige Bewegung

Wir fügen an die Bewegung aus dem ersten Beispiel für $t > 2$ eine zweite an. Die Geschwindigkeiten seien $v1$ und $v2$.

```
> x0:='x0':
> x:=t->if t<=2 then x0+v1*t else v2*(t-2)+v1*2+x0 fi;

x := proc(t) options operator,arrow; if t <= 2 then x0+v1*t
                         else v2*(t-2)+2*v1+x0 fi end
```

Und wir sehen wieder: Mit Maple programmiert man nicht, mit Maple *läßt* man programmieren. Daß Maple mit der Eingabe einverstanden ist, sieht man an dem Output, in dem eine Prozedur erscheint. Das if-statement spricht für sich selbst, ungewohnt ist vielleicht der Abschluß mit fi. Doch bevor wir uns überlegen, wie der zweite Term (else) in diesem if zustande kommt, wollen wir uns das Ergebnis ansehen (Abb. 2.4):

```
> x0:=5: v1:=2: v2:=-1/2:
> plot('x(t)',t=0..5,0..10);
```

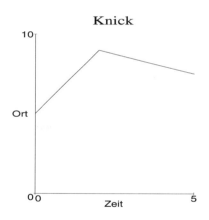

*Abb. 2.4: Stückweise gleichförmige Bewegung*

Zum Plot-Befehl ist zu bemerken, daß in diesem Fall die Funktion in einfachen Anführungszeichen stehen muß, damit im if die Reihenfolge der Auswertung stimmt. (Sehen Sie sich die Fehlermeldung an, die ohne die Anführungszeichen entsteht.) Es handelt sich hierbei um eine Maple-Eigenart, die „von den Designern bewußt in Kauf genommen wurde".

Doch nun zum zweiten Term (else). Soll die Bewegung im Punkt $(t = 2\,|\,x(2))$ mit der Geschwindigkeit $v2$ fortgesetzt werden, so können wir die Punkt-Steigungsform der Geradengleichung verwenden:
```
> x0:='x0': v1:='v1': v2:='v2': solve((x-x(2))/(t-2)=v2,x);
> simplify(");
```

$$-\left(-\frac{x0}{t-2} - 2\frac{v1}{t-2} - v2\right)(t-2)$$

$$x0 + 2\,v1 + v2\,t - 2\,v2$$

```
> collect(",v2);
```

$$v2(t-2) + x0 + 2v1$$

Und das ist der gesuchte Term. Üben Sie das Arbeiten mit einem Worksheet, indem Sie unter Verwendung der vorhandenen Input-Zeilen eine neue Bewegung erzeugen.

### 2.1.3 Mittlere Geschwindigkeit

Wir können von Hand das gewichtete Mittel bilden:
```
> vq:=(v1*2+v2*3)/(2+3);
```

$$vq := \frac{2}{5}\,v1 + \frac{3}{5}\,v2$$

```
> x0:=5: v1:=2: v2:=-1/2: vq;
```

$$\frac{1}{2}$$

und die zugehörige Bewegung graphisch darstellen (Abb. 2.5):
```
> plot({'x(t)',x0+vq*t},t=0..5);
```

Doch es gibt für Mittelwerte auch vorgefertigte Befehle. Sie befinden sich im package stats, und das gibt uns die Gelegenheit, auf den Einsatz von packages im allgemeinen und auf das stats-package im besonderen einzugehen[1]:
```
> with(stats);
```

$$[\textit{describe, fit, importdata, random, statevalf, statplots, transform}\,]$$

---

[1] Maple-Anfänger sollten sich nicht von der nun schon etwas komplizierteren Syntax abschrecken lassen. Man gewöhnt sich relativ schnell daran, und die Statistikbefehle sind gerade für graphische Darstellungen diskreter Werte sehr praktisch.

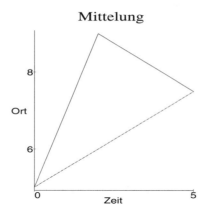

Abb. 2.5: *Bewegung mit der mittleren Geschwindigkeit $v_q$.*

Hier werden zunächst die Unterpakete aufgelistet. Für das gewichtete Mittel benötigen wir das Paket `describe`:

> with(describe);

[*coefficientofvariation, count, countmissing, covariance, decile, geometricmean, harmonicmean, kurtosis, linearcorrelation, mean, meandeviation, median, mode, moment, percentile, quadraticmean, quantile, quartile, range, skewness, standarddeviation, variance*]

Und in diesem Paket die Funktion `mean([Liste])`:

> mean([Weight(v1,2),Weight(v2,3)]);

$$\frac{1}{2}$$

Mit dem gleichen Ergebnis wie oben. Will man nicht das ganze Paket ansprechen, so schreibt man: `stats[describe,mean]([...]);`

Zur graphischen Darstellung kann man sich das Paket statplots verwenden:
```
> with(statplots);
Warning: new definition for    quantile
```
   [*boxplot, histogram, notchedbox, quantile, quantile2, scatter1d, scatter2d,*
       *symmetry, xscale, xshift, xyexchange*]

Mit dem Befehl histogram kann man zunächst das Stabdiagramm der Geschwindigkeiten anzeigen lassen (Abb. 2.6):
```
> histogram([Weight(v1,2),Weight(v2,3)]);
```

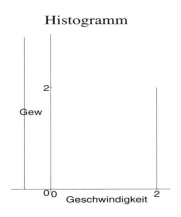

Abb. 2.6: *Geschwindigkeitshistogramm*

Aber man kann auch die Zeitbereiche mit den Geschwindigkeiten gewichten und bekommt so ein $v$-$t$-Diagramm der stückweise gleichförmigen Bewegung bzw. der Bewegung mit der mittleren Geschwindigkeit $vq$.
```
> histogram([Weight(0..2,v1),Weight(2..5,v2),
> Weight(0..5,vq)]);
```
Wenn man die ausgefüllten schwarzen Flächen durch ihre Umrandungen ersetzen will, kann man im Plot-Fenster style=line wählen. Der Befehl histogram kennt keine Optionen, man kann aber mit folgendem „Kunstgriff" die line-Option schon vor dem Plot angeben (Abb. 2.7):
```
> with(plots):
> replot(histogram([Weight(0..2,v1),Weight(2..5,v2),
> Weight(0..5,vq)]),style=line);
```
*Aufgabe*: Obige Bewegung für $n$ Abschnitte verallgemeinern.

*2.1 Kinematik*

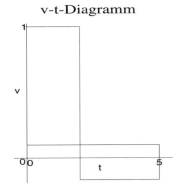

Abb. 2.7: *v-t-Diagramm und mittlere Geschwindigkeit*

### 2.1.4 Zwei gleichförmig bewegte Körper

Wir formulieren das Weg-Zeit-Gesetz zur Abwechslung mit Ausdrücken und nicht mit Funktionen:
> x1:=x10+v1*t: x2:=x20+v2*t:

Wir können zunächst den Zeitpunkt des Zusammentreffens berechnen:
> tt:=solve(x1=x2,t);

$$tt := -\frac{x10 - x20}{v1 - v2}$$

und daraus den Treffpunkt bestimmen und die Probe machen:
> x1t:=subs(t=tt,x1); x2t:=subs(t=tt,x2); x1t-x2t;

$$x1t := x10 - \frac{v1\,(x10 - x20)}{v1 - v2}$$

$$x2t := x20 - \frac{v2\,(x10 - x20)}{v1 - v2}$$

$$x10 - \frac{v1\,(x10 - x20)}{v1 - v2} - x20 + \frac{v2\,(x10 - x20)}{v1 - v2}$$

Daß diese Differenz 0 ist, erfährt man erst nach der Anwendung von simplify:

> simplify(");

$$0$$

Auch mit dem Befehl evalb (evaluate boolean oder Auswertung Boolscher Ausdrücke) wird die Gleichheit erst nach simplify erkannt:
> evalb(simplify(x1t)=simplify(x2t));

$$\text{true}$$

*Aufgabe:* Plot der beiden Weltlinien, also der beiden Ortsfunktionen, in ein Diagramm, Ablesen des Treffpunktes mit der Maus.

Es lassen sich aber auch inverse Fragestellungen leicht beantworten, z.B.: „Mit welcher Geschwindigkeit muß Körper 2 starten, wenn er Körper 1 zur Zeit $t$ treffen soll?"
> solve(x1=x2,v2);

$$\frac{x10 + v1\,t - x20}{t}$$

Oder: „Wo muß Körper 1 starten, um zur Zeit $t$ Körper 2 zu treffen?"
> solve(x1=x2,x10);

$$-v1\,t + x20 + v2\,t$$

Als einfache Übung bieten sich alle weiteren Variationen der in x1 und x2 vorkommenden Variablen an.

$\boxed{kino1.ms}$

### 2.1.5 Beschleunigte Bewegungen

`kino2.ms`

Wenn man die Differentialrechnung schon hat, schreibt man: $v(t) = \dot{x}(t)$. Das heißt, der Momentanwert der Geschwindigkeit ist die Ableitung der Ortsfunktion nach der Zeit. Untersuchen wir dieses Gesetz mit Maple.

Die Geschwindigkeit kann mit dem Befehl `diff` definiert werden, auch wenn die Ortsfunktion noch nicht gegeben ist. Das ist auch zweckmäßig, wenn man keine frühe Bindung eingehen will, weil dann die Ortsfunktion später beliebig verändert werden kann, ohne daß die Geschwindigkeit neu zugewiesen werden muß.

```
> v:=t->diff(x(t),t);
```

$$v := t \rightarrow \operatorname{diff}(\mathrm{x}(t), t)$$

Ortsfunktion:
```
> x:=t->t^3/5-t+3;
```

$$x := t \rightarrow \frac{1}{5} t^3 - t + 3$$

Anhand der graphischen Darstellung läßt sich nun der Zusammenhang von Funktion und Ableitung leicht überprüfen:
```
> plot({x(t),v(t)},t=-2..4);
```

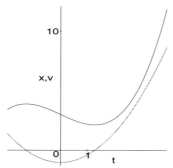

Abb. 2.8: Der Zusammenhang von Funktion und Ableitung ist in der Physik in zweifacher Hinsicht von entscheidender Bedeutung: Momentanwerte von Änderungen und Extremwerte.

Bei der Betrachtung dieses Bildes muß man sich noch zuviel dazu-denken, also steigern wir die Anschaulichkeit, indem wir zunächst die Gleichung der Tangente mit der Punkt-Steigungsform aufstellen. (Um flexibel zu bleiben, wird hier nicht der fertige Befehl `student[showtangent]` verwendet.)

```
> t0:='t0': xt:='xt':
> xt:=simplify(solve((xt-x(t0))/(t-t0)=v(t0),xt));
```

$$xt := -\frac{2}{5} t0^3 + 3 + \frac{3}{5} t0^2 t - t$$

Diese Tangente kann nun im Punkt $(t0|x(t0))$ mit eingezeichnet werden. Ihre Steigung muß gleich $v(t0)$ sein, was sich mit der Maus ausmessen läßt.

```
> t0:=2:
> plot({x(t),v(t),xt},t=-2..4);
```

Der Zeitpunkt $t0$ kann neu eingegeben und dann der Plot neu erstellt werden. Eine andere Ortsfunktion kann wegen der Formulierung von $xt$ als Ausdruck nicht im nachhinein angegeben werden. Falls dies erwünscht ist, muß nach dem Löschen von $xt$ das Assignment für $xt$ neu abgearbeitet werden.

```
> # z.B. x:=t->t^2; xt:='xt': #zurueck zu xt:=...;
```

Die Veranschaulichung gelingt noch besser, wenn wir ein Steigungsdreieck mit der Abszissenlänge 1 zusätzlich einzeichnen (bei der Betrachtung auf die ggf. verschiedenen Maßstäbe von Abszisse und Ordinate achten, bzw. 1:1 wählen). Die Liste dreieck wird von Maple im Plotbefehl automatisch als eine Aufzählung von Punkten interpretiert.

```
> t0:='t0':
> dreieck:=[t0,x(t0),t0,x(t0)-v(t0),t0-1,x(t0)-v(t0)];
```

$$dreieck := \left[t0, \frac{1}{5}t0^3 - t0 + 3, t0, \frac{1}{5}t0^3 - t0 + 4 - \frac{3}{5}t0^2, t0-1,\right.$$
$$\left.\frac{1}{5}t0^3 - t0 + 4 - \frac{3}{5}t0^2\right]$$

```
> t0:=2:
> plot({dreieck,x(t),xt,v(t)},t=-1..t0+2);
```

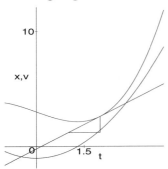

Steigungsdreieck

Abb. 2.9: Die Geschwindigkeit (untere Kurve) ist gleich der Ordinate des Steigungsdreiecks mit der Abszisse 1

Aber was ist anschaulicher als eine Animation? Auf unserem Computer können wir Abb. 2.9 laufen lassen!

```
> t0:='t0':pd:=seq(plot({dreieck,x(t),xt,v(t)},t=-5..t0+2,
> -5..30,color=black),t0=seq(0.2*k,k=1..25)):
> plots[display]([pd],insequence=true);
```

An dieser Stelle sind ein paar Anmerkungen zur Maple-Syntax bzw. zur Konsistenz der Plot-Befehle angebracht: Wenn man versucht, die Geschwindigkeit nur bis $t0$ zu zeichnen, kommt man in Schwierigkeiten. Verschiedene Farben für die einzelnen Kurven wären wünschenswert, aber wenn man die Einfärbung Maple überläßt, springen die Farben von frame zu frame. Dies sind die erwähnten Mängel, die von den Maple-Designern z.Zt. noch bewußt in Kauf genommen werden, weil man dafür den Komfort der knappen Formulierung der Plot-Befehle hat. Sie haben also nichts falsch gemacht, wenn an solchen Stellen manchmal etwas nicht so funktioniert, wie Sie es erwarten. (Falls Sie den Befehl `animate` schon entdeckt haben: `animate` kann mit der Liste `dreieck` nicht verwendet werden. Der Befehl wird im Worksheet nur aufgeführt, falls Sie eine Lösung suchen wollen.)

### 2.1.6 Der Grundgedanke der Differential- und Integralrechnung

Wenn man die Differentialrechnung noch nicht hat? Muß man sie erfinden oder wiederfinden, z.B. mit Maple. Bei unserer Suche bleiben die Details der *Physik* zunächst noch im Hintergrund. Wir werden vielmehr eine weitere Auswahl aus der reichhaltigen Palette der Maple-Befehle kennenlernen und uns dabei am roten Faden der Infinitesimalrechnung orientieren, die hier „in erster Näherung" behandelt wird, d.h. „ersetze Kurve durch Gerade". Denn die lineare Approximation mit Grenzübergang ist das A und O in der mathematischen Physik von Newton und Leibniz und reicht bis hinein in die Feynmansche Formulierung der Quantenphysik mit Pfadintegralen.

Wie kommt man also – oder wie kamen Newton und Leibniz – auf Momentanwerte? Man geht von Mittelwerten aus und läßt das Zeitintervall gegen Null gehen. Ob die Natur es tatsächlich so *macht*, wie Leibniz es meinte *("natura non facit saltus")*, weiß man bis heute noch nicht – es erscheint nach der Quantenphysik und erst recht „nach" der Chaostheorie eher unwahrscheinlich. Abgesehen davon: Der Grenzwert bedeutet in der Regel eine Zahl mit unendlich vielen Stellen (hinter dem Komma), und mit dieser Genauigkeit kann nicht einmal Maple rechnen (die praktisch denkenden Chaos-Theoretiker sprechen vom Rauschen des Kontinuums). Dennoch hat sich diese Mathematik glänzend bewährt, ja, sie ist geradezu die Basis unserer heutigen technischen Gesellschaft (die sich erst noch bewähren muß).

Wir ersetzen zunächst die Ortsfunktion $x(t)$ im Intervall $[t, t + dt]$ durch eine gleichförmige Bewegung. Diese lineare Approximation ist in vielen folgenden Überlegungen und Beispielen ein elementarer Baustein und führt hier auf die mittlere Geschwindigkeit $vq$ (wie im vorangehenden Abschnitt bei der stückweise gleichförmigen Bewegung).

```
> unassign('vq','x','dt','n','t1','t0','i');
> vq:=t->(x(t+dt)-x(t))/dt;
```

$$vq := t \rightarrow \frac{x(t+dt) - x(t)}{dt}$$

Neugierige wollen sicher gleich wissen, wie sich aus diesem Differenzenquotienten der Differentialquotient bilden läßt. Dafür gibt es in Maple den Befehl limit, der in diesem Fall die Ableitung in der Operatorschreibweise liefert:

```
> DQ:=limit(vq(t),dt=0);
```

$$DQ := \mathrm{D}(x)(t)$$

Mit einer Testfunktion berechnen wir den Differenzenquotienten und den Differentialquotienten:

```
> x:=t->t^5+t^2;
> vq(t);DQ;
```

$$x := t \rightarrow t^5 + t^2$$

$$Differenzenquotient = \frac{(t+dt)^5 + (t+dt)^2 - t^5 - t^2}{dt}$$

$$Differentialquotient = 5\,t^4 + 2\,t$$

Und wieder können Sie in Ihrem Worksheet für $x$ eine beliebige Funktion einsetzen und damit testen, ob Maple auch tatsächlich die Regeln zur Berechnung von Grenzwerten beherrscht. Oder sind es die Regeln zur Differentiation?

Die Berechnung eines einzelnen Funktionswertes der Momentangeschwindigkeit klappt also, und wir können dazu übergehen, die beschleunigte Bewegung durch eine stückweise gleichförmige zu ersetzen, indem wir $n$ Kurvenpunkte durch Sekanten verbinden. Dazu gibt es in Maple (mindestens) zwei Möglichkeiten. Die erste ist der seq-Befehl:

```
> x:=t->1/5*t^3-t+3; n:=5:
> xliste:=[seq([i*dt,x(i*dt)],i=0..n)];
```

$$x := t \rightarrow \frac{1}{5}t^3 - t + 3$$

$$xliste := \left[[0,3], \left[dt, \frac{1}{5}dt^3 - dt + 3\right], \left[2\,dt, \frac{8}{5}dt^3 - 2\,dt + 3\right],\right.$$
$$\left.\left[3\,dt, \frac{27}{5}dt^3 - 3\,dt + 3\right], \left[4\,dt, \frac{64}{5}dt^3 - 4\,dt + 3\right], [5\,dt, 25\,dt^3 - 5\,dt + 3]\right]$$

*2.1 Kinematik*

Der seq-Befehl hat hier den Nachteil, daß der Laufbereich $n$ vor seiner Ausführung zugewiesen werden muß. Mit dem Wiederholungsoperator ($) läßt sich dagegen eine Liste variabler Länge anlegen (zweite Möglichkeit):

```
> n:='n':   tt:=t0+j*dt:
> xliste:=[[tt,x(tt)] $ j=0..n];
```

$$xliste := \left[\left[t0 + j\, dt, \frac{1}{5}(t0 + j\, dt)^3 - t0 - j\, dt + 3\right] \$ (j = 0..n)\right]$$

```
> unassign('dt','t1','t0','n'):
> dt:=(t1-t0)/n:
> t1:=4: t0:=0:
> n:=3:
> plot({x(t),xliste},t=-2..t1);
```

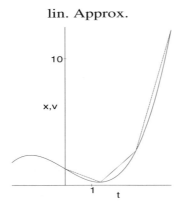

Abb. 2.10: Lineare Approximation durch stückweise gleichförmige Bewegung

*Aufgabe:* Experimentieren Sie mit anderen Funktionen für $x(t)$ sowie anderen Werten für $n$, $t0$, und $t1$, und machen Sie sich mit Maple ein Bild davon, was lineare Approximation bedeutet.

Im nächsten Schritt stellen wir die zugehörigen mittleren Geschwindigkeiten dar. Zum Streckenzug der Ortsfunktion gehört eine Treppenfunkion für die Geschwindigkeit (alternative Formulierungen werden als Kommentare mitgeführt und können zum Experimentieren mit der Maple-Syntax verwendet werden).

```
> stufe:=(a,b,c)->[a,c(a),b,c(a),b,c(b)];
> n:='n':
> treppe:=stufe(tt,tt+dt,vq) $ j=0..n;
```

$$stufe := (a, b, c) \rightarrow [a, c(a), b, c(a), b, c(b)]$$

$$treppe := \left[4\frac{j}{n}, \frac{1}{4}\left(\frac{1}{5}\left(4\frac{j}{n}+4\frac{1}{n}\right)^3 - 4\frac{1}{n} - \frac{64}{5}\frac{j^3}{n^3}\right)n, 4\frac{j}{n}+4\frac{1}{n},\right.$$

$$\frac{1}{4}\left(\frac{1}{5}\left(4\frac{j}{n}+4\frac{1}{n}\right)^3 - 4\frac{1}{n} - \frac{64}{5}\frac{j^3}{n^3}\right)n, 4\frac{j}{n}+4\frac{1}{n},$$

$$\left.\frac{1}{4}\left(\frac{1}{5}\left(4\frac{j}{n}+8\frac{1}{n}\right)^3 - 4\frac{1}{n} - \frac{1}{5}\left(4\frac{j}{n}+4\frac{1}{n}\right)^3\right)n\right] \$ (j = 0..n)$$

- stufe ist eine Funktion von drei Variablen: a und b stehen für die Intervallenden, c für die Funktion, mit der der Funktionswert an den Intervallenden berechnet werden soll. Das Ergebnis der Funktion stufe ist die Liste der drei Punkte.
- treppe setzt $n+1$ stufen zusammen.

```
> n:=5:
> plots[display]({plot({x(t),diff(x(t),t)},t=t0..t1),
> plot({treppe},t0..t1,color=red),
> plot({xliste},t=0..t1,color=blue)});
```

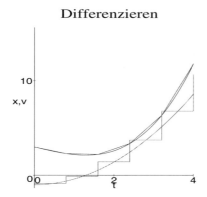

Abb. 2.11: *Stückweise gleichförmige Bewegung und mittlere Geschwindigkeiten als Ersatz für die beschleunigte Bewegung*

Schon bei kleinen Werten von $n$ läßt sich die angenäherte Ortsfunktion von der „glatten" (von Maple angenäherten) Kurve nicht mehr unterscheiden. Bei der Geschwindigkeit muß man schon zu höheren $n$-Werten greifen, wenn die

2.1 Kinematik

Ableitungsfunktion wie eine stetige Kurve aussehen soll: Das Differenzieren bringt die Näherung an den Tag.

Der letzte Plot zeigt den Zusammenhang von Funktion und Ableitung bzw. in umgekehrter Richtung gelesen den Zusammenhang von Funktion und Stammfunktion – wenn man sich jeweils den Grenzübergang dazudenkt. Läßt man den Grenzübergang aber bewußt weg, bleibt man also bei der deutlich sichtbaren linearen Approximation und damit bei der stückweise gleichförmigen Bewegung, so ist die geometrische Bedeutung der Kurven unmittelbar klar. Die Steigung der Ortskurvenstücke ist der Funktionswert der Geschwindigkeitskurvenstücke. Umgekehrt muß dann die Fläche unter den Geschwindigkeitskurvenstücken den Funktionswert der Ortskurve ergeben – bis auf eine additive Konstante. Summiert man also diese Flächen alle auf, so muß man den insgesamt zurückgelegten Weg erhalten.

```
> i:='i': n:='n':t0:='t0':t1:='t1':
> xq:=sum(vq(t0+i*dt),i=0..n-1)*dt;
```

$$xq := \frac{\left(-\frac{n\,t1}{t1-t0} - \frac{1}{5}\frac{n\,t0^3}{t1-t0} + \frac{n\,t0}{t1-t0} + \frac{1}{5}\frac{n\,t1^3}{t1-t0}\right)(t1-t0)}{n}$$

Maple gibt eine teilweise vereinfachte Summe aus. Der insgesamt zurückgelegte Weg darf aber bei dem gemachten Ansatz nicht von der Anzahl der Wegstücke abhängen:

```
> simplify(");
```

$$-\frac{1}{5}(-t1+t0)(t0^2+t1\,t0-5+t1^2)$$

Zur Übung machen wir noch die Probe und bilden die Differenz (ein Standard-Verfahren):

```
> (x(t1)-x(t0))-xq;
```

$$\frac{1}{5}t1^3-t1-\frac{1}{5}t0^3+t0 - \frac{\left(-\frac{n\,t1}{t1-t0} - \frac{1}{5}\frac{n\,t0^3}{t1-t0} + \frac{n\,t0}{t1-t0} + \frac{1}{5}\frac{n\,t1^3}{t1-t0}\right)(t1-t0)}{n}$$

```
> simplify(");
```

$$0$$

Die Punktprobe können wir mit konkreten Zahlen für $n$ machen (ebenfalls ein probates Mittel, um Ergebnisse zu überprüfen):

```
> x(t);
```

$$\frac{1}{5}t^3 - t + 3$$

```
> n:=5: xq;
```

$$\frac{1}{5}\left(-5\frac{t1}{t1-t0}-\frac{t0^3}{t1-t0}+5\frac{t0}{t1-t0}+\frac{t1^3}{t1-t0}\right)(t1-t0)$$

```
> simplify(");
```

$$-\frac{1}{5}(-t1+t0)(t0^2+t1\,t0-5+t1^2)$$

Anstatt verschiedene $n$ einzugeben, können wir Maple auch den Grenzwert berechnen lassen. Das ist bei dem gemachten Ansatz zwar nicht besonders sinnvoll, weil sich die Terme mit $n$ herausheben (müssen), aber man kann ja nie wissen ...

```
> n:='n':
> lxq:=limit(xq,n=infinity);
```

$$lxq := -\frac{1}{5}(-t1+t0)(t0^2+t1\,t0-5+t1^2)$$

```
> x(t1)-x(t0)-lxq;
```

$$\frac{1}{5}t1^3-t1-\frac{1}{5}t0^3+t0+\frac{1}{5}(-t1+t0)(t0^2+t1\,t0-5+t1^2)$$

```
> simplify(");
```

$$0$$

Den Entdeckern der Infinitesimalrechnung war nicht auf Anhieb klar, daß sie ein Problem untersuchten, das sich auf zwei Arten formulieren läßt. Wir sagen heute dazu Differentiation und Integration und haben gelernt, daß es sich dabei um inverse Fragestellungen handelt. Wenn wir also umgekehrt die Funktion für die Momentangeschwindigkeit vorgeben wollen, um von ihr auf die Ortsfunktion zu schließen, können wir mit Maple so vorgehen:

```
> unassign('v','x','dt','n','t1','t0','i');
```

Wie oben, nur jetzt mit allgemeinem $v(t)$:

```
> xq:=sum(v(t0+i*dt),i=0..n-1)*dt;
```

$$xq := \left(\sum_{i=0}^{n-1} v(t0+i\,dt)\right) dt$$

Bildung des Grenzwertes:

```
> dt:=(t1-t0)/n;
> lxq:=limit(xq,n=infinity);
```

$$dt := \frac{t1-t0}{n}$$

2.1 *Kinematik*

$$lxq := \lim_{n \to \infty} \frac{\left(\sum_{i=0}^{n-1} v\left(t0 + \frac{i(t1-t0)}{n}\right)\right)(t1-t0)}{n}$$

Angabe einer Funktion (wenn Sie $+\sin(t)$ zur Funktion hinzufügen, wird die Ausgabe etwas länger):

```
> v:=t->3/5*t^2-1; # +sin(t);
```

$$v := t \to \frac{3}{5} t^2 - 1$$

```
> xq; lxq;
```

$$\left(\frac{1}{5} t0^2 n - n + \frac{1}{5} t0 \, n \, t1 + \frac{3}{10} t0^2 + \frac{1}{5} n \, t1^2 - \frac{3}{10} t1^2 + \frac{1}{10} \frac{t1^2}{n} - \frac{1}{5} \frac{t1 \, t0}{n} + \frac{1}{10} \frac{t0^2}{n}\right)$$
$$(t1 - t0)/n$$

$$-\frac{1}{5}(-t1 + t0)(t0^2 + t1 \, t0 - 5 + t1^2)$$

```
> expand(lxq);
```

$$-t1 + \frac{1}{5} t1^3 - \frac{1}{5} t0^3 + t0$$

So berechnet man also ohne einen Integrationsbefehl und ohne die Kenntnis einer Stammfunktion ein bestimmtes Integral. Und das ist der Motor der Infinitesimalrechnung, den wir nun mit Maple inspiziert haben und weiter inspizieren werden.

Zur graphischen Darstellung der Momentangeschwindigkeit und der mittleren Geschwindigkeit können wir im wesentlichen die Befehle von oben übernehmen:

```
> v:='v':
> tt:=t0+j*dt:
> stufe:=(a,b,c)->[a,c(a),b,c(a),b,c(b)];
> n:='n':
> treppe:=stufe(tt,tt+dt,v) $ j=0..n;
```

$$stufe := (a, b, c) \to [a, c(a), b, c(a), b, c(b)]$$

$$ltreppe := \left[t0 + \frac{j(t1-t0)}{n}, v\left(t0 + \frac{j(t1-t0)}{n}\right), t0 + \frac{j(t1-t0)}{n} + \frac{t1-t0}{n},\right.$$
$$v\left(t0 + \frac{j(t1-t0)}{n}\right), t0 + \frac{j(t1-t0)}{n} + \frac{t1-t0}{n},$$
$$\left. v\left(t0 + \frac{j(t1-t0)}{n} + \frac{t1-t0}{n}\right)\right] \$ (j = 0..n)$$

Zur Abwechslung einmal eine etwas seltenere Funktion:
```
> v:=t->2^t;
```
$$v := t \to 2^t$$

```
> t0:=0: t1:=4: n:=50:
> plots[display]({plot({treppe},t=t0..t1,color=red),
> plot(v(t),t=0..t1,color=blue)});
```

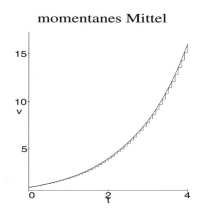

Abb. 2.12: *v-t-Diagramm der momentanen und mittleren Geschwindigkeiten*

Natürlich sollten Sie wieder verschiedene $n$ und verschiedene Funktionen testen!

Für die angenäherte Ortsfunktion stellen wir zunächst eine Liste der variablen Länge $n+1$ parat:
```
> n:='n':   tt:=t0+j*dt:
> xliste:=[[tt,x[j]] $ j=0..n];
```

$$xliste := \left[ \left[ 4\frac{j}{n}, x_j \right] \, \$ \, (j = 0..n) \right]$$

und berechnen deren Elemente in einer `for`-Schleife:
```
> t0:=0: t1:=4: x0:=10: x[0]:=x0: n:=50:
> for i to n do
> x[i]:=x[i-1]+v(t0+i*dt)*dt:
> od:
```
Schauen Sie sich die Liste ruhig an, und verändern Sie in der vorigen Region $n$.

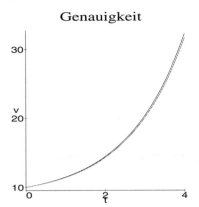

Abb. 2.13: *x-t-Diagramm von Funktion und erster Näherung*

```
> plot({xliste,int(v(tau),tau=0..t)+x0},t=t0..t1);
```

Eigentlich sind wir schon ganz nahe an der näherungsweisen Lösung einer Differentialgleichung und können mit den Plots studieren, wie sich die Qualität des Cauchy-Streckenzuges ändert (Abb. 2.13). Wir können uns aber auch wieder der symbolischen Lösung zuwenden. In obigem Plot-Befehl ist zum Vergleich mit der Näherungslösung schon die exakte Lösung eingebaut. Die Stammfunktion lautet:

```
> int(v(tau),tau=0..t);
```

$$\frac{e^{(t \ln(2))}}{\ln(2)} - \frac{1}{\ln(2)}$$

Zum Vergleich mit der Stammfunktion berechnen wir den Grenzwert der Näherung:

```
> i:='i': n:='n': t1:='t': dt:='dt':t0:=0:
> xq:=Sum(v(t0+i*dt),i=0..n-1)*dt;
> xq:=value(xq);
> dt:=(t1-t0)/n:
> lxq:=limit(xq,n=infinity);
```

$$xq := \left( \sum_{i=0}^{n-1} 2^{(i\,dt)} \right) dt$$

$$xq := \left( \frac{(2^{dt})^n}{2^{dt} - 1} - \frac{1}{2^{dt} - 1} \right) dt$$

$$lxq := \frac{2^t - 1}{\ln(2)}$$

*Anmerkung:* $xq$ wird hier in zwei Schritten „berechnet": Sum ist die träge (inert) Version von sum und hindert Maple an der Auswertung (und damit der Vereinfachung) der Summe, die dann mit value erreicht wird.

### 2.1.7 Statistik-Befehle (nicht nur für Fortgeschrittene)

Für die Behandlung der stückweise gleichförmigen Bewegung (oder allgemeiner von diskreten Funktionen) kann wieder das stats-Paket eingesetzt werden.

```
> restart:
> with(stats): with(describe): with(statplots): with(plots):
Warning: new definition for    quantile
```

**Mittelwerte:** Die Geschwindigkeit $v$ wird wie oben als zeitliche Ableitung einer noch unbekannten Ortsfunktion vordefiniert. Zur Darstellung der Geschwindigkeit einer stückweise gleichförmigen Bewegung in $n$ Abschnitten kann der histogram-Befehl verwendet werden (Normierung am einfachsten mit $dt$). Die mittlere Geschwindigkeit erhält man mit mean().

```
> v:=t->diff(x(t),t);
> x:=t->sin(t)^2;
> n:=50: dt:='dt':
```

Aufbau der Liste für das $v$-$t$-Histogramm:

```
> liste:=[seq(Weight(t..t+dt,dt*evalf(subs(th=t,v(th)))),
> t=seq(dt*i,i=0..n))]:
```

Liste der Geschwindigkeiten zur Bildung des Mittelwertes $vq$ (kann auch zur Darstellung des $v$-Histogramms benutzt werden):

```
> vliste:=[seq(subs(th=t,v(th)),t=seq(dt*i,i=0..n))]:
> vq:=mean(vliste):
```

$$v := t \to \mathrm{diff}(x(t), t)$$

$$x := t \to \sin(t)^2$$

In den vorangehenden Befehlen wurde $t$ verwendet und muß nun wieder freigegeben werden:

```
> t:='t': v(t);
```

$$2\sin(t)\cos(t)$$

Darstellung der Ortsfunktion $x(t)$, der Geschwindigkeitsfunktion $v(t)$ und ihrer Annäherung durch Mittelwerte der liste sowie der mittleren Geschwindigkeit $vq$. (Sie können im Plotfenster style=line wählen, Abb. 2.14.)

```
> dt:=.01:
> display({histogram(liste),plot({x(h),v(h),vq},h=0..n*dt,
>            color=red)});
```

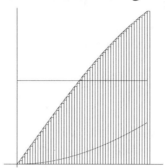

Zusammenfassung

Abb. 2.14: Ortsfunktion $x = \sin^2 t$ (untere Kurve), Momentangeschwindigkeit (obere Kurve), v-t-Histogramm und mittlere Geschwindigkeit

Kontrolle der Zahlen (muß ja auch mal sein):
```
> vq;
> (x(n*dt)-x(0))/(n*dt);
> int(v(u),u=0..n*dt)/(n*dt);
```

$$.4589187068$$

$$.4596976942$$

$$.4596976940$$

Der Übergang vom Mittelwert zum Momentanwert oder von diskreten Angaben zu kontinuierlichen wurde nun mehrfach mit Statistik-Befehlen behandelt. Das ist kein Zufall, sondern verdeutlicht die Urfrage der Physik: „Wie kommt man vom Experiment zur Theorie?" Und so ist auch der nächste Abschnitt zu verstehen.

**Kurvenfit:** Wir können bei dieser Gelegenheit (Statistikbefehle) ein wichtiges Seitenthema andeutungsweise behandeln. Mit dem stats-package kann man nicht nur Histogramme zeichnen und Mittelwerte bilden. Eine der wohl wichtigsten Anwendungen für den Physiker ist der Kurvenfit experimentell gewonnener Daten. Angenommen, man vermutet einen quadratischen Zusammenhang zwischen zwei Meßgrößen, weiß aber nicht, ob systematische Fehler wie z.B. eine Verschiebung des Nullpunktes oder ein linearer Anteil vorhanden sind, so kann man mehrere Ansätze machen und mit einem leastsquare-fit vergleichen:

Die Meßreihe wird in der Form [Abszissenwerte],[Ordinatenwerte] eingegeben:

```
> reihe:=[1,2,3.1,4],[2.9,6.2,11,18];
```

$$reihe := [1, 2, 3.1, 4], [2.9, 6.2, 11, 18]$$

Drei Ansätze

```
> ansatz1:=x=a*t^2;
> ansatz2:=x=a*t^2+c;
> ansatz3:=x=a*t^2+b*t+c;
```

$$ansatz1 := x = a\,t^2$$

$$ansatz2 := x = a\,t^2 + c$$

$$ansatz3 := x = a\,t^2 + b\,t + c$$

und die zugehörigen Fits (Abb. 2.15)

```
> kurve1:=fit[leastsquare[[t,x],ansatz1]]( [reihe]);
> kurve2:=fit[leastsquare[[t,x],ansatz2]]( [reihe]);
> kurve3:=fit[leastsquare[[t,x],ansatz3]]( [reihe]);
```

$$kurve1 := x = 1.153435275\,t^2$$

$$kurve2 := x = .9903948303\,t^2 + 1.946003558$$

$$kurve3 := x = 1.067235665\,t^2 - .395068020\,t + 2.355525824$$

```
> plots[display]({plot(rhs(kurve1),t=0..5,-10..10),
> plot(rhs(kurve2),t=0..5,-10..10),
> plot(rhs(kurve3),t=0..5,-10..10),statplots[scatter2d]
>        (reihe)});
```

Oder liegt ein exponentieller Zusammenhang vor?

```
> kurve:=fit[leastsquare[[t,x],x=a*exp(t)+b,{a,b}]]
>            ( [reihe]);
```

$$kurve := x = 3.553257308 + .2748679565\,e^t$$

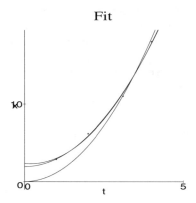

*Abb. 2.15: Drei Kurven zu gegebenen Meßpunkten*

```
> display({plot(rhs(kurve),t=0..5,-10..10),
>          statplots[scatter2d](reihe)});
```

Wenn man im letzten Beispiel einen der Parameter in {a,b} wegläßt, so bleibt er in der Lösung frei verfügbar,

```
> kurve:=fit[leastsquare[[t,x],x=a*exp(t)+b,{a}]]( [reihe]);
```

$$kurve := x = b + (-.02457888990\,b + .3622030766)\,e^t$$

und man kann von Hand weitere Untersuchungen anstellen

```
> b:=5;
```

$$b := 5$$

```
> kurve;
```

$$x = 5 + .2393086271\,e^t$$

```
> display({plot(rhs(kurve),t=0..5,-10..10),
>          statplots[scatter2d](reihe)});
```

`kino2.ms`

Es wäre mindestens ein Kapitel für sich, die reichhaltige Sammlung der Statistik-Befehle von Maple weiter zu durchstöbern. Wir sollten uns aber wieder dem Thema Kinematik zuwenden, und zwar dreidimensional.

## 2.1.8 Dreidimensionale Kinematik

`kino3.ms`

Um die gängige Kinematik des Massenpunktes im Raum untersuchen zu können, fehlen uns nur noch zwei Schritte: die zweite Ableitung der Ortsfunktion und die Erweiterung auf drei Dimensionen. Beides läßt sich mit wenig Aufwand erledigen.

Zur Beschreibung einer Bewegung im dreidimensionalen Raum können die Funktionen in einer Liste zusammengefaßt werden. Der Typ `vector` wird *nicht* benötigt, er ist sogar eher hinderlich, z.B. bei der Ausgabe oder bei der Differentiation. Insofern ist der Befehl `vector()` etwas irreführend, weil er suggeriert, daß er verwendet werden *muß*. Dabei bewirkt er nichts anderes, als die Bildung eines eindimensionalen Arrays, dessen Indices mit 1 beginnen. Listen können aber einfacher gehandhabt werden: Für ihre Ausgabe genügt die Angabe des Namens (ohne `print`), und der `diff`-Befehl kann ohne `map` angewendet werden. Der Zugriff auf ein Listenelement erfolgt wie üblich durch die Angabe des Index in eckigen Klammern.

```
> restart;
> r:=[x(t),y(t),z(t)];
> v:=diff(r,t);
> a:=diff(v,t); a[3];
```

$$r := [\mathrm{x}(t), \mathrm{y}(t), \mathrm{z}(t)]$$

$$v := \left[\frac{\partial}{\partial t}\mathrm{x}(t), \frac{\partial}{\partial t}\mathrm{y}(t), \frac{\partial}{\partial t}\mathrm{z}(t)\right]$$

$$a := \left[\frac{\partial^2}{\partial t^2}\mathrm{x}(t), \frac{\partial^2}{\partial t^2}\mathrm{y}(t), \frac{\partial^2}{\partial t^2}\mathrm{z}(t)\right]$$

$$\frac{\partial^2}{\partial t^2}\mathrm{z}(t)$$

Als einfaches Beispiel können wir zunächst die Wurfbewegung dreidimensional behandeln.

```
> x:=t->vx0*t:   y:=t->vy0*t:   z:=t->vz0*t-1/2*g*t^2:
> r;v;a;
```

$$\left[vx0\,t, vy0\,t, vz0\,t - \frac{1}{2}g\,t^2\right]$$

$$[vx0, vy0, vz0 - g\,t]$$

$$[0, 0, -g]$$

Interessiert man sich für die Bahngleichung (z.B. die z-Koordinate als Funktion der x- oder y-Koordinate), so kommt man am schnellsten zum Ziel, wenn man ein Gleichungssystem aufstellt und die Zeit mit `solve` eliminieren läßt. Dabei können allerdings die alten Namen der Koordinaten nur auf einer Seite der Gleichung verwendet werden.

```
> solve({x(t)=xx,y(t)=yy,z(t)=zz},{t,xx,zz});
```

$$\left\{ t = \frac{yy}{vy0}, zz = -\frac{1}{2}\frac{yy(-2\,vz0\,vy0 + g\,yy)}{vy0^2}, xx = \frac{vx0\,yy}{vy0} \right\}$$

Umformung eines Teils der Lösung (der Index bezieht sich auf die *aktuelle* Ausgabe der vorangehenden Menge!):

```
> expand("[2]);
```

$$zz = \frac{vz0\,yy}{vy0} - \frac{1}{2}\frac{g\,yy^2}{vy0^2}$$

Auch die Umkehrfunktion läßt sich so finden:

```
> solve({x(t)=xx,z(t)=zz},{t,xx});
```

$$\{ t = \text{RootOf}(-2\,vz0\,\_Z + g\,\_Z^2 + 2\,zz), xx = vx0\,\text{RootOf}(-2\,vz0\,\_Z + g\,\_Z^2 + 2\,zz) \}$$

Dabei ist `RootOf()` der Platzhalter für die Lösung der entsprechenden Gleichung in der Variablen $\_Z$. Mit `allvalues` kann man sich diese Lösungen (meistens) anzeigen lassen.

```
> allvalues(");
```

$$\left\{ xx = \frac{1}{2}\frac{vx0\,(2\,vz0 + 2\,\%1)}{g}, t = \frac{1}{2}\frac{2\,vz0 + 2\,\%1}{g} \right\},$$
$$\left\{ xx = \frac{1}{2}\frac{vx0\,(2\,vz0 - 2\,\%1)}{g}, t = \frac{1}{2}\frac{2\,vz0 + 2\,\%1}{g} \right\},$$
$$\left\{ xx = \frac{1}{2}\frac{vx0\,(2\,vz0 + 2\,\%1)}{g}, t = \frac{1}{2}\frac{2\,vz0 - 2\,\%1}{g} \right\},$$
$$\left\{ xx = \frac{1}{2}\frac{vx0\,(2\,vz0 - 2\,\%1)}{g}, t = \frac{1}{2}\frac{2\,vz0 - 2\,\%1}{g} \right\}$$
$$\%1 := \sqrt{vz0^2 - 2\,g\,zz}$$

Zur Darstellung der Raumkurve verwendet man den Befehl `spacecurve` (Abb. 2.16 links). In der dreidimensionalen Darstellung kann man durch Ziehen mit der Maus die Perspektive so verändern, daß die Blickrichtung parallel zu einer Achse liegt. Dann sieht man die Abhängigkeit einer Koordinate von einer anderen zweidimensional.

```
> with(plots):
> vx0:=1: vy0:=-2: vz0:=6: g:=10:
> spacecurve(r,t=0..1,scaling=constrained,axes=normal);
```

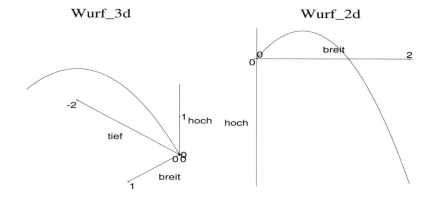

**Abb. 2.16:** *Die dreidimensionale Darstellung der Wurfparabel erreicht man mit dem Befehl* spacecurve. *Die Ansicht kann mit der Maus so gedreht werden, daß eine zweidimensionale Darstellung entsteht. Alternativ kann die Kurve auch parametrisch gezeichnet werden.*

Die zweidimensionale Darstellung der Bahn läßt sich auch mit einem parametrischen Plot erreichen (Abb. 2.16 rechts):

```
> plot([x(t),z(t),t=0..2]);
```

Natürlich wird Maple auch mit anspruchsvolleren Funktionen fertig:

```
> unassign('k','x0','y0','z0');
> x:=t->x0*cos(t)*exp(-k*t): y:=t->y0*sin(t):
> z:=t->z0*sin(5*t):
> r;v;a;
```

$$[x0\cos(t)e^{(-kt)}, y0\sin(t), z0\sin(5t)]$$

$$[-x0\sin(t)e^{(-kt)} - x0\cos(t)k\,e^{(-kt)}, y0\cos(t), 5\,z0\cos(5t)]$$

$$[-x0\cos(t)e^{(-kt)} + 2\,x0\sin(t)k\,e^{(-kt)} + x0\cos(t)k^2\,e^{(-kt)}, -y0\sin(t), \\ -25\,z0\sin(5t)]$$

```
> k:=0.1: x0:=2: y0:=3: z0:=5:
> spacecurve(r,t=0..2*Pi,scaling=constrained,axes=normal,
> numpoints=100);
```

oder parametrisch (siehe Abb. 2.17):

```
> plot([y(t),z(t),t=0..2*Pi]);
```

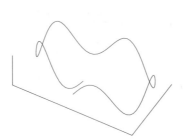
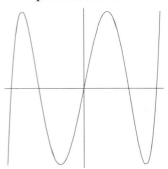

*Abb. 2.17: Raumkurve und parametrischer Plot einer Lissajous-Bewegung*

Auch hier wieder die Bahnkurve, die sich für ganzzahlige Frequenzenverhältnisse als einfaches Polynom entpuppt:

```
> solve({y(t)=yy,z(t)=zz},{t,zz}); allvalues(")[1];
```

$$\left\{ t = 2\arctan(\,\text{RootOf}(\,-6\,\_Z + yy + yy\,\_Z^2\,)\,),\, zz = \frac{80}{243}\,yy^5 - \frac{100}{27}\,yy^3 + \frac{25}{3}\,yy \right\}$$

$$\left\{ zz = \frac{80}{243}\,yy^5 - \frac{100}{27}\,yy^3 + \frac{25}{3}\,yy,\, t = 2\arctan\left(\frac{1}{2}\,\frac{6 + 2\sqrt{9 - yy^2}}{yy}\right) \right\}$$

Für die transzendente Gleichung $z = z(x)$ findet auch Maple keine Lösung, die graphische Darstellung ist aber im parametrischen Plot möglich, wenn Sie im obigen Befehl y durch x ersetzen (ohne Abbildung):

```
> plot([x(t),z(t),t=0..2*Pi]);
```

Das zeigt einmal mehr die Bedeutung von Graphiken, die man mit einem CAS erzeugen kann. Selbst wenn eine geschlossene Lösung nicht möglich ist, kann man sich ohne großen Aufwand ein Bild von der Situation machen, weil die Numerik im Hintergrund abläuft.

Der parametrische Plot ist aber auch ein gutes Mittel zur Darstellung von Phasenportaits (Abb. 2.18):

> plot([x(t),v[1],t=0..5*Pi]); plot([a[1],z(t),t=-1..1]);

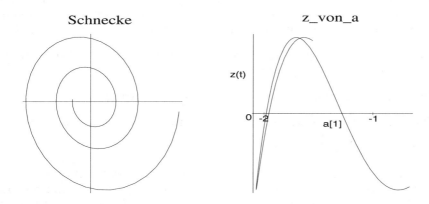

Abb. 2.18: *Phasenportraits: Geschwindigkeit als Funktion des Ortes (links) und Ort als Funktion der Beschleunigung (rechts)*

Mit Leichtigkeit lassen sich so alle nur erdenklichen Kombinationen der oben definierten Funktionen darstellen. Beachten Sie dabei auch, daß die Reihenfolge der Argumente wesentlich ist, daß also Funktion und Umkehrfunktion dargestellt werden können.

*kino3.ms*

Es wäre verlockend, an dieser Stelle von der Kinematik des Massenpunktes zur Kinematik des starren Körpers überzugehen oder gar zur Hydrodynamik. Auch solche Themen wie die Erhaltungssätze oder die Stoßgesetze bieten sich an, weil sie mit Maple in kompakter Form behandelt werden können. Wir sollten aber bei unserem ursprünglichen Ziel bleiben und der Newtonschen Physik auf den Grund gehen. Für diese Ursachenforschung müssen wir Kräfte ins Spiel bringen.

## 2.2 Die Bewegungsgleichung

`newton1.ms`

Dieser Abschnitt beschäftigt sich *nicht* mit der Integration von Differentialgleichungen – aus einem einfachen Grund: Das macht Maple mit einem einzigen Befehl (`dsolve`). Näheres zum Umgang mit DGLn finden Sie im Anhang. Hier können wir uns auf den Umgang mit den fertig gelieferten Lösungen konzentrieren und deshalb nach folgender Gliederung vorgehen:

- *Geschlossene Lösungen*: Erzeugung der Lösung und ihre Weiterverarbeitung (analytisch und graphisch)

- *Prozedur zur geschlossenen Lösung*: Automatisierung

- *Prozedur zur numerischen Lösung*: Erweiterung der Automatisierung

- *Anwendungen*: Alle (?) Kraftgesetze

Newtons Bewegungsgleichung kann als eine mächtige Maschine aufgefaßt werden, die *alles* verarbeitet. Womit wird diese Maschine gefüttert, und was produziert sie? Der Input ist ein *Kraftgesetz* und *Anfangsbedingungen*, der Output ist die zugehörige *Bahn*. Wir wollen die Maschine nur in diese Richtung arbeiten lassen, denn die Umkehrung ist entweder trivial (zweimalige Differentiation der bekannten Ortsfunktion → Kraft längs der Bahn) oder nicht eindeutig lösbar, wenn man unter Kraftgesetz das Kraft*feld* versteht. In der folgenden Animation können Sie allerdings durch einen einfachen Klick auf ⊡ die Maschine vorwärts und rückwärts laufen lassen.

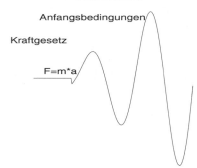

*Abb. 2.19: Im Worksheet* `newton1.ms` *können Sie diese Abbildung laufen lassen. Sie symbolisiert Newtons Physik mit der Bewegungsgleichung und der Differentialrechnung im Zentrum oder als Motor, der das Kraftgesetz und die Anfangsbedingungen zu einer Bahn verarbeitet.*

Nach dieser kleinen Spielerei, die wie vieles in diesem Buch mindestens in zweifacher Hinsicht interpretiert werden sollte (*Physik* mit *Maple*), beginnen wir mit dem Ernst der Dynamik und stellen mit dem vector-Typ die erforderlichen Gleichungen auf. Der vector-Befehl ist für das Funktionieren der „Newton-Worksheets" nicht entscheidend (siehe S. 55), aber Ästheten können sich auch Überflüssiges leisten. Wenn Sie jedoch lieber mit Listen arbeiten, so löschen Sie einfach vector().

### 2.2.1 Geschlossene Lösungen

Wenn wir die Bewegung eines Massenpunktes untersuchen wollen, müssen wir zunächst den Ort als Funktion der Zeit definieren:

> r:=vector([x(t),y(t),z(t)]);

$$r := [\,\mathrm{x}(t)\; \mathrm{y}(t)\; \mathrm{z}(t)\,]$$

In dieser Definition werden die Ausdrücke $x(t)$, $y(t)$ und $z(t)$ von Maple als (noch unbekannte) Funktionen erkannt:

> whattype(r[1]);

$$function$$

Mit der map-Funktion (vgl. Anhang B.2 S. 296) bilden wir die erste und zweite Ableitung von $r(t)$ nach der Zeit und erhalten so die Definition der Geschwindigkeit $v(t)$ und der Beschleunigung $a(t)$:

> v:=map(diff,r,t);
> a:=map(diff,v,t);

$$v := \left[\frac{\partial}{\partial t}\,\mathrm{x}(t)\; \frac{\partial}{\partial t}\,\mathrm{y}(t)\; \frac{\partial}{\partial t}\,\mathrm{z}(t)\right]$$

$$a := \left[\frac{\partial^2}{\partial t^2}\,\mathrm{x}(t)\; \frac{\partial^2}{\partial t^2}\,\mathrm{y}(t)\; \frac{\partial^2}{\partial t^2}\,\mathrm{z}(t)\right]$$

Wir stellen noch einen Kraftvektor bereit, dessen Komponenten $Fx, Fy, Fz$ später durch die Angabe eines Kraftgesetzes belegt werden können:

> F:=vector([Fx,Fy,Fz]);

$$F := [\,Fx\; Fy\; Fz\,]$$

Die Bewegungsgleichung läßt sich nun mit dem Befehl student[equate] aufstellen:

> sys:=equate(m*a,F);

$$sys := \left\{ m\left(\frac{\partial^2}{\partial t^2}\,\mathrm{x}(t)\right) = Fx, m\left(\frac{\partial^2}{\partial t^2}\,\mathrm{y}(t)\right) = Fy, m\left(\frac{\partial^2}{\partial t^2}\,\mathrm{z}(t)\right) = Fz \right\}$$

*Im Prinzip ist das schon die ganze Maschine!* Aber sie läuft noch nicht. Doch dafür haben wir ja Maple.

```
> sol:=dsolve(sys,{x(t),y(t),z(t)},laplace);
```

$$sol := \left\{ y(t) = y(0) + D(y)(0)t + \frac{1}{2}\frac{Fy\, t^2}{m}, z(t) = z(0) + D(z)(0)t + \frac{1}{2}\frac{Fz\, t^2}{m}, \right.$$
$$\left. x(t) = x(0) + D(x)(0)t + \frac{1}{2}\frac{Fx\, t^2}{m} \right\}$$

Wenn wir keine besonderen Angaben zu den Kraftkomponenten machen, werden sie bei der Lösung der Differentialgleichung als konstant angenommen.

Der Zusatz (option) `laplace` hat zwei große Vorteile gegenüber der „normalen" Lösung von `sys` mit `dsolve`: Erstens wird so die Lösung wesentlich schneller gefunden, Zweitens wird sie gleich mit den Anfangsbedingungen dargestellt. Während die Anfangsbedingung $x(0)$ für die Funktion der gängigen Schreibweise entspricht, ist $D(x)(0)$ für den Anfangswert der Ableitung etwas gewöhnungsbedürftig (siehe auch Anhang B.2 S. 290). Wir kontrollieren:

```
> x(t);
```

$$x(t)$$

Die Funktionen sind noch nicht zugewiesen worden, aber das läßt sich mit einem einzigen Befehl beheben:

```
> assign(sol);
> x(t);
```

$$x(0) + D(x)(0)t + \frac{1}{2}\frac{Fx\, t^2}{m}$$

Wie sieht der Vektor $\vec{r}$ aus? Das kommt bei der Verwendung von `vector` darauf an, wie genau man hinschaut:

```
> r; op(r); eval(r); r[1]; map(eval,r);
```

$$r$$

$$[x(t)\, y(t)\, z(t)]$$

$$[x(t)\, y(t)\, z(t)]$$

$$x(0) + D(x)(0)t + \frac{1}{2}\frac{Fx\, t^2}{m}$$

$$\left[ x(0) + D(x)(0)t + \frac{1}{2}\frac{Fx\, t^2}{m}\ \ y(0) + D(y)(0)t + \frac{1}{2}\frac{Fy\, t^2}{m}\ \ z(0) + D(z)(0)t + \frac{1}{2}\frac{Fz\, t^2}{m} \right]$$

- Zuerst sieht man gar nichts
- mit `op()` sieht man auch nicht viel mehr,
- der Zugriff auf eine Komponente bewirkt die Auswertung,
- aber erst `map(eval,r)` bringt den vollen Einblick. (Sie können auch `print(r)` oder `r()` versuchen.)

Man möchte nun natürlich gerne den Output der *Newton-Maple-Maschine* zu bestimmten Zeiten sehen, also kann man versuchen:
> `x(7);`
$$x(7)$$

Aber $x(7)$ ist nur ein neuer unbekannter Funktionsname und
> `subs(t=7,x(t));`
$$x(0) + 7\,D(x)(0) + \frac{49}{2}\frac{Fx}{m}$$

funktioniert zwar, ist aber zum Schreiben zu schwerfällig. Doch es gibt einen praktischen Befehl im `student`-package, nämlich `makeproc()`:
> `xx:=makeproc(x(t),t);   yy:=makeproc(y(t),t);`
> `zz:=makeproc(z(t),t);`
$$xx := t \rightarrow x(0) + D(x)(0)\,t + \frac{1}{2}\frac{Fx\,t^2}{m}$$
$$yy := t \rightarrow y(0) + D(y)(0)\,t + \frac{1}{2}\frac{Fy\,t^2}{m}$$
$$zz := t \rightarrow z(0) + D(z)(0)\,t + \frac{1}{2}\frac{Fz\,t^2}{m}$$

> `xx(7);`
$$x(0) + 7\,D(x)(0) + \frac{49}{2}\frac{Fx}{m}$$

*Vorsicht:* `x = makeproc(x...)` würde zu einem `stack-overflow` führen, deshalb die neuen Namen.

Das geht auch kompakter für die drei Vektoren *rf*, *vf* und *af*:
> `rf:=makeproc(map(eval,r),t);   vf:=makeproc(map(eval,v),t);`
> `af:=makeproc(map(eval,a),t);`
$$rf := t \rightarrow \left[ x(0) + D(x)(0)\,t + \frac{1}{2}\frac{Fx\,t^2}{m}, y(0) + D(y)(0)\,t + \frac{1}{2}\frac{Fy\,t^2}{m}, \right.$$
$$\left. z(0) + D(z)(0)\,t + \frac{1}{2}\frac{Fz\,t^2}{m} \right]$$

2.2 *Die Bewegungsgleichung*

$$vf := t \to \left[\mathrm{D}(x)(0) + \frac{Fx\,t}{m}, \mathrm{D}(y)(0) + \frac{Fy\,t}{m}, \mathrm{D}(z)(0) + \frac{Fz\,t}{m}\right]$$

$$af := t \to \left[\frac{Fx}{m}, \frac{Fy}{m}, \frac{Fz}{m}\right]$$

**Noch ein Test:**

```
> rf(TESTZEIT)[2]; vf(TESTZEIT)[1]; af(TESTZEIT)[3];
```

$$y(0) + \mathrm{D}(y)(0)\,TESTZEIT + \frac{1}{2}\frac{Fy\,TESTZEIT^2}{m}$$

$$\mathrm{D}(x)(0) + \frac{Fx\,TESTZEIT}{m}$$

$$\frac{Fz}{m}$$

Doch nun ist es Zeit, konkret zu werden. Wir können als erstes Beispiel den Wurf untersuchen. Damit man wieder von hier aus loopen kann, werden die rechten Seiten als unausgewertete Ausdrücke ('...') gesetzt.

```
> Fx:=0: Fy:=0: Fz:='-m*g';
```

Wir wählen eine etwas gängigere Schreibweise für die Anfangsbedingungen, die den erwünschten Nebeneffekt hat, daß die Funktionen in voller Allgemeinheit weiterverarbeitet werden können.

```
> x(0):='x0': D(x)(0):='vx0': y(0):='y0':
> D(y)(0):='vy0':z(0):='z0': D(z)(0):='vz0';
```

**Konkrete Anfangswerte:**

```
> x0:=0: vx0:=4: y0:=0: vy0:=6:z0:=0: vz0:=7:
>   m:=4: g:=10:
```

Kontrolle der Funktionen (bei der Auswertung, z.B. beim plot von $rf$, werden die Werte von $x0\ldots$ übertragen, so daß dort map entfallen kann):

```
> rf(t); map(eval,rf(t));vf(t); af(t);
```

$$[x0 + vx0\,t, y0 + vy0\,t, z0 + vz0\,t - 5\,t^2]$$

$$[4\,t, 6\,t, 7\,t - 5\,t^2]$$

$$[vx0, vy0, vz0 - 10\,t]$$

$$[0, 0, -10]$$

Graphische Darstellung der Bahn:
```
> myoptions:=axes=normal,labels=['x','y','z'],
> orientation=[-48,75],scaling=constrained:
> spacecurve(rf(t),t=0..2,myoptions);
```
Und vor der Arbeit das Spiel:
```
> display([seq(spacecurve(rf(t),t=0..0.1*i),i=1..20)],
> insequence=true,myoptions);
```
Das geht natürlich vorwärts und rückwärts... wegen der Zeitsymmetrie... oder mit dem ⊡ - Knopf?

Was haben wir erreicht? Im Prinzip alles, was wir uns wünschen können, wenn uns jemand die Frage stellt: „Wie bewegt sich ein Massenpunkt, wenn auf ihn diese Kraft wirkt und er unter jenen Bedingungen startet?" Der Schlüssel zur Antwort auf diese Frage liegt in dem unscheinbaren Befehl dsolve, der Newtons Maschine startet. Zur Steuerung des Ablaufs haben wir eine ganze Reihe weiterer Instrumente, mit denen wir Funktionen bilden und darstellen können. Aber wir können noch mehr!

- *Die Antwort der Fragestellung anpassen:* eine neue Kraft eingeben, neue Anfangsbedingungen wählen... Versuchen Sie es, arbeiten Sie mit dem Worksheet! Erfahren Sie diesen spielerischen Zugang.

- *Neue Fragestellungen gezielt angehen:* Die folgenden Aufgaben zeigen wieder den Umgang mit einem CAS, wenn es gilt, Rechenaufgaben zu lösen – symbolisch oder konkret. Die Aufgaben gehen noch einmal zurück in die Kinematik – die Differentialgleichung und die Dynamik sparen wir uns noch ein bißchen auf – und zeigen, wie man mit einer Lösung der Bewegungsgleichung weiterarbeiten kann.

    - Methodische Anmerkung: Wenn Sie sich testen wollen, haben Sie die Möglichkeit, vor der Bearbeitung der folgenden Aufgabengruppe (1. bis 5.) die Input-Regionen zu löschen. Die Rigorosen machen das mit remove all input (im Format-Menu), die Vorsichtigen mit der Maus zeilenweise (keine Angst: Sie haben ja ein CD-*ROM*).

*Aufgabe 1:* Wo liegt der Auftreffpunkt in der x-y-Ebene (das Bisherige vorausgesetzt)?
```
> print(rf(t));
```
$$[x0 + vx0\, t, y0 + vy0\, t, z0 + vz0\, t - 5\, t^2]$$

Die z-Koordinate muß Null sein. Das ist der Fall für die Zeiten
```
> treff:=solve(zz(t),t);
```
$$\mathit{treff} := 0, \frac{7}{5}$$

```
> xx(7/5); yy(7/5);
```
$$x0 + \frac{7}{5} vx0$$
$$y0 + \frac{7}{5} vy0$$

also konkret:
```
> eval(xx(7/5)); eval(yy(7/5));
```
$$x = \frac{28}{5}$$
$$y = \frac{42}{5}$$

*Anmerkung:* Man kann die Elemente der Menge {treff} mit dem op-Befehl (Zugriff auf einen Operanden) übernehmen. Doch dabei ist Vorsicht geboten: 1. Behandelt Maple Mengen wirklich wie Mengen, d.h. ungeordnet – und zwar je nach „innerem Zustand" (Speicher, Reihenfolge der Abarbeitung der Befehle...), man kann sich also nicht darauf verlassen, daß ein Element immer wieder am gleichen Platz erscheint.
2. Stimmt die Ausgabe nicht mit dem „inneren Zustand" überein:

```
> op({treff});
```
$$\frac{7}{5}, 0$$

Der op-Befehl erfordert also immer Mitdenken und Kontrolle des aktuellen Zustands.
```
> punkt:=eval(subs(t=op(1,{treff}),rf(t)));
> # op(1, 2, .. ist von Maples internem Zustand abhaengig...
```
$$punkt := \left[\frac{28}{5}, \frac{42}{5}, 0\right]$$

Eine „wasserdichte Programmierung" wäre zwar möglich (durch Abfrage der Argumente), lohnt sich aber hier nicht.

*Aufgabe 1.a:* Wie groß ist die Wurfweite?

Zwei Möglichkeiten, eine Lösung:
```
> sqrt(dotprod(punkt,punkt));
> norm(punkt,2);
```
$$\frac{14}{5}\sqrt{13}$$

*Aufgabe 1.b:* Betrag und Winkel der Geschwindigkeit für $t = treff$?

Wieder Vorsicht mit op, Maple setzt *interaktive* Anwendung voraus.
> vtreff:=vf(op(1,{treff}));
$$vtreff := [\,vx0,\,vy0,\,vz0 - 14\,]$$

> norm(vtreff,2);
$$\sqrt{101}$$

> angle(vector(vtreff),vector([1,0,0]));
$$\arccos\left(\frac{4}{101}\sqrt{101}\right)$$

> evalf("*180/Pi);
$$66.54586266$$

Wer's nicht glaubt, kann es im Plot nachmessen (Dazu den Plot der Raumkurve geeignet drehen und kontrollieren, ob 1:1 aktiviert ist).

*Aufgabe 2:* Steigzeit und Steighöhe bzw. Scheitelpunkt?

Die z-Komponente der Geschwindigkeit muß Null sein:
> vf(t);
$$[\,vx0,\,vy0,\,vz0 - 10\,t\,]$$

> steig:=solve(vf(t)[3],t);
$$steig := \frac{7}{10}$$

Stimmt! Das ist die halbe Wurfdauer – es ist doch beruhigend, wenn man etwas im Kopf nachrechnen kann.

Wurfhöhe und Scheitelpunkt:
> eval(zz(steig)); eval(rf(steig));
$$Wurfhoehe = \frac{49}{20}$$

$$Scheitelpunkt = \left[\frac{14}{5},\,\frac{21}{5},\,\frac{49}{20}\right]$$

Zur Ergänzung nun noch die Darstellung von Ort und Geschwindigkeit als Funktionen der Zeit. (Manche wollen alles gleich auf einmal sehen und dabei noch ein paar neue Maple-Befehle kennenlernen, Abb. 2.20):

**2.2 Die Bewegungsgleichung**

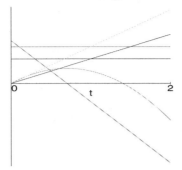

Abb. 2.20: Orts-Zeit- und Geschwindigkeits-Zeit-Diagramme des Wurfs. Welche Orts- und Geschwindigkeitskurven gehören zusammen?

```
> plot(convert(eval(rf(t)),set) union
>       convert(eval(vf(t)),set),t=0..2);
```

Daß die Stärke eines CAS im Spiel mit Parametern und der leichten Formulierbarkeit inverser Problemstellungen liegt, können Sie nachvollziehen, wenn Sie die nächsten Fragen erst einmal mit Papier und Bleistift beantworten.

*Aufgabe 3:* Stelle Bahnen mit gleichem Betrag der Anfangsgeschwindigkeit dar.

```
> vz0:=v0*sin(winkel()[1]):
> vx0:=v0*cos(winkel()[1])*cos(winkel()[2]):
> vy0:=v0*cos(winkel()[1])*sin(winkel()[2]):
```

Dieses Vorgehen ist typisch für ein CAS (Interpreter-Sprache!): Man „programmiert rückwärts", d.h. direkt von der gestellten Frage und nicht von der Antwort ausgehend, wie es in einer Compiler-Sprache oft notwendig ist. Man *sucht* die Antwort mit dem Computer und schreibt nicht ein Programm, das eine gefundene Antwort nachbildet. Wir brauchen noch einen winkel(), z.B. einen zufälligen:

```
> winkel:=proc() evalm(randvector(2)*Pi/100) end;

winkel := proc() evalm(1/100*randvector(2)*Pi) end
```

Nun können wir Abb. 2.21 als eine Folge von ausgelosten Bahnen erzeugen

```
> feuerwerk:=seq(eval(rf(t)),i=1..10):
> v0:=10:
> spacecurve({feuerwerk},t=0..2,scaling=constrained);
```

Und natürlich..., aber die Berechnung dauert...

```
> display([seq(spacecurve({feuerwerk},t=0..0.1*i),i=1..5)],
> insequence=true,style=wireframe);
```

# Feuerwerk

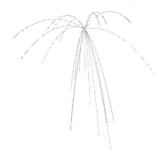

Abb. 2.21: *Raumkurven von Wurfparabeln mit gleicher Startenergie und zufälligen Startwinkeln*

**Aufgabe 4:** Wie muß man beim Abschuß vom Ursprung die Startgeschwindigkeit wählen, damit der Punkt $(x1|y1|z1)$ erreicht wird?

```
> ziel:=vector([x1,y1,z1]);
```
$$ziel := [\, x1 \ y1 \ z1 \,]$$

```
> zielsys:=equate(rf(t),ziel);
```
$$5\sqrt{2}\,t - 5\,t^2 = z1,\ -10\cos\left(\frac{1}{25}\pi\right)\sin\left(\frac{9}{20}\pi\right)t = y1,\ -5\cos\left(\frac{3}{25}\pi\right)\sqrt{2}\,t = x1$$

Vom letzten Plot sind noch feste Werte übriggeblieben, also Rücksetzen von $v0$:

```
> readlib(unassign):
> unassign('vx0','vy0','vz0','v0','x1','y1','z1','t1');
> zielsys:=equate(rf(t),ziel);
```
$$zielsys := \{\, vz0\,t - 5\,t^2 = z1,\ vy0\,t = y1,\ vx0\,t = x1 \,\}$$

„Man sieht": Es fehlt noch eine Bedingung.

**Aufgabe 4.a:** Das Ziel soll zu vorgegebener Zeit $t1$ erreicht werden.

```
> tzielsys:=zielsys union {t=t1};
```
$$tzielsys := \{\, t = t1,\ vz0\,t - 5\,t^2 = z1,\ vy0\,t = y1,\ vx0\,t = x1 \,\}$$

```
> solt:=solve(tzielsys,{vx0,vy0,vz0,t});
```
$$solt := \left\{\, t = t1,\ vy0 = \frac{y1}{t1},\ vx0 = \frac{x1}{t1},\ vz0 = \frac{5\,t1^2 + z1}{t1} \,\right\}$$

*2.2 Die Bewegungsgleichung*

*Aufgabe 4.b:* Der Betrag der Startgeschwindigkeit ist gegeben (oder die Startenergie).

```
> vzielsys:=zielsys union {v0^2=vx0^2+vy0^2+vz0^2};
```
$vzielsys := \{\, v0^2 = vx0^2 + vy0^2 + vz0^2, vz0\, t - 5\, t^2 = z1, vy0\, t = y1, vx0\, t = x1 \,\}$

```
> unassign('vx0','vy0','vz0','t','v0','z1','x1','y1');
> solv:=solve[radical](vzielsys,{vx0,vy0,vz0,t});
```

$$solv := \left\{ t = \%1,\ vy0 = \frac{y1}{\%1},\ vz0 = \frac{5\,\%1^2 + z1}{\%1},\ vx0 = \frac{x1}{\%1} \right\}$$

$\%1 := \text{RootOf}(\, 25\, \_Z^4 + (-v0^2 + 10\, z1)\, \_Z^2 + x1^2 + y1^2 + z1^2\,)$

```
> assign(solv);
> allvalues(t);
```

$\dfrac{1}{10}\sqrt{2\,v0^2 - 20\,z1 + 2\,\%1},\ -\dfrac{1}{10}\sqrt{2\,v0^2 - 20\,z1 + 2\,\%1},\ \dfrac{1}{10}\sqrt{2\,v0^2 - 20\,z1 - 2\,\%1},$

$-\dfrac{1}{10}\sqrt{2\,v0^2 - 20\,z1 - 2\,\%1}$

$\%1 := \sqrt{v0^4 - 20\,v0^2\,z1 - 100\,x1^2 - 100\,y1^2}$

Zur besseren Übersicht zweidimensional (*y-z*-Ebene) und Treffpunkt auf der *y*-Achse, mit der zusätzlichen Fragestellung: Welche Mindestgeschwindigkeit ist erforderlich?

```
> z1:=0: x1:=0:
> zeiten:=allvalues(t);
```

$zeiten := \dfrac{1}{10}\sqrt{v0^2 + 10y1} + \dfrac{1}{10}\sqrt{v0^2 - 10y1},\ \dfrac{1}{10}\sqrt{v0^2 + 10y1} - \dfrac{1}{10}\sqrt{v0^2 - 10y1},$

$-\dfrac{1}{10}\sqrt{v0^2 + 10y1} + \dfrac{1}{10}\sqrt{v0^2 - 10y1},\ -\dfrac{1}{10}\sqrt{v0^2 + 10y1} - \dfrac{1}{10}\sqrt{v0^2 - 10y1}$

Es kommen also vier Zeitpunkte in Frage (zwei in der Zukunft und zwei in der Vergangenheit). Dazu gehören z.B. in *y*-Richtung die vier Geschwindigkeitskomponenten

```
> t:='t':
> allvalues(vy0);
```

$\dfrac{y1}{\dfrac{1}{10}\sqrt{v0^2 + 10\,y1} + \dfrac{1}{10}\sqrt{v0^2 - 10\,y1}},\ \dfrac{y1}{\dfrac{1}{10}\sqrt{v0^2 + 10\,y1} - \dfrac{1}{10}\sqrt{v0^2 - 10\,y1}},$

$\dfrac{y1}{-\dfrac{1}{10}\sqrt{v0^2 + 10y1} + \dfrac{1}{10}\sqrt{v0^2 - 10y1}},\ \dfrac{y1}{-\dfrac{1}{10}\sqrt{v0^2 + 10y1} - \dfrac{1}{10}\sqrt{v0^2 - 10y1}}$

Wir setzen die ersten beiden in die Ortsfunktion ein

```
> bahn[1]:=subs('vy0'=allvalues(vy0)[1],'
>              vz0'=allvalues(vz0)[1],rf(t));
> bahn[2]:=subs('vy0'=allvalues(vy0)[2],
>              'vz0'=allvalues(vz0)[2],rf(t));
```

$$bahn_1 := \left[ x0 + vx0\,t,\, y0 + \frac{y1\,t}{\frac{1}{10}\sqrt{v0^2 + 10\,y1} + \frac{1}{10}\sqrt{v0^2 - 10\,y1}},\right.$$
$$\left. z0 + \left(\frac{1}{2}\sqrt{v0^2 + 10\,y1} + \frac{1}{2}\sqrt{v0^2 - 10\,y1}\right)t - 5\,t^2 \right]$$

$$bahn_2 := \left[ x0 + vx0\,t,\, y0 + \frac{y1\,t}{\frac{1}{10}\sqrt{v0^2 + 10\,y1} - \frac{1}{10}\sqrt{v0^2 - 10\,y1}},\right.$$
$$\left. z0 + \left(\frac{1}{2}\sqrt{v0^2 + 10\,y1} - \frac{1}{2}\sqrt{v0^2 - 10\,y1}\right)t - 5\,t^2 \right]$$

und zeichnen ein paar Bahnen

```
> v00:=sqrt(10*y1):
> v0:='v0':y1:=3:
> plot({seq([bahn[1][2],bahn[1][3],t=0..zeiten[1]],
>      v0=seq(v00+i*0.1*v00,i=0..3))},scaling=constrained);
> plot({seq([bahn[2][2],bahn[2][3],t=0..zeiten[2]],
>      v0=seq(v00+i*0.1*v00,i=0..3))},scaling=constrained);
```

*newton1.ms*

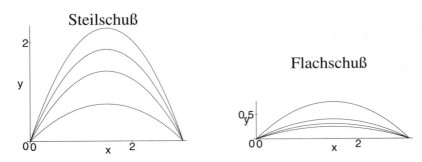

Abb. 2.22: *Tennisspieler und Ballistiker wissen, daß es zwei Möglichkeiten gibt, ein Ziel zu treffen, wenn die Startgeschwindigkeit vorgegeben ist (und ausreicht). In der Abbildung sind die Bahnen zu jeweils vier Geschwindigkeiten dargestellt. Steilschuß und Flachschuß haben eine Kurve gemeinsam, was sich im Worksheet durch Ausmessen mit der Maus bestätigen läßt. Das ist die Kurve mit 45° Startwinkel und mit der kleinstmöglichen Startgeschwindigkeit.*

2.2 Die Bewegungsgleichung

|newton2.ms| Zum Schluß dieses Abschnitts noch eine Aufgabe, die beleuchten soll, daß wir uns an einer entscheidenden Stelle befinden. Newton hat die Bewegungsgleichung zur Verfügung gestellt, das CAS kann diese Gleichung auch dann lösen, wenn mancher theoretische Physiker sagen würde: „Nein – danke, das gibt eine Formel über zehn Seiten" oder: „Das ist nicht geschlossen lösbar!" *Wir* haben beides, die Formel und das Werkzeug zu ihrer Lösung. Und so können wir einen Vorgeschmack darauf bekommen, was wir jetzt *im Prinzip* alles können. Machen wir also einen kleinen Exkurs in die Elektrodynamik.

*Aufgabe 5:* Ein Elektron bewegt sich durch ein statisches elektromagnetisches Feld. Wie sieht seine Bahn aus?

```
> restart;with(linalg):with(student):with(plots):
Warning: new definition for   norm
Warning: new definition for   trace
> r:=vector([x(t),y(t),z(t)]);
```
$$r := [\,x(t)\,y(t)\,z(t)\,]$$

```
> v:=map(diff,r,t);
> a:=map(diff,v,t);
```
$$v := \left[\frac{\partial}{\partial t}x(t)\ \frac{\partial}{\partial t}y(t)\ \frac{\partial}{\partial t}z(t)\right]$$

$$a := \left[\frac{\partial^2}{\partial t^2}x(t)\ \frac{\partial^2}{\partial t^2}y(t)\ \frac{\partial^2}{\partial t^2}z(t)\right]$$

**Definition der Felder:**

```
> El:=vector([Ex,Ey,Ez]);
> B:=vector([Bx,By,Bz]);
```
$$El := [\,Ex\ Ey\ Ez\,]$$

$$B := [\,Bx\ By\ Bz\,]$$

**Lorentzkraft:**

```
> F:=q*(El+crossprod(v,B));
```
$$F := q\left(El + \left[\left(\frac{\partial}{\partial t}y(t)\right)Bz - \left(\frac{\partial}{\partial t}z(t)\right)By\ \left(\frac{\partial}{\partial t}z(t)\right)Bx - \left(\frac{\partial}{\partial t}x(t)\right)Bz\right.\right.$$
$$\left.\left.\left(\frac{\partial}{\partial t}x(t)\right)By - \left(\frac{\partial}{\partial t}y(t)\right)Bx\right]\right)$$

Leider sind die einzelnen Komponenten des Kraftvektors nicht deutlich getrennt. Außerdem sind die Komponenten der elektrischen Feldstärke El nicht zu sehen. Wir können aber etwas nachhelfen:
```
> evalm(");
```

$$\left[ q \left( Ex + \left( \tfrac{\partial}{\partial t} \, \mathrm{y}(\,t\,) \right) \, Bz - \left( \tfrac{\partial}{\partial t} \, \mathrm{z}(\,t\,) \right) \, By \right) \right.$$
$$q \left( Ey + \left( \tfrac{\partial}{\partial t} \, \mathrm{z}(\,t\,) \right) \, Bx - \left( \tfrac{\partial}{\partial t} \, \mathrm{x}(\,t\,) \right) \, Bz \right)$$
$$\left. q \left( Ez + \left( \tfrac{\partial}{\partial t} \, \mathrm{x}(\,t\,) \right) \, By - \left( \tfrac{\partial}{\partial t} \, \mathrm{y}(\,t\,) \right) \, Bx \right) \right]$$

Aufstellen der Bewegungsgleichung (hier wird `evalm` nicht benötigt):
```
> sys:=equate(m*a,F);
```

$$sys := \left\{ m \left( \tfrac{\partial^2}{\partial t^2} \, \mathrm{x}(\,t\,) \right) = q \left( Ex + \left( \tfrac{\partial}{\partial t} \, \mathrm{y}(\,t\,) \right) \, Bz - \left( \tfrac{\partial}{\partial t} \, \mathrm{z}(\,t\,) \right) \, By \right), \right.$$
$$m \left( \tfrac{\partial^2}{\partial t^2} \, \mathrm{y}(\,t\,) \right) = q \left( Ey + \left( \tfrac{\partial}{\partial t} \, \mathrm{z}(\,t\,) \right) \, Bx - \left( \tfrac{\partial}{\partial t} \, \mathrm{x}(\,t\,) \right) \, Bz \right),$$
$$\left. m \left( \tfrac{\partial^2}{\partial t^2} \, \mathrm{z}(\,t\,) \right) = q \left( Ez + \left( \tfrac{\partial}{\partial t} \, \mathrm{x}(\,t\,) \right) \, By - \left( \tfrac{\partial}{\partial t} \, \mathrm{y}(\,t\,) \right) \, Bx \right) \right\}$$

Automatisierte Lösung und Bereitstellung der gesuchten Funktionen:
```
> sol:=dsolve(sys,{x(t),y(t),z(t)},laplace):
> assign(sol);
> xx:=makeproc(x(t),t):   yy:=makeproc(y(t),t):
> zz:=makeproc(z(t),t):
> #xx(t);
```

Nach der hier nicht abgedruckten Ausgabe von `xx(t)` sehen Sie, daß unser CAS alles liefert. Aber das ist hier fast zuviel, denn es wäre eine Aufgabe für sich, die relevanten Terme mit eben diesem CAS herauszuschälen. Deshalb fassen wir die Lösungsfunktionen zunächst zusammen

```
> rf:=makeproc(map(eval,r),t); vf:=makeproc(map(eval,v),t);
> af:=makeproc(map(eval,a),t);
```

und verschaffen uns etwas Überblick, indem wir „ein geeignetes Koordinatensystem wählen": B-Feld in z-Richtung

```
> Bx:=0:By:=0:
> rf(ZEIT);
```

$$\left[ -\frac{m\,\mathrm{D}(y)(0)\,\%1}{Bz\,q} + \frac{m\,\mathrm{D}(x)(0)\,\%2}{q\sqrt{Bz^2}} - \frac{m\,Ey\,\%2}{Bz\,q\sqrt{Bz^2}} + \frac{ZEIT\,Ey}{Bz} - \frac{m\,Ex\,\%1}{Bz^2\,q} + \mathrm{x}(0) \right.$$
$$\left. + \frac{Ex\,m}{Bz^2\,q} + \frac{\mathrm{D}(y)(0)\,m}{Bz\,q}, \mathrm{y}(0) + \frac{m\,Ey}{Bz^2\,q} - \frac{m\,\mathrm{D}(x)(0)}{Bz\,q} + \frac{m\,Ex\,\%2}{Bz\,q\sqrt{Bz^2}} \right.$$

2.2 *Die Bewegungsgleichung*

$$+\frac{m\,\mathrm{D}(y)(0)\,\%2}{q\sqrt{Bz^2}} - \frac{ZEIT\,Ex}{Bz} + \frac{m\,\mathrm{D}(x)(0)\,\%1}{Bz\,q} - \frac{m\,Ey\,\%1}{Bz^2\,q},$$

$$z(0) + ZEIT\,\mathrm{D}(z)(0) + \frac{1}{2}\frac{ZEIT^2\,q\,Ez}{m}\Bigg]$$

$$\%1 := \cos\left(\frac{\sqrt{Bz^2}\,q\,ZEIT}{m}\right)$$

$$\%2 := \sin\left(\frac{\sqrt{Bz^2}\,q\,ZEIT}{m}\right)$$

**Namensgebung für die Anfangsbedingungen:**

```
> x(0):='x0': D(x)(0):='vx0': y(0):='y0': D(y)(0):='vy0':
> z(0):='z0': D(z)(0):='vz0':
```

**Festlegen der elektrischen Feldstärke und eine Testausgabe:**

```
> Ex:=0: Ey:=-5:Ez:=1/10: rf(ZEIT);
```

$$\Bigg[-\frac{m\,vy0\,\cos\left(\frac{\sqrt{Bz^2}\,q\,ZEIT}{m}\right)}{Bz\,q} + \frac{m\,vx0\,\sin\left(\frac{\sqrt{Bz^2}\,q\,ZEIT}{m}\right)}{q\sqrt{Bz^2}}$$

$$+ 5\,\frac{m\,\sin\left(\frac{\sqrt{Bz^2}\,q\,ZEIT}{m}\right)}{Bz\,q\sqrt{Bz^2}} - 5\,\frac{ZEIT}{Bz} + x0 + \frac{vy0\,m}{Bz\,q},\; y0 - 5\,\frac{m}{Bz^2\,q} - \frac{m\,vx0}{Bz\,q}$$

$$+ \frac{m\,vy0\,\sin\left(\frac{\sqrt{Bz^2}\,q\,ZEIT}{m}\right)}{q\sqrt{Bz^2}} + \frac{m\,vx0\,\cos\left(\frac{\sqrt{Bz^2}\,q\,ZEIT}{m}\right)}{Bz\,q}$$

$$+ 5\,\frac{m\,\cos\left(\frac{\sqrt{Bz^2}\,q\,ZEIT}{m}\right)}{Bz^2\,q},\; z0 + ZEIT\,vz0 + \frac{1}{20}\frac{ZEIT^2\,q}{m}\Bigg]$$

**Anfangswerte und Konstanten:**

```
> x0:=0: vx0:=0: y0:=0: vy0:=5:z0:=0: vz0:=0:
> q:=1: m:=1: Bz:=2:
```

**Jetzt müßte eine Kurve zu sehen sein (Abb. 2.23):**

```
> myoptions:=axes=normal,labels=['x','y','z'],
> orientation=[-48,75], scaling=constrained:
> spacecurve(rf(t),t=0..20,myoptions);
```

Aber wer gibt sich schon mit so einem einfachen statischen Bild zufrieden?

Elektronenbahn

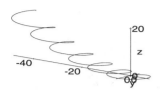

Abb. 2.23: Bahn eines elektrisch geladenen Teilchens im elektromagnetischen Feld. Die Vektoren der Feldstärken, die Anfangsbedingungen sowie die Ladung und Masse des Teilchens können vorgegeben werden. Die Bahn wird aus der geschlossenen Lösung der Bewegungsgleichung berechnet.

```
> display([seq(spacecurve(rf(t),t=0..i),i=1..20)],
> insequence=true,myoptions);
```

Und schon sind wir mitten in der Elektrodynamik. Wenn wir die Formeln entsprechend erweitern, kommen wir von hier zum Beispiel in die Magnetohydrodynamik oder zu einer relativistischen Behandlung der Bewegung von Teilchen in Feldern. Ein Versehen? Nein, das passiert nun einmal, wenn man mit diesen Maschinen arbeitet wie von selbst. Newtons Maschine und die Maple-Maschine verleiten zu einer tour d'horizon durch die Physik. Mit diesem Werkzeug kann man das Experiment am Computer durchführen und so „mit Formeln forschen". Es sind nun alle erdenklichen Untersuchungen (= Aufgaben) möglich, z.B.:

- Wie hängen Geschwindigkeit und Beschleunigung von der Zeit ab?
- Wie hängen Geschwindigkeit und Beschleunigung vom Ort ab?
- Wie lautet der Zusammenhang zwischen Geschwindigkeit und Beschleunigung?

Doch verlassen wir diese „kinematischen Details", und wenden wir uns nun endgültig der Automatisierung der Newtonschen Maschine zu.

*newton2.ms*

## 2.2.2 Prozedur zur geschlossenen Lösung

> *newtpro.ms*

Unser Ziel ist es, Newtons Maschine mit Maple so nachzubilden, daß wir nur noch ein Kraftgesetz und Anfangsbedingungen eingeben müssen, um die Funktionen des Ortes, der Geschwindigkeit und der Beschleunigung eines Massenpunktes zu erhalten. Damit können wir dann

- Das Kraftgesetz variieren
- Die Anfangsbedingungen variieren
- Die Auswirkung dieser Änderungen auf die ausgegebenen Funktionen mit allen zur Verfügung stehenden Hilfsmitteln studieren

Wir benötigen eine Reihe von Paketen:

```
> restart;with(linalg):with(student):with(plots):
> readlib(unassign):
Warning: new definition for    norm
Warning: new definition for    trace
```

Mit dem naheliegenden Namen `newton(F)` beginnen wir eine Prozedur, der das Kraftgesetz $F$ übergeben wird. Alle anderen Größen deklarieren wir als global – das ist für den Anfang die übersichtlichste Methode.

```
> newton:=proc(F) global r,v,a,xx,yy,zz,rf,vf,af,sol,sys;
```

Es ist zweckmäßig, auch die Anfangsbedingungen zurückzusetzen, damit die Lösung jeweils in allgemeiner Form zur Verfügung steht und konkrete Werte außerhalb der Prozedur und ohne neuen Aufruf eingesetzt werden können. Die Übergabe der Anfangsbedingungen als Parameter der Prozedur wäre möglich, würde aber zuviel Schreibarbeit beim Aufruf oder eine Abfrage der Argumente erfordern. Die Ortsfunktionen müssen wegen `sys` (s.u.) zurückgesetzt werden. Ein konsequentes Umgehen der frühen Bindung durch Einführen weiterer Prozeduren würde die Übersichtlichkeit nicht erhöhen. In diesem Stadium genügt die Methode: „Mache aus einem funktionierenden Worksheet durch `proc()` ... `end`; eine Prozedur".

```
> unassign('x(t)','y(t)','z(t)','x0','vx0','y0','vy0',
>          'z0','vz0');
```

Die Lösungsfunktionen werden als Vektoren bereitgestellt:

```
> r:=vector([x(t),y(t),z(t)]);
> v:=map(diff,r,t);
> a:=map(diff,v,t);
```

Die Bewegungsgleichung wird aufgestellt. (Wenn `sys` *in* der Prozedur steht und diese mehrfach aufgerufen wird, müssen vorher die Ortsfunktionen mit `unassign` zurückgesetzt werden (s.o.).)

```
> sys:=equate(m*a,F);
```

Jetzt ist Maple dran:

```
> sol:=dsolve(sys,{x(t),y(t),z(t)},laplace);
> print(sol);
> if sol=NULL then sol:=dsolve(sys,{x(t),y(t),z(t)}) fi;
> if sol=NULL then RETURN('keine Loesung gefunden') fi;
> assign(sol);
```

Zugriff auf die einzelnen Komponenten des Ortsvektors ermöglichen (ohne Indizierung ist manchmal ganz praktisch):

```
> xx:=makeproc(x(t),t):   yy:=makeproc(y(t),t):
> zz:=makeproc(z(t),t):
```

Lösungsvektoren für Ort, Geschwindigkeit und Beschleunigung als Funktionen der Zeit:

```
> rf:=makeproc(map(eval,r),t); vf:=makeproc(map(eval,v),t);
> af:=makeproc(map(eval,a),t);
```

Gängige Schreibweise der Anfangsbedingungen:

```
> x(0):='x0': D(x)(0):='vx0': y(0):='y0': D(y)(0):='vy0':
> z(0):='z0': D(z)(0):='vz0';
> RETURN(op(rf));
> end;
```

Und das Ganze nochmal am Stück – von Maple bestätigt:

```
newton := proc(F)
 global r,v,a,xx,yy,zz,rf,vf,af,sol,sys;
 unassign('x(t)','y(t)','z(t)','x0','vx0',
          'y0','vy0','z0','vz0');
  r := vector([x(t),y(t),z(t)]);
  v := map(diff,r,t);
  a := map(diff,v,t);
  sys := equate(m*a,F);
  sol := dsolve(sys,{x(t),y(t),z(t)},laplace);
  print(sol);
  if sol = NULL then sol := dsolve(sys,{x(t),y(t),z(t)}) fi;
  if sol = NULL then RETURN('keine Loesung gefunden') fi;
  assign(sol);
  xx := makeproc(x(t),t);
  yy := makeproc(y(t),t);
  zz := makeproc(z(t),t);
  rf := makeproc(map(eval,r),t);
  vf := makeproc(map(eval,v),t);
  af := makeproc(map(eval,a),t);
  x(0) := 'x0';
  D(x)(0) := 'vx0';
  y(0) := 'y0';
  D(y)(0) := 'vy0';
  z(0) := 'z0';
  D(z)(0) := 'vz0'; RETURN(op(rf)) end
```

Also können wir die Maschine starten und ein Kraftgesetz eingeben. Dabei müssen wir jedoch an den Umgang mit Variablen in Maple denken: Wenn im Kraftgesetz bereits zugewiesene Variable verwendet werden (z.B. $x(t)$, $v(t)$...), ist es am einfachsten, diese nicht ausgewertet, also in '..' (?uneval), aufzuführen; eine Alternative wäre eine kleine Löschprozedur.

Als Beispiel wählen wir in $x$-Richtung eine gedämpfte Schwingung, der eine konstante Kraft überlagert ist, sowie eine gleichmäßig beschleunigte Bewegung in $y$- und $z$-Richtung. (Die $x$-Komponente ist als Demonstration gedacht: Es fehlen die Systemgrößen für das lineare Kraftgesetz und die Dämpfung.)

```
> unassign('Fx','Fy','Fz'):
> F:=vector([Fx-'x(t)+v[1]',Fy,Fz]);
```

$$F := [Fx - \mathrm{x}(t) - v_1 \; Fy \; Fz]$$

Wir müssen nur noch die Prozedur aufrufen, um die Formeln studieren zu können:

```
> newton(F);
```

$$\left\{ \mathrm{x}(t) = Fx + 2\frac{m\,\mathrm{D}(x)(0)\,\mathrm{e}^{(-1/2\frac{t}{m})}\sin(\%1)}{\sqrt{4m-1}} - \frac{Fx\,\mathrm{e}^{(-1/2\frac{t}{m})}\sin(\%1)}{\sqrt{4m-1}} \right.$$

$$+ \frac{\mathrm{x}(0)\,\mathrm{e}^{(-1/2\frac{t}{m})}\sin(\%1)}{\sqrt{4m-1}} - Fx\,\mathrm{e}^{(-1/2\frac{t}{m})}\cos(\%1) + \mathrm{x}(0)\,\mathrm{e}^{(-1/2\frac{t}{m})}\cos(\%1)$$

$$, \mathrm{y}(t) = \mathrm{y}(0) + \mathrm{D}(y)(0)\,t + \frac{1}{2}\frac{Fy\,t^2}{m}, \mathrm{z}(t) = \mathrm{z}(0) + \mathrm{D}(z)(0)\,t + \frac{1}{2}\frac{Fz\,t^2}{m} \right\}$$

$$\%1 := \frac{1}{2}\frac{\sqrt{4m-1}\,t}{m}$$

$$t \to \left[ Fx + 2\frac{m\,\mathrm{D}(x)(0)\,\mathrm{e}^{(-1/2\frac{t}{m})}\sin\left(\frac{1}{2}\frac{\sqrt{4m-1}\,t}{m}\right)}{\sqrt{4m-1}} \right.$$

$$- \frac{Fx\,\mathrm{e}^{(-1/2\frac{t}{m})}\sin\left(\frac{1}{2}\frac{\sqrt{4m-1}\,t}{m}\right)}{\sqrt{4m-1}} + \frac{\mathrm{x}(0)\,\mathrm{e}^{(-1/2\frac{t}{m})}\sin\left(\frac{1}{2}\frac{\sqrt{4m-1}\,t}{m}\right)}{\sqrt{4m-1}}$$

$$- Fx\,\mathrm{e}^{(-1/2\frac{t}{m})}\cos\left(\frac{1}{2}\frac{\sqrt{4m-1}\,t}{m}\right) + \mathrm{x}(0)\,\mathrm{e}^{(-1/2\frac{t}{m})}\cos\left(\frac{1}{2}\frac{\sqrt{4m-1}\,t}{m}\right),$$

$$\mathrm{y}(0) + \mathrm{D}(y)(0)\,t + \frac{1}{2}\frac{Fy\,t^2}{m}, \mathrm{z}(0) + \mathrm{D}(z)(0)\,t + \frac{1}{2}\frac{Fz\,t^2}{m} \right]$$

Die Prozedur liefert die Lösungsmenge $\{x(t), y(t), z(t)\}$, falls sie mit der Option laplace gefunden wurde (print(sol);). Die zweite Ausgabe ($t \to [...]$) ent-

steht durch den letzten Befehl RETURN(op(rf)), der hier zur Demonstration
eingefügt wurde. Der entscheidende Punkt ist aber die Möglichkeit einer

- **Loop:** Neues Kraftgesetz
    - Einsetzen der fehlenden Parameter (Federkonstante, Dämpfung).
    - Wie ändert sich die Lösung?
    - Wo und wie tauchen die Anfangsbedingungen auf?
    - Reihenentwicklung und asymptotisches Verhalten.

All diese Fragen lassen sich nun in *symbolischer Form* beantworten – fast auf
Knopfdruck. Dazu müssen Sie nur zum Input von $F$ zurückgehen, einen neuen
Ausdruck oder eine neue Funktion eingeben und zweimal ⊖ drücken. Die gezielte Abfrage von Ort, Geschwindigkeit und Beschleunigung erhalten Sie mit
rf(t), vf(Zeit) und af(meinezeit) als Vektoren. Wenn Sie nur an einzelnen Komponenten dieser Vektoren interessiert sind, schreiben Sie rf(t)[1],
... af(meinezeit)[3].

> rf(t);

$$\left[ Fx + 2\frac{m\,vx0\,e^{(-1/2\frac{t}{m})}\sin(\%1)}{\sqrt{4m-1}} - \frac{Fx\,e^{(-1/2\frac{t}{m})}\sin(\%1)}{\sqrt{4m-1}} + \frac{x0\,e^{(-1/2\frac{t}{m})}\sin(\%1)}{\sqrt{4m-1}} \right.$$
$$\left. - Fx\,e^{(-1/2\frac{t}{m})}\cos(\%1) + x0\,e^{(-1/2\frac{t}{m})}\cos(\%1),\, y0 + vy0\,t + \frac{1}{2}\frac{Fy\,t^2}{m}, \right.$$
$$\left. z0 + vz0\,t + \frac{1}{2}\frac{Fz\,t^2}{m} \right]$$

$$\%1 := \frac{1}{2}\frac{\sqrt{4m-1}\,t}{m}$$

> vf(t);

$$\left[ -\frac{vx0\,e^{(-1/2\frac{t}{m})}\sin(\%1)}{\sqrt{4m-1}} + vx0\,e^{(-1/2\frac{t}{m})}\cos(\%1) + \frac{1}{2}\frac{Fx\,e^{(-1/2\frac{t}{m})}\sin(\%1)}{m\sqrt{4m-1}} \right.$$
$$\left. - \frac{1}{2}\frac{x0\,e^{(-1/2\frac{t}{m})}\sin(\%1)}{m\sqrt{4m-1}} + \frac{1}{2}\frac{Fx\,e^{(-1/2\frac{t}{m})}\sin(\%1)\sqrt{4m-1}}{m} \right.$$
$$\left. - \frac{1}{2}\frac{x0\,e^{(-1/2\frac{t}{m})}\sin(\%1)\sqrt{4m-1}}{m},\, vy0 + \frac{Fy\,t}{m},\, vz0 + \frac{Fz\,t}{m} \right]$$

$$\%1 := \frac{1}{2}\frac{\sqrt{4m-1}\,t}{m}$$

*2.2 Die Bewegungsgleichung*

```
> af(t);
```

$$\left[\frac{1}{2}\frac{vx0\,e^{(-1/2\frac{t}{m})}\sin(\%1)}{m\sqrt{4m-1}} - \frac{vx0\,e^{(-1/2\frac{t}{m})}\cos(\%1)}{m}\right.$$

$$-\frac{1}{2}\frac{vx0\,e^{(-1/2\frac{t}{m})}\sin(\%1)\sqrt{4m-1}}{m} - \frac{1}{4}\frac{Fx\,e^{(-1/2\frac{t}{m})}\sin(\%1)}{m^2\sqrt{4m-1}}$$

$$+\frac{1}{4}\frac{Fx\,e^{(-1/2\frac{t}{m})}\cos(\%1)}{m^2} + \frac{1}{4}\frac{x0\,e^{(-1/2\frac{t}{m})}\sin(\%1)}{m^2\sqrt{4m-1}}$$

$$-\frac{1}{4}\frac{x0\,e^{(-1/2\frac{t}{m})}\cos(\%1)}{m^2} - \frac{1}{4}\frac{Fx\,e^{(-1/2\frac{t}{m})}\sin(\%1)\sqrt{4m-1}}{m^2}$$

$$+\frac{1}{4}\frac{Fx\,e^{(-1/2\frac{t}{m})}\cos(\%1)(4m-1)}{m^2} + \frac{1}{4}\frac{x0\,e^{(-1/2\frac{t}{m})}\sin(\%1)\sqrt{4m-1}}{m^2}$$

$$\left.-\frac{1}{4}\frac{x0\,e^{(-1/2\frac{t}{m})}\cos(\%1)(4m-1)}{m^2}, \frac{Fy}{m}, \frac{Fz}{m}\right]$$

$$\%1 := \frac{1}{2}\frac{\sqrt{4m-1}\,t}{m}$$

Über das symbolische Studium von Formeln hinaus sind aber auch konkrete Angaben möglich, also das Experimentieren mit Zahlen und die zugehörige graphische Darstellung (Abb. 2.24):

```
> m:=1: x0:=0: vx0:=2: Fx:=0:
> plot({rf(t)[1],vf(t)[1],af(t)[1]},t=0..15);
```

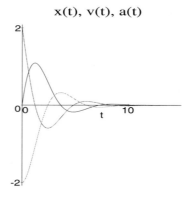

Abb. 2.24: Gedämpfte Schwingung: Ort, Geschwindigkeit und Beschleunigung als Funktionen der Zeit

- **Loop:** Neue Anfangsbedingungen
    - Bei welcher Dämpfung oder Masse geht die periodische Bewegung in eine aperiodische über?
    - Bei welcher Kraft ist die Geschwindigkeit zu einem bestimmten Zeitpunkt negativ oder Null?
    - Oder „einfach": Wie hängt die Geschwindigkeit vom Ort ab?

Zur Untersuchung der letzten Frage können wir uns z.B. mit dem parametrischen Plot ein Phasenportrait erzeugen (Abb. 2.25):
```
> plot([rf(t)[1],vf(t)[1],t=0..15]);
```

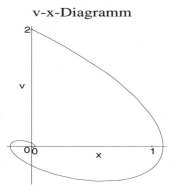

Abb. 2.25: Phasenportrait der gedämpften Schwingung, mit parametrischem Plot erzeugt

Newtons Maschine läuft also. Aber vielleicht blieb sie auch das eine oder andere Mal stehen. Vielleicht haben Sie auch versucht, das bewußt herbeizuführen. Klar – das hätte ich an Ihrer Stelle auch ziemlich bald versucht... die interessantesten Bewegungstypen lassen sich nun einmal nicht geschlossen darstellen. Dann antwortet Maple (?) eben mit „keine Lösung gefunden". Schade! Wir müssen alles noch einmal machen, und zwar numerisch. Wenn wir eine Maschine haben wollen, die **alles** verarbeitet, lohnt sich der Aufwand aber.

*newtpro.ms*

### 2.2.3 Prozedur zur numerischen Lösung

*numnewt.ms*

Alles noch einmal neu? Was die Schreibarbeit angeht, sicherlich nicht: Das meiste geht mit Copy&Paste. Eigentlich sollte man sogar denken, daß wir alles komplett übernehmen können und nur den `dsolve`-Befehl mit der Option `numeric` ausstatten müssen. Aber wenn wir beide Prozeduren parallel benutzen wollen, empfiehlt sich eine Unterscheidung in der Namensgebung der Variablen, damit sich die Prozeduren ihre Ergebnisse nicht gegenseitig überschreiben. Deshalb enden im Folgenden alle Variablennamen, die zur numerischen Lösung gehören, auf „n".

Es gibt neben dem Aufruf zur numerischen Lösung einer Differentialgleichung noch Unterschiede in der Behandlung der Anfangswerte (kein Rechner kann ohne Zahlen *numerisch* rechnen) sowie in der Rückgabe der Lösung. Zum direkten Vergleich der beiden Prozeduren und ihrer Parameter können Sie Maple zweimal laden und in der einen Session das Worksheet *procnewt.ms*, in der anderen *numnewt.ms* öffnen. Zu Beginn der Worksheets steht jeweils ein kurzer Hilfetext, etwa:

```
> restart;with(linalg,vector):with(student,equate):
> with(plots):readlib(unassign):
> hnumnewt:=TEXT('FUNKTION: Berechnung einer numerischen
> Loesung der Bewegungsgleichung.',
> 'AUFRUF: numnewton(Kraftgesetz, Anfangsbedingungen).',
```

...

Der Aufruf mit `hnumnewt` bewirkt die Anzeige eines Hilfefensters:

> FUNKTION: Berechnung einer numerischen Lösung der Bewegungsgleichung.
>
> AUFRUF: numnewton(Kraftgesetzt, Anfangsbedingungen).
>
> PARAMETER: Kraftgesetz: Vektor der Kraftkomponenten als Funktion (von x, v, ...)
>
> ERGEBNIS: Numnewton stellt die Lösungen `solp` mit output = procedurelist und `soll` mit output=listprocedure zur Verfügung. Außerdem erhält man die Vektoren rfn und vfn als Funktionen der Zeit sowie die table afn. Alle genannten Variablen sind global. Auf die Lösungen `solp` und `soll` kann mit odeplot([xn(t)...]) zugegriffen werden.

Sie können die Hilfetexte natürlich ändern, vervollständigen oder umbenennen; es sind ganz gewöhnliche Variable, denen eine Liste von Strings zugewiesen wird. Doch nun zur Prozedur:

```
> numnewton:=proc(F,ini)
> global rn,vn,an,xn,yn,zn,rfn,vfn,afn,soll,solp,sys;
> with(linalg,vector):with(student,equate):
> with(plots):readlib(unassign):
> unassign('xn(t)','yn(t)','zn(t)','x0','vx0',
>          'y0','vy0','z0','vz0');
> rn:=vector([xn(t),yn(t),zn(t)]);
> vn:=map(diff,rn,t);
> an:=map(diff,vn,t);
>
> sys:=equate(m*an,F);
```

Bis hierher ist außer der Namensgebung nichts neu. Doch nun wird die numerische Lösung berechnet und mit den Optionen `procedurelist` (= Prozedur, die eine Liste liefert) und `listprocedure` (= Liste von Prozeduren – ich kann auch nichts für *diese* Namensgebung), zur Verfügung gestellt.

- Die Optionen `procedurelist` und `listprocedure` sind nur in MapleR3 erhältlich. Bitte löschen, wenn Sie mit R2 arbeiten.

```
> solp:=dsolve(sys union ini,{xn(t),yn(t),zn(t)},
> numeric,output=procedurelist);
> soll:=dsolve(sys union ini,{xn(t),yn(t),zn(t)},
> numeric,output=listprocedure);
```

Die Lösungsvektoren *rfn* und *vfn* lassen sich einigermaßen problemlos formulieren:

```
> rfn:=subs(soll,op(rn));
> vfn:=subs(soll,op(vn));
> #af:=subs(soll,evalm(op(F)/m));
> #af:=t->map(eval,subs(solp(t),evalm(F/m)));
```

Aber mit den vorangehenden (auskommentierten) Zuweisungen für *af* bekommt man Probleme: Es ist eine Frage der Priorität (Nichtkommutativität) von () und []. Man kann so zwar *af*() numerisch berechnen, aber nicht plotten (im Plot darf kein Argument angegeben werden). Auch lassen sich die folgenden drei Befehle nicht so ohne weiteres zusammenfassen (etwa mit `for` oder `seq`). Das sind eben die Eigenarten der Maple-Sprache. „Die Designer von Maple haben das so entschieden" (M.Monagan, *Tips for Maple Users* in MapleTech Issue 10, Fall 1993, p.11). Also eine Sonderlösung (= Maple-work-around), insbesondere für Phasenportraits mit *af*:

```
> afn[1]:=t->map(eval,subs(solp(t),(F[1]/m)));
> afn[2]:=t->map(eval,subs(solp(t),(F[2]/m)));
> afn[3]:=t->map(eval,subs(solp(t),(F[3]/m)));
> end;
```

Und wieder die Bestätigung von Maple :

```
numnewton :=proc(F,ini)
 global rn,vn,an,xn,yn,zn,rfn,vfn,afn,soll,solp,sys;
```

```
           with(linalg,vector);
           with(student,equate);
           with(plots);
           readlib(unassign);
           unassign('xn(t)','yn(t)','zn(t)','x0','vx0',
                   'y0','vy0','z0','vz0');
              rn  := vector([xn(t),yn(t),zn(t)]);
              vn  := map(diff,rn,t);
              an  := map(diff,vn,t);
              sys := equate(m*an,F);
              solp := dsolve(sys union ini,{xn(t),yn(t),zn(t)},
                      numeric,output = procedurelist);
              soll := dsolve(sys union ini,{xn(t),yn(t),zn(t)},
                      numeric,output = listprocedure);
              rfn := subs(soll,op(rn));
              vfn := subs(soll,op(vn));
              afn[1] := t -> map(eval,subs(solp(t),F[1]/m));
              afn[2] := t -> map(eval,subs(solp(t),F[2]/m));
              afn[3] := t -> map(eval,subs(solp(t),F[3]/m))
           end
```

## 2.2.4 Keplerbewegung

Aber wir wollten ja Physik treiben! Und was ist physikalischer, als Newtons Maschine mit Keplers Bewegung zu testen? Allerdings dürfen wir dabei Maple nicht vergessen: die Funktionen $xn(t)$ ... müssen unausgewertet gesetzt werden

```
> rb:='xn(t)'^2+'yn(t)^2+'zn(t)'^2;
> F:=vector([-'xn(t)'/rb^(3/2),-'yn(t)'/rb^(3/2),
>             -'zn(t)'/rb^(3/2)]);
```

$$rb := \text{xn}(t)^2 + \text{yn}(t)^2 + \text{zn}(t)^2$$

$$F := \left[ -\frac{\text{xn}(t)}{(\text{xn}(t)^2 + \text{yn}(t)^2 + \text{zn}(t)^2)^{3/2}} - \frac{\text{yn}(t)}{(\text{xn}(t)^2 + \text{yn}(t)^2 + \text{zn}(t)^2)^{3/2}} - \frac{\text{zn}(t)}{(\text{xn}(t)^2 + \text{yn}(t)^2 + \text{zn}(t)^2)^{3/2}} \right]$$

Neben einer Angabe der Masse benötigt eine Prozedur zur numerischen Integration wie gesagt auch konkrete Anfangsbedingungen:

```
> m:=0.5:
> numini:={xn(0)=1,D(xn)(0)=0,yn(0)=0,D(yn)(0)=1,
>          zn(0)=0,D(zn)(0)=1};
> numnewton(F,numini);
```

$$numini := \{\text{xn}(0) = 1, D(xn)(0) = 0, \text{yn}(0) = 0, D(yn)(0) = 1, \text{zn}(0) = 0,$$
$$D(zn)(0) = 1\}$$

$$t \to \operatorname{map}\left(eval, \operatorname{subs}\left(\operatorname{solp}(t), \frac{F_3}{m}\right)\right)$$

(Die letzte Ausgabe ist der Rückgabewert der Prozedur.)

Wir können nun testen:
> sys;

$$\left\{.5\left(\frac{\partial^2}{\partial t^2}\operatorname{xn}(t)\right) = -\frac{\operatorname{xn}(t)}{(\operatorname{xn}(t)^2 + \operatorname{yn}(t)^2 + \operatorname{zn}(t)^2)^{3/2}},\right.$$
$$.5\left(\frac{\partial^2}{\partial t^2}\operatorname{yn}(t)\right) = -\frac{\operatorname{yn}(t)}{(\operatorname{xn}(t)^2 + \operatorname{yn}(t)^2 + \operatorname{zn}(t)^2)^{3/2}},$$
$$\left..5\left(\frac{\partial^2}{\partial t^2}\operatorname{zn}(t)\right) = -\frac{\operatorname{zn}(t)}{(\operatorname{xn}(t)^2 + \operatorname{yn}(t)^2 + \operatorname{zn}(t)^2)^{3/2}}\right\}$$

> rfn[1](8);

$$.3127976168520269$$

> solp(8);

$$\left[t = 8, \operatorname{xn}(t) = .3127976168520269, \frac{\partial}{\partial t}\operatorname{xn}(t) = 1.343248241044863,\right.$$
$$\operatorname{yn}(t) = -.6716237576855746, \frac{\partial}{\partial t}\operatorname{yn}(t) = .3127977907664510,$$
$$\left.\operatorname{zn}(t) = -.6716237576855746, \frac{\partial}{\partial t}\operatorname{zn}(t) = .3127977907664510\right]$$

*Tip:* Insbesondere die Tests mit Zahlenwerten sind *vor* einem Plot sehr empfehlenswert. Durch sie erfährt man, ob auch wirklich alle Parameter mit Zahlen versorgt sind. Maple meldet nämlich erst *nach* der Berechnung einer Plotstruktur, daß etwas fehlt, und das kann manchmal ziemlich lange dauern. Die „Fehlermeldung" kann einfach ein leerer Plot sein, meistens lautet sie aber in diesem Zusammenhang: cannot evaluate boolean. Überprüfen Sie also in solchen Fällen, ob Sie alle Angaben gemacht haben, die zur Berechnung eines zahlenmäßigen Ergebnisses erforderlich sind.

Wir kommen zur Darstellung von Ort, Geschwindigkeit und Beschleunigung als Funktionen der Zeit – hier jeweils die x-Komponente, also Index [1] (Abb. 2.26 links).

> plot({rfn[1],vfn[1],afn[1]},0..4);

Die räumliche Darstellung der Bahn kann mit odeplot erreicht werden (Abb. 2.26 rechts).

> plots[odeplot](solp,[xn(t),yn(t),zn(t)],0..5,axes=framed);

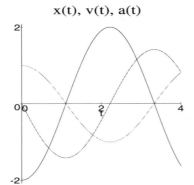
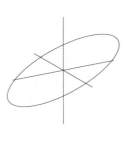

Abb. 2.26: *Keplerbewegung: Ort, Geschwindigkeit und Beschleunigung als Funktionen der Zeit (links) und Raumkurve (rechts)*

### 2.2.5 Mathematisches Pendel

Ein weiterer beliebter Test für die numerische Integration der Bewegungsgleichung ist das mathematische Pendel ($xn$ steht für den Winkel, die anderen Komponenten werden zur Demonstration mitgeführt – vielleicht wollen Sie auch das sphärische Pendel untersuchen):

```
> F:=vector([-sin(xn(t)),2,3]);
> numini:={xn(0)=1,D(xn)(0)=0,yn(0)=0,D(yn)(0)=1,zn(0)=0,
>          D(zn)(0)=1};
>
```

$$F := [-\sin(\mathrm{xn}(t))\,2\,3]$$

$$numini := \{\mathrm{xn}(0) = 1, \mathrm{D}(\mathit{xn})(0) = 0, \mathrm{yn}(0) = 0, \mathrm{D}(\mathit{yn})(0) = 1, \mathrm{zn}(0) = 0,$$
$$\mathrm{D}(\mathit{zn})(0) = 1\}$$

```
> numnewton(F,numini);
```

$$t \to \mathrm{map}\left(eval, \mathrm{subs}\left(\mathrm{solp}(t), \frac{F_3}{m}\right)\right)$$

```
> plot({rfn[1],vfn[1],afn[1]},0..4);
```

Das Ergebnis sehen Sie in Abb. 2.27. Es handelt sich – wie schon bei der Keplerbewegung – nicht um Sinuskurven. Experimentieren Sie mit den Anfangswerten, vielleicht schaffen Sie es, daß das Pendel im höchsten Punkt stehenbleibt.

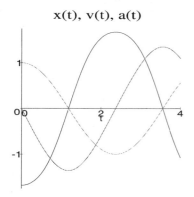
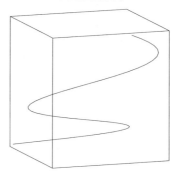

Abb. 2.27: *Mathematisches Pendel: Winkel, Winkelgeschwindigkeit und Winkelbeschleunigung als Funktionen der Zeit*

Abb. 2.28: *Phasenbahn der Überlagerung einer Schwingung mit zwei gleichmäßig beschleunigten Bewegungen*

## Raumkurve

```
> odeplot(solp,[xn(t),yn(t),zn(t)],0..4,axes=boxed,
>        color=red);
```

Auch hier wieder die Ausgabe einer „Bahn" mit odeplot (Abb. 2.28).

*Anmerkung:* Mit odeplot nimmt man über interne Substitution Bezug auf die in der DG vorkommenden Funktionen. Leider ist dabei immer noch (Release3) der horizontale Bereich mit dem Zeitparameter gekoppelt.

## Phasenportraits

Mit Phasenportraits kann man so manche Überraschung erleben. Man ist ohne so ein Allzweckwerkzeug wie Maple einfach nicht an den Umgang mit ihnen gewöhnt, weil es in der Regel viel zu aufwendig ist, die Zeit zu eliminieren. Dabei ist diese Art der Darstellung oft viel aussagekräftiger und der Praxis näher als die gängigen x-t-Diagramme. Mit unseren Worksheets haben wir uns aber von diesen Einschränkungen befreit: jede Funktion kann in Abhängigkeit von jeder Funktion dargestellt werden. Also testen Sie sich, indem Sie *vor* einem Plot die gestellte Frage mit Papier und Bleistift beantworten, z.B. „Wie hängt im vorliegenden Fall die gleichmäßig beschleunigte Bewegung in y-Richtung vom Winkel *xn* ab?" (Ergebnis siehe Abb. 2.29):

```
> odeplot(soll,[xn(t),yn(t)],-2..2);
```

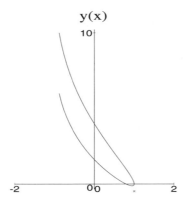
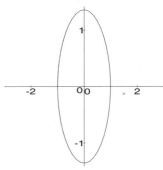

*Abb. 2.29: Beschleunigte Bewegung als „Funktion" einer Schwingung*

*Abb. 2.30: Winkelgeschwindigkeit als „Funktion" des Winkels*

Wenn man auch die oben gestellte Frage noch beantworten (bzw. sich die Antwort vorstellen) kann, so dürfte es doch problematisch werden, wenn man *zuerst* nach der umgekehrten Abhängigkeit gefragt würde. In unserem Worksheet erhalten wir aber die Darstellung der Umkehrfunktion durch einfaches Vertauschen der Funktionen im Plotbefehl (ohne Abbildung):

```
> odeplot(solp,[yn(t),xn(t)],-2..2);
```

Oder ein ganz normales Phasenportrait (Abb. 2.30):

```
> odeplot(solp,[xn(t),diff(xn(t),t)],-3..3);
```

In den letzten beiden Abbildungen (2.29 und 2.30) können Sie nur mit der Lupe ein kleines $x$ ausfindig machen. Das liegt an der Verwendung des Befehls odeplot, mit dem sich keine Plot-Optionen kombinieren lassen. Eine alternative Art des Zugriffs auf die Lösungsgesamtheit steht mit den normalen Plotbefehlen zur Verfügung, die in der Regel schneller sind als odeplot. Leider ist dabei die Reihenfolge der procs in soll wieder dem Zufall überlassen, so daß man sich durch eine Ausgabe von soll vergewissern muß, ob man auch die Komponenten darstellt, die man sehen möchte (Abb. 2.31).

```
> plot({rhs(soll[1]),rhs(soll[2]),rhs(soll[3]),
>       rhs(soll[4])},0..3);
```

Phasenportraits (incl. Bahn, aber ohne Beschleunigung) erhält man mit:

```
> plot([rhs(soll[1]),rhs(soll[4])],0..3);
```

Die Raumkurve kann so erzeugt werden (beides ohne Abbildung):

```
> spacecurve([rhs(soll[2]),rhs(soll[4]),rhs(soll[6])],0..3,
>            color=red);
```

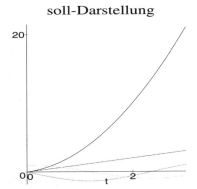
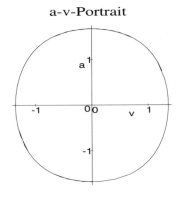

Abb. 2.31: Plot einer Liste    Abb. 2.32: Ein spezielles Phasenportrait

Zum Sonderfall des $v$-$a$-Phasenportraits: Um `cannot evaluate boolean` zu vermeiden, muß die Auswertung der zu zeichnenden Funktion durch '..' unterdrückt werden, bis von dem Plot-Befehl für $t$ eine Zahl eingesetzt wird. Diese Art des parametrischen Plots kann natürlich auch für alle anderen Phasenportraits benützt werden (Abb. 2.32).

```
> plot(['vfn[1](t)','afn[1](t)',t=0..8]);
```

Damit haben wir das Hauptziel dieses Kapitels erreicht: „Sage mir ein Kraftgesetz und Anfangsbedingungen, und ich zeige dir die Bahn." Newtons Physik ist für das ganze Universum gedacht, und es ist immer wieder faszinierend, sie nachzudenken, weil man dabei das Vorausdenken lernt – bis an die Grenzen des Universums, infinitesimal. Freilich kann man über dem Nachdenken der Newtonschen Physik auch nachdenklich werden und beginnen, über sie hinauszudenken. Dann ist man auf dem richtigen Weg zur modernen Physik mit all ihren Unschärfen und Fundamentalproblemen. Wenn Sie noch ein letztes Mal die Geborgenheit der deterministischen Physik genießen wollen, so können Sie mit dem Computer die Beispiele des nächsten Abschnitts ausprobieren und ändern. Sie sind als Grundbausteine Ihrer persönlichen Sammlung von Kraftgesetzen gedacht.

*numnewt.ms*

## 2.2.6 Anwendungen

*maschine.ms*

Wir sind nun in der Lage, ein Worksheet zu schreiben, mit dem die Bewegung eines Massenpunktes nach beliebigen Vorgaben berechnet und dargestellt werden kann. Die einzige Einschränkung ist die benötigte Rechenzeit. Aber *im Prinzip* ist die Aufgabe gelöst, wenn wir die Prozeduren zur geschlossenen und numerischen Lösung der Bewegungsgleichung laden und je nach Bedarf ausführen lassen. Die files `procnewt.m` und `procnumn.m` wurden mit den entsprechenden ms-files erzeugt. Wenn sie im Arbeitsverzeichnis stehen, können sie mit

```
> read 'procnewt.m';
> read 'procnumn.m';
```

geladen werden. Falls dies nicht der Fall ist, funktioniert eine vollständige Pfadangabe immer: `read 'lfw:/dir/.../procnewt.m'`; (mit / und nicht mit \, sowie dem Text-Akzent '). Zur Kontrolle und zur Einstimmung können Sie zunächst mit `hprocnewt` bzw. mit `hprocnumn` die beiden Hilfefenster anzeigen lassen. Mit zwei `reset`-Prozeduren sorgen wir vor (soll heißen: ich habe *nach* etlichen Entwürfen dieses Kapitels herausgefunden, daß es so am besten geht):

```
> reset:=proc() unassign('x(t)','y(t)','z(t)','x0','vx0',
>   'y0','vy0','z0','vz0','Fx','Fy','Fz','m');
>   x(0):='x0': D(x)(0):='vx0': y(0):='y0': D(y)(0):='vy0':
>   z(0):='z0': D(z)(0):='vz0':
> end:
> reset();
> resetn:=proc() unassign('xn(t)','yn(t)','zn(t)','x0n',
>   'vx0n','y0n','vy0n','z0n','vz0n','Fx','Fy','Fz','m');
> end:
> resetn();
```

Diese Zeilen sparen uns viel Schreibarbeit und – was noch wichtiger ist – viele Fehlerquellen. Sie werden sicherlich schon bemerkt haben, daß es so eine Sache ist, den Überblick darüber zu behalten, welche Variable in welchen Assignments vorkommt und welches Assignment schon ausgewertet wurde und deshalb an der passenden Stelle mit `uneval` wieder zurückgenommen werden sollte. Wenn man bei der wiederholten Abarbeitung von Befehlen nicht höllisch aufpaßt, verliert man den Überblick eben früher oder später. Dann beginnt man, von Region von Region zu springen, testet, was welchen Wert hat, merkt dabei nicht, daß man Werte ändert, die sich erst in der übernächsten Ebene bemerkbar machen... und zieht schließlich mit `restart` die Notbremse. Aber nun ist alles weg – auch die eingelesenen Prozeduren und Pakete –, und wenn man von vorne anfangen muß, ist der gleiche „Fehler", den man ja erst sucht, schon vorprogrammiert. In solchen Fällen ist ein *selektives* `restart` von Vorteil, damit hat man die Möglichkeit eines definierten *Seiteneinstiegs* in das Worksheet. Noch schöner wäre allerdings eine Palette, die einem die aktuellen Belegungen und Verknüpfungen anzeigt, wie es Debugger können (die z.Zt. vorhandenen Möglichkeiten in Maple, z.B. `anames()`, sind dazu noch zu unhandlich).

**Kraftgesetze:** Wir kommen nun zur angekündigten Beispielsammlung, die das bereits Erprobte zusammenfaßt und ergänzt. Die Einträge der Kraftgesetze werden hier (im Gedruckten) nur aufgelistet, sie beginnen jeweils mit „***". Im Worksheet können diese Einträge mit F5 zeilenweise zu Text oder Input getoggelt werden. Wenn Sie immer nur eine Kraft als Input führen, springt der Cursor automatisch zum Aufruf der Lösungsprozedur newton(F). Dies ist eine bewährte Methode des Arbeitens mit Worksheets: Man hat alle Informationen am Bildschirm und kann mit dieser offenen Struktur am besten experimentieren. Wer eine kompaktere Formulierung wünscht, kann den einzelnen Kraftgesetzen Namen geben und sie z.B. in einer table führen oder in einer Prozedur, die diese Namen auswertet. Dann muß der Benutzer wirklich nur noch drei Angaben machen: Kraft (Auswahl aus einem Katalog) - Anfangsbedingungen - Art der Lösung, hat aber bei diesem Fertigangebot nicht mehr die Möglichkeit des direkten Zugriffs, wenn er etwas ändern will. Es folgen die Kraftgesetze:

*** konstante Kraft (als Vektor):
$$F := [1\ 2\ -3]$$

*** lineares Kraftgesetz (die Liste liest sich besser als der Vektor):
$$F := [-\text{x}(t), 2, 3]$$

*** lineares Kraftgesetz mit Dämpfung:
$$F := [Fx - \text{x}(t) - v_1\ Fy\ Fz]$$

*** Wurf mit Luftwiderstand (das Worksheet ist so eingestellt, daß Sie dieses Kraftgesetz als Input angeboten bekommen), lineares Widerstandsgesetz:
```
> reset();
> vb:=sqrt(v[1]^2+v[2]^2+v[3]^2);
> m:='m':g:='g':k:='k':
> F:=vector([-k*v[1],-k*v[2],-m*g-k*v[3]]);
```
$$vz0$$
$$vb := \sqrt{\left(\frac{\partial}{\partial t}\text{x}(t)\right)^2 + \left(\frac{\partial}{\partial t}\text{y}(t)\right)^2 + \left(\frac{\partial}{\partial t}\text{z}(t)\right)^2}$$
$$F := \left[-k\left(\frac{\partial}{\partial t}\text{x}(t)\right)\ -k\left(\frac{\partial}{\partial t}\text{y}(t)\right)\ -mg - k\left(\frac{\partial}{\partial t}\text{z}(t)\right)\right]$$

*** Elektron im E-B-Feld:
Definition der Felder (wie in *newton2.ms*), Lorentz-Kraft:
$$F := q\left(El + \left[\left(\frac{\partial}{\partial t}\text{y}(t)\right) Bz - \left(\frac{\partial}{\partial t}\text{z}(t)\right) By\ \left(\frac{\partial}{\partial t}\text{z}(t)\right) Bx - \left(\frac{\partial}{\partial t}\text{x}(t)\right) Bz\right.\right.$$
$$\left.\left.\left(\frac{\partial}{\partial t}\text{x}(t)\right) By - \left(\frac{\partial}{\partial t}\text{y}(t)\right) Bx\right]\right)$$

**\*\*\*** Mathematisches Pendel (bevor Sie plotten, sollten Sie nachschauen, was
newton(F) antwortet):
$$F := [-\sin(x(t))\ 2\ 3]$$

Bis hierher also die Beispiele. Nun kommt der Aufruf der Prozedur.

**Die Prozedur** newton(F) sucht eine geschlossene Lösung der Bewegungsgleichung. Wenn die Lösung gefunden wurde, stehen anschließend die Lösungsvektoren *rf* (= Ort), *vf* (= Geschwindigkeit) und *af* (= Beschleunigung) zur Verfügung, die mit rf(Zeit) oder mit rf(Zeit)[Komponente] angesprochen werden können, dabei gilt: $rf(t) = [x(t), y(t), z(t)]$.

> newton(F);

$$t \to \left[ \frac{m\,vx0}{k} + x0 - \frac{m\,vx0\,e^{\left(-\frac{k\,t}{m}\right)}}{k},\ \frac{m\,vy0}{k} + y0 - \frac{m\,vy0\,e^{\left(-\frac{k\,t}{m}\right)}}{k}, \right.$$
$$\left. z0 + \frac{m\,vz0}{k} + \frac{m^2\,g}{k^2} - \frac{t\,m\,g}{k} - \frac{m\,e^{\left(-\frac{k\,t}{m}\right)}\,vz0}{k} - \frac{m^2\,e^{\left(-\frac{k\,t}{m}\right)}\,g}{k^2} \right]$$

Im Worksheet sind von Zeit zu Zeit Befehle als Text vorzufinden, die Sie mit F5 zu Input machen können, wenn Sie kontrollieren wollen oder solche Optionen wie die Reihenentwicklung einer Lösung wünschen:

series(z(t),t);

Und mit Bezug auf vorangehende Reihenentwicklung

convert(' " ',polynom);

Die Reihenentwicklung ist gerade für die ballistische Kurve interessant: Welche Terme enthalten den Luftwiderstand? Kommt die gleichmäßig beschleunigte Bewegung in der Exponentialfunktion vor?

**Die Anfangsbedingungen** sind so gewählt, daß für alle hier aufgeführten Beispiele „etwas Vernünftiges" zu sehen ist (das ist auch eine Frage des Maßstabs – in den Plots natürlich):

> m:=1: x0:=0: vx0:=2: y0:=0:vy0:=1: z0:=0:vz0:=10:
> Fx:=0:Fy:=0:Fz:=0: g:=10:k:=1:

**Der erste Plot** zeigt das x-t-, v-t-, a-t-Diagramm in einer gemeinsamen Darstellung. (Bitte die passenden Indices je Beispiel selbst eintragen bzw. ändern).

```
> real:=plot({rf(t)[3],vf(t)[3],af(t)[3]},t=0..4):
> real;
```

Falls Sie zwei Bewegungstypen vergleichen wollen (z.B. Wurf mit und ohne Luftwiderstand), können Sie hier die eine Plot-Struktur unter `real` und die andere unter `ideal` abspeichern und mit `display` gemeinsam anzeigen.

```
> #ideal:=plot({rf(t)[3],vf(t)[3],af(t)[3]},t=0..4):ideal;
> #display({real,ideal});
```

Raumkurve

```
> myoptions:=axes=normal,labels=['x','y','z'],
>         orientation=[70,60],scaling=constrained:
> spacecurve(rf(t),t=0..5,myoptions,color=red);
```

Phasenportrait (es gibt 9 über 2 Möglichkeiten)

```
> plot([rf(t)[3],vf(t)[3],t=-1..5],scaling=constrained);
```

Wir kommen zum zweiten Teil des Worksheets.

**Numerische Lösungen:** In der derzeitigen Version von Release 3 wird die Lösung immer vom zuletzt benützten Zeitpunkt ausgehend berechnet. Wenn man also z.B. bei einem Plot schon bis zur Zeit $t = 8$ rechnen ließ und beim nächsten Plot wieder bei $t = 0$ anfängt, muß erst wieder „zurückgerechnet" werden – mit einem entsprechenden Verlust an Genauigkeit und einem entsprechenden Aufwand an Rechenzeit. In der nächsten Release soll der Anwender mehr Kontrolle über das Verhalten von Maple in diesem Punkt bekommen. Wundern Sie sich also nicht, wenn Ergebnisse nicht reproduzierbar sind oder ewig kein Plot erscheint oder Fehlermeldungen, die „vorher noch nie da waren". Ein neuer Aufruf von `numnewton` hilft meistens. (Denken Sie an diese Warnung vor allem bei dem Befehl `odeplot`.)

Die Anfangsbedingungen werden gleichzeitig mit der Kraft gesetzt, weil sie von der Lösungsprozedur benötigt werden.

\*\*\* konstante Kraft (als erste Übung – zum Vergleich mit der geschlossenen Lösung):

$$F := [1\ 2\ -3]$$

$numini := \{\text{xn}(0) = 0, \text{yn}(0) = 0, \text{zn}(0) = 0, \text{D}(xn)(0) = 2, \text{D}(yn)(0) = 1,$
$\quad \text{D}(zn)(0) = 10\}$

\*\*\* Gedämpfte Schwingung:

$$F := \left[Fx - \text{xn}(t) - \left(\frac{\partial}{\partial t}\text{xn}(t)\right)\ Fy\ Fz\right]$$

2.2 *Die Bewegungsgleichung*

$$numini := \{D(zn)(0) = 0, xn(0) = 0, yn(0) = 0, zn(0) = 0, D(xn)(0) = 2,$$
$$D(yn)(0) = 1\}$$

### *** Mathematisches Pendel:
$$F := [-\sin(xn(t))\ Fy\ Fz]$$

$$numini := \{xn(0) = 0, D(xn)(0) = 3, yn(0) = 0, D(yn)(0) = .8, zn(0) = 0,$$
$$D(zn)(0) = .1\}$$

### *** ballistische Kurve (als Input voreingestellt)):
```
> unassign('vn'):
> vb:=sqrt(vn[1]^2+vn[2]^2+vn[3]^2);
```
$$vb := \sqrt{vn_1{}^2 + vn_2{}^2 + vn_3{}^2}$$

```
> m:='m':g:='g':k:='k':
> reset();
> F:=vector([-k*vn[1]*vb,-k*vn[2]*vb,-m*g-k*vn[3]*vb]);
> numini:={xn(0)=0,D(xn)(0)=2,yn(0)=0,D(yn)(0)=1,
>       zn(0)=0,D(zn)(0)=10};
> m:=1: g:=10: k:=1:
```
$$vz0$$

$$F := \left[ -k\ vn_1\ \sqrt{vn_1{}^2 + vn_2{}^2 + vn_3{}^2} - k\ vn_2\ \sqrt{vn_1{}^2 + vn_2{}^2 + vn_3{}^2} \right.$$
$$\left. -m\ g - k\ vn_3\ \sqrt{vn_1{}^2 + vn_2{}^2 + vn_3{}^2} \right]$$

$$numini := \{xn(0) = 0, D(xn)(0) = 2, yn(0) = 0, D(yn)(0) = 1, zn(0) = 0,$$
$$D(zn)(0) = 10\}$$

### *** Zentralfeld (zunächst 1/r², Sie werden das sicher ändern)

$$F := \left[ -\frac{m\ xn(t)}{(xn(t)^2 + yn(t)^2 + zn(t)^2)^{3/2}} - \frac{m\ yn(t)}{(xn(t)^2 + yn(t)^2 + zn(t)^2)^{3/2}} \right.$$
$$\left. -\frac{m\ zn(t)}{(xn(t)^2 + yn(t)^2 + zn(t)^2)^{3/2}} \right]$$

$$numini := \{xn(0) = 1, D(xn)(0) = 0, yn(0) = 0, D(yn)(0) = .8, zn(0) = 0,$$
$$D(zn)(0) = .1\}$$

## Aufruf der Prozedur

```
> numnewton(F,numini);
proc(rkf45_x) ... end,
    [t = proc(t) ... end, xn(t) = proc(t) ... end, ...
       d
      ---- zn(t) = proc(t) ... end]
       dt
```
$$t \to \mathrm{map}\left(eval, \mathrm{subs}\left(\mathrm{solp}(t), \frac{F_3}{m}\right)\right)$$

Nun empfiehlt es sich, die numerische Lösung zu testen, wenn Sie sich beim Plotten lange Wartezeiten ersparen wollen, an deren Ende ein leerer Plot steht. Setzen Sie verschiedene Zeiten ein, und kehren Sie dann wieder zu t = 0 zurück.

```
> rfn[3](0); afn[3](0); vfn[3](0);
```

Die ballistische Kurve ist in diesem Worksheet der heikelste Fall für die numerische Lösung. Sie sollten in den Plot-Befehlen nicht zu große Zeiten angeben (für $m = 1$, $g = 10$, $k = 1$ sollte $t \leq 2$ sein). Falls Sie trotzdem nichts als eine Sanduhr sehen, klicken Sie auf den Stop-Button (sobald Maple das zuläßt) und rufen numnewton erneut auf.

**Graphik**   Hier nur der Befehl für ein gemeinsames x-t-, v-t-, a-t-Diagramm:

```
> qreal:=plot({rfn[3],vfn[3],afn[3]},0..4):
> qreal;
```

Zur weiteren Bearbeitung der numerischen Lösung folgt im Worksheet mehr oder weniger eine Kopie des entsprechenden Teils aus numnewt.ms.

Experimentieren Sie! Wir sind an einer Stelle angelangt, an der das gedruckte Medium versagt, denn wir haben ein unendlich dickes Buch aufgeschlagen. Blättern Sie darin mit Ihrem Computer. Ich empfehle für heute abend die Phasenportraits à la surprise. Es ist wirklich faszinierend, was man da alles sehen kann... Welches Portrait gehört zu welcher Kombination der Variablen? Wählen Sie!

Und wie wird das erst aussehen, wenn Sie das Kraftgesetz für das ebene mathematische Pendel durch das für das sphärische ersetzt haben?

*maschine.ms*

# 3

# Huygens

*Schwingungen, Fourieranalyse, Wellengleichungen und Interferenz: Mit Maple werden diese Themen so anschaulich wie noch nie!*

Im *Newton*-Kapitel ist dem eigentlichen Thema „Dynamik eines Massenpunktes" die Kinematik vorangestellt, und wir konnten uns dort anhand einfacher Fragestellungen und ihrer Lösungen mit Maple vertraut machen. Ebenso beginnt das *Huygens*-Kapitel mit Schwingungen, um dann nach dem bewährten Muster „Welle = Schwingung mit ortsabhängiger Phase" zur Huygensschen Physik[1] überzuleiten. In dieser Physik steht die Interferenz im Mittelpunkt, aber Newton hat mit seiner Differentialrechnung auch noch ein gewichtiges Wort mitzureden, wenn es darum geht, eine Bewegungsgleichung – das ist hier „die Wellengleichung" – aufzustellen und zu lösen. Wir werden diese wunderbare Wellenphysik mit Maple symbolisch und graphisch untersuchen und dabei so manche Überraschung erleben, die man ohne Maple nicht so leicht sichtbar und erfahrbar machen könnte.

Aus Platzgründen muß von nun an die gedruckte Wiedergabe der Worksheets reduziert werden. Das setzt voraus, daß Sie mit Maple schon etwas vertraut sind oder sich mit den Worksheets aus den ersten Kapiteln zumindest

---

[1] Historische Anmerkung: Huygens ging in seiner *Abhandlung über das Licht* [11] noch vom Äther aus. Wie der Schall sollte sich auch das Licht als longitudinale Welle durch ein Medium extrem harter Kügelchen gleicher Masse ausbreiten. Das ändert aber nichts daran, daß er mit seinem Prinzip der *Überlagerung von Elementarwellen* den Grundstein für die Behandlung *aller* Wellenerscheinungen gelegt hat (erst Fresnel erklärte damit die Beugung, weshalb man auch vom Huygens-Fresnel Prinzip spricht). In diesem Buch steht deshalb „Huygenssche Physik" für das klassische Gegenstück zur Newtonschen Korpuskulartheorie, also für alles, was sich nur durch Interferenz erklären läßt (und das ist viel).

Grundkenntnisse zugelegt haben. Es wäre auch nicht sinnvoll, all die schönen Animationen, die die Wellenphysik beleben, mit gedruckten Graphiken wiedergeben zu wollen. Spätestens jetzt wird der Computer zum zweiten Buch.

## 3.1 Schwingungen

Die Schwingungsgleichung kann als wichtiger Sonderfall der Newtonschen Bewegungsgleichung angesehen werden oder – aus der Sicht des Mathematikers – als gewöhnliche DG 2.Ordung. Die Lösung dieser Gleichung mit Maple haben wir schon in Kapitel 2 durchgeführt. Die interessante Theorie der DG 2. Ordnung wird im Anhang zwar nicht erschöpfend behandelt, aber doch mit Akzenten, die für den Physiker wichtig sind, nämlich die *exp*-Funktion mit komplexem Argument und der Vergleich mit Differenzengleichungen. Dieses wichtige Thema ist nur deshalb im Anhang gelandet, weil es in jedem Kapitel einen berechtigten Platz hätte. Und wenn man die entscheidende Rolle der *exp*-Funktion in der gesamten Physik bedenkt, so könnte man sich auch ein Physikbuch vorstellen, das mit diesem Thema beginnt. Und vor allem im Hinblick auf die Quantenphysik sollte man mit dem Begriff „Schwingung" möglichst frühzeitig

$$x(t) = |x(t)|e^{i\Phi(t)} \tag{3.1}$$

assoziieren, was sich mit komplexem $c$ und $d$ auch schreiben läßt als

$$x(t) = e^{ct+d} \tag{3.2}$$

z.B. mit $c = k + i\omega$ und $d = \ln x_0 + i\varphi$. Nun ist eine einzelne Schwingung nicht besonders aufregend. Es handelt sich in der genannten Sichtweise um eine komplexe Zahl, die im Laufe der Zeit die durch die Gln. 3.1 bzw. 3.2 bestimmten Werte annimmt. Aber Schwingungen haben die faszinierenden Eigenschaften, daß es unendlich viele von ihnen gibt, daß sie immer und überall sind und daß sie *sich überlagern*. Jeder Vorgang kann als das Ergebnis einer solchen Superposition angesehen werden – auch der geworfene Stein oder der „ruhende Massenpunkt". Superposition bedeutet aber nichts anderes als die Bildung der Summe

$$X(t) = \sum_i e^{c_i t + d_i} \tag{3.3}$$

und das ist wieder eine komplexe Zahl, genauer, eine komplexwertige Funktion der Zeit. Nur daß sich diese Zahl nicht mehr so einfach berechnen läßt, zumal wenn man von der Summation zur Integration übergeht. Ein gefundenes Fressen also für unser CAS! Wir können damit zunächst die Standardthemen der Überlagerung *zweier* Schwingungen kurz skizzieren und dann übergehen zur Verallgemeinerung, also zur Fourieranalyse und Fouriertransformation.

## 3.1.1 Darstellung und Handhabung von Lösungsfunktionen

Für den Moment gehen wir davon aus, daß wir die Schwingungsgleichung (oder verwandte Gleichungen) schon gelöst haben, und verwenden Maple nur zur Darstellung der Lösungsfunktionen. Mit dem Worksheet *oszi.ms* können wir z.B. die folgenden Bilder erzeugen. (Selbstverständlich lassen sich im Worksheet alle vorkommenden Parameter ändern oder neue hinzufügen.)

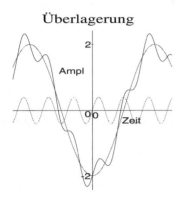
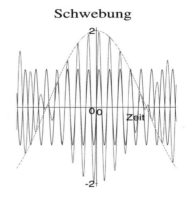

*Abb. 3.1: Unterschiedliche Frequenzen*    *Abb. 3.2: Fast gleiche Frequenzen*

Nach dem Motto „Eine Schwingung kommt selten alleine, und wenn sich die Frequenzen und Amplituden zu nahe kommen, fängt die Schwebung an" können wir die Gleichungen so abstimmen, daß die gewünschten Effekte eintreten. Maple erledigt dann den Rest für uns, indem es zwei Oszillatoren simuliert und darüber hinaus noch als Oszilloskop aktiv wird. Im Worksheet gibt es keine Probleme mit dem Anschwingen, der Stabilität der Phase oder mit der Triggerung. Vergessen Sie also über der Kürze des Worksheets nicht, daß Sie wieder selbst in das Geschehen eingreifen können. Sei es durch die (trigonometrische) Umformung der Terme oder eine besonders gelungene Animation. Studieren Sie die verschiedenen Varianten der Plot-Befehle und genießen Sie die Physik in Bildern.

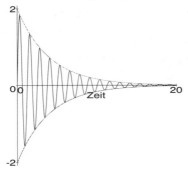

Abb. 3.3: *Reale Schwingung: Realisten wissen natürlich, daß nichts ewig weitergehen kann. Sie wollen die Dämpfung berücksichtigen, und zwar möglichst genau. Außerdem interessiert sie die Einhüllende und der aperiodische Grenzfall, den man hier durch Probieren finden kann.*

Wieder andere interessieren sich für Phasenportraits und die Möglichkeiten ihrer Darstellung:

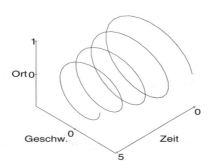

Abb. 3.4: *Phasen als Raumkurve*

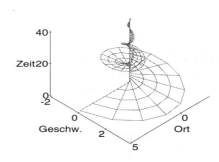

Abb. 3.5: *Phasen als Fläche*

Und was geschieht, wenn man zwei Schwingungen überlagert, die senkrecht aufeinanderstehen?

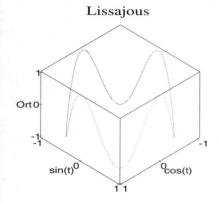

Abb. 3.6: Schwingung in zwei Ebenen: Man erhält die so beliebten Lissajous-Figuren, mit denen man stundenlang spielen kann. Mit und ohne Dämpfung, mit rationalen Frequenzverhältnissen und mit irrationalen.

Das letzte Beispiel zeigt noch einmal die erwähnte „Addition zweier komplexer Zahlen". In den nächsten Abschnitten werden wir von diesem Verfahren (Gl. 3.3) ausgedehnten Gebrauch machen.

## Epizyklen

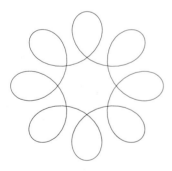

Abb. 3.7: Zwei Rotationen: Wenn Ptolemäus das gesehen hätte – wie man mit komplexen Zahlen (und mit Maple) die Planeten vorwärts und rückwärts laufen lassen kann! Hätte er Maple geglaubt, oder wäre ein anderes Weltbild entstanden?

oszi.ms

## 3.1.2 Schnelle Fouriertransformation

Die Überlagerung von Schwingungen kann man synthetisieren und analysieren. In beiden Fällen hat man es mit Gleichung 3.3 zu tun. Wir beginnen mit der für die Praxis so wichtigen schnellen Fouriertransformation, mit der sich der Zusammenhang Spektrum – resultierende Schwingung besonders leicht und eben schnell darstellen und untersuchen läßt. Verglichen mit dem vorangegangenen Abschnitt ist die harmonische Analyse diskreter Meßwerte zwar die inverse Fragestellung, aber spätestens am Ende des Worksheets *fft1.ms* können Sie mit der inversen Transformation den Weg zurückgehen, also die harmonische Synthese durchführen.

Der Maple-Befehl für die schnelle Fouriertransformation ist `FFT(m,rx,ix)` (nach `readlib(FFT)`) und kann zur Beschleunigung der Berechnung zusammen mit `evalhf()` eingesetzt werden: `evalhf(FFT(m,var(rx),var(ix)))`.

|*fft1.ms*| Das trigonometrische Interpolationspolynom lautet (vgl. Bronstein [12]):

```
> restart;with(plots):readlib(FFT):
> Tn:=sum(c[k]*exp(2*Pi*I*k*t/T),k=0..n-1);
```

$$Tn := \sum_{k=0}^{n-1} c_k \, e^{\left(2\frac{I\pi k t}{T}\right)}$$

Wobei die komplexen Koeffizienten von `FFT` geliefert werden. Zwei weitere Formulierungsmöglichkeiten sind:

```
> Tab:=a[0]/2+sum(a[k]*cos(2*Pi*k*t/T)
>         +b[k]*sin(2*Pi*k*t/T),k=1..p-1)
>         +a[p]/2*cos(2*Pi*p*t/T);
```

$$Tab := \frac{1}{2} a_0 + \left( \sum_{k=1}^{p-1} \left( a_k \cos\left(2\frac{\pi k t}{T}\right) + b_k \sin\left(2\frac{\pi k t}{T}\right) \right) \right) + \frac{1}{2} a_p \cos\left(2\frac{\pi p t}{T}\right)$$

und

```
> TA:=a[0]/2+sum(A[k]*sin(2*Pi*k*t/T+phi[k]),k=1..p);
```

$$TA := \frac{1}{2} a_0 + \left( \sum_{k=1}^{p} A_k \sin\left(2\frac{\pi k t}{T} + \phi_k\right) \right)$$

Bereitstellen der benötigten Größen (`tn` ist der Zeitschritt, `(tk|ftk)` die Punkte):

```
> p:=floor((n+1)/2):
> tn:=k*T/n:
> tk:=tn $ k=0..n-1:
> ftk:=f(tn) $ k=0..n-1:
> data:=[tn,f(tn)] $ k=0..n-1:
> n:=2^m:
```

Anstatt mühselig eine Reihe von Meßwerten einzugeben, erzeugen wir mit Hilfe der Stufenfunktion `Heaviside()` eine Testfunktion:

```
> T:=3: m:=6:
> f:=t->t*Heaviside(t)-2*(t-1)*Heaviside(t-1);
```
FFT benötigt den Real- und Imaginärteil der Funktionswerte (Meßwerte)
```
> rx:=array([ftk]);
> ix:=array([0 $ j=1..n]);
```

$$f := t \rightarrow t\,\text{Heaviside}(t) - 2\,(t-1)\,\text{Heaviside}(t-1)$$

$$rx := \left[0\ \frac{3}{64}\ \frac{3}{32}\ \frac{9}{64}\ \frac{3}{16}\ \frac{15}{64}\ \frac{9}{32}\ \frac{21}{64}\ \frac{3}{8}\ \frac{27}{64}\ \frac{15}{32}\ \frac{33}{64}\ \frac{9}{16}\ \frac{39}{64}\ \frac{21}{32}\ \frac{45}{64}\ \ldots\right.$$

$$\left.\ldots\ \frac{-13}{16}\ \frac{-55}{64}\ \frac{-29}{32}\ \frac{-61}{64}\right]$$

$$ix := [0\,0\,0\,0\,\ldots\,0\,0\,0\,0]$$

Wir können noch für „Meßfehler" sorgen (die dann aber nicht in data stehen)
```
> #rx[7]:=9/20;rx[15]:=1/2;
```
Nun ist alles fertig zum Aufruf der schnellen Transformation. Das Ergebnis steht wieder in den arrays rx und ix.
```
> evalhf(FFT(m,var(rx),var(ix))):   #op(rx);op(ix);
```
Zur Bildung der komplexen Fourierkoeffizienten c[i] schreiben wir noch eine kleine Schleife, die auch noch für die Bereinigung von Rundungsfehlern sorgt (Digits:=10 vorausgesetzt)
```
> for i to n do c[i-1]:= (rx[i]+I*ix[i])/n:
> if abs(Im(c[i-1]))<10^(-10) then c[i-1]:=Re(c[i-1]); fi ;
> if abs(Re(c[i-1]))<10^(-10) then c[i-1]:=I*Im(c[i-1]); fi
> od:
```
Schließlich berechnen wir die reellen Koeffizienten a[i], b[i] und A[i]
```
> a[0]:=2*c[0]:   a[p]:=2*c[p]:   phi[p]:=Pi/2:   A[p]:=a[p]/2:
> for i to p-1 do a[i]:=c[i]+c[n-i];
> b[i]:=I*(c[i]-c[n-i]);
> A[i]:=sqrt(a[i]^2+b[i]^2);
> phi[i]:=arctan(a[i],b[i]);
> od:
```
und stellen die vorgegebene Funktion mit „Meßpunkten" und Fourierreihe gemeinsam dar (Abb. 3.8, auf dem Bildschirm sind die Meßpunkte sichtbar).

Beachten Sie, daß die Testfunktion nicht periodisch ist, während eine Fourierreihe – also ein diskretes Spektrum – immer eine periodische Funktion liefert.

```
> p2:=plot([data],style=point,color=red,symbol=box):
> display({plot({f(t),TA},t=-0.2*T..1.1*T),p2});
```

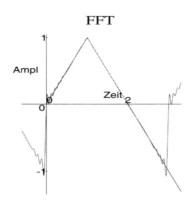

Abb. 3.8: *Mit der schnellen Fouriertransformation nachgebildete Dreiecksfunktion*

Sie können nun studieren, was sich ändert und wie es sich ändert, wenn man an den Parametern $T$ und $m$ „dreht" oder eine andere Testfunktion eingibt. Vielleicht haben Sie auch eine echte Meßreihe parat, die Sie mit FFT analysieren wollen, oder Sie erzeugen sich eine mit Zufallszahlen und testen damit den Zufallszahlengenerator von Maple.

Wer sich für das Innenleben von FFT interessiert, kann die komplexe Fourierreihe plotten lassen (Empfehlung: $m < 4$, sonst zu lange Rechenzeit wegen der starken Oszillationen):

```
> p1:=plot({evalc(Re(evalc(Tn))),evalc(Im(Tn))},t=0..1.1*T):
> display({plot({f(t),TA},t=0..1.1*T),p1,p2});
```

**Ein Vergleich von** `Tab` **und** `TA` **gibt Aufschluß über die Rechengenauigkeit**

```
> #plot(Tab-TA,t=0..T,y=0..10^(-9));
```

Aber nun zum Hauptziel, der Darstellung des Spektrums (Abb. 3.9). Hier kann wieder das Statistik-Paket eingesetzt werden, das wir schon bei der stückweise gleichförmigen Bewegung verwendet haben.

```
> with(stats[statplots]):
> histogram([seq(Weight(i,A[i]),i=1..p)]);
```

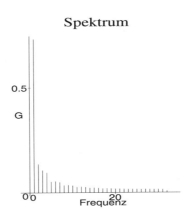

Abb. 3.9: *Frequenzspektrum zu Abb. 3.8*

Mit der Rücktransformation `iFFT` kann man die Probe machen

```
> evalhf(iFFT(m,var(rx),var(ix))):  op(rx);op(ix);
```

...und dann wieder vorne einsteigen.

Man kann sich nun vorstellen, welch revolutionierende Bedeutung ein CAS für die Lehre und Forschung hat. Die schnelle Fouriertransformation war früher für das Physikstudium (etwa fünftes Semester) reserviert. Man mußte sich in Seminaren mit der Theorie herumschlagen und Programme schreiben, die diese Transformation auch wirklich schnell machten (in manchen Instituten entbrannte über Jahre hinaus ein leidenschaftlicher Wettkampf). Heute schreibt man die Definitionen (noch) aus dem Bronstein ab und erhält nach wenigen Befehlszeilen das Ergebnis (symbolisch, numerisch und graphisch). Dazu kommt, daß die Entwicklung der Computer-Algebra-Systeme fortschreitet, und sowohl die Erfassung von Meßwerten als auch die Simulation und Modellbildung integriert werden. Man kann also fertige Worksheets mit einer komfortablen graphischen Oberfläche koppeln und damit in Klasse 8 in Musik und in Physik äußerst reizvolle Experimente z.B. zur Klangfarbe machen.

Nach diesem schnellen Einstieg setzen wir die Analyse von Schwingungen fort, und zwar mit einem Thema, das auch für die Quantenphysik von grundlegender Bedeutung ist.

*fft1.ms*

*3.1 Schwingungen*

### 3.1.3 Fourierreihe und -transformation

*fourier.ms*

Wie in *fft1.ms* stellen wir wieder die Fourierreihe mit reellen Koeffizienten auf:

$$TA := \frac{1}{2}a_0 + \left(\sum_{k=1}^{n} A_k \sin\left(\frac{\pi k t}{T} + \phi_k\right)\right)$$

Im Folgenden ist es nützlich, wenn wir eine Impulsfunktion zur Hand haben:
```
> imp:=(t0,t1)->Heaviside(t-t0)-Heaviside(t-t1);
```

$$imp := (\,t0, t1\,) \to \text{Heaviside}(\,t - t0\,) - \text{Heaviside}(\,t - t1\,)$$

Es folgt ein kleiner Katalog von Funktionen für das Studium der zugehörigen Fourierreihen: gerade, ungerade oder gemischt. Diese Funktionen (oder Ihre eigenen) können auch mit der Impulsfunktion kombiniert werden. Der Härtetest sind reine Sinus- und Cosinus-Funktionen.
```
> #f:=t->t+t^2;
> #f:=t->t^2;
> #f:=t->t;
> f:=t->t*imp(0,1)+(2-t)*imp(1,2);
> #f:=t->imp(0,1);
> #f:=t->sin(t)+cos(t);
```

$$f := t \to t\,\text{imp}(\,0,1\,) + (\,2-t\,)\,\text{imp}(\,1,2\,)$$

Berechnung der Fourierkoeffizienten. $T$ ist halbe Periodendauer, längere Rechenzeiten sind zu erwarten. Für großes $T$ sollten Sie auch $n$ groß genug wählen ($> 2T$), sonst entstehen unerwünschte Harmonische.
```
> n:=10: T:=2:
> for i from 0 to n do
> a[i]:=1/T*evalf(int(f(t)*cos(Pi*i*t/T),t=-T..T));
> b[i]:=1/T*evalf(int(f(t)*sin(Pi*i*t/T),t=-T..T));
> A[i]:=sqrt(a[i]^2+b[i]^2);
> phi[i]:=arctan(a[i],b[i]);
> od:
```

Gemeinsame Darstellung von Funktion und zugeordneter Fourierreihe (siehe Abb. 3.10 links)
```
> n:=5: # muss <= dem oben gewaehlten n sein
> plot({f(t),TA},t=0..3*T);
```

Das Spektrum können wir uns wieder mit dem histogram-Befehl ansehen (siehe Abb. 3.10 rechts):
```
> with(stats[statplots]):
> n:=10 : # <= n-original
> histogram([seq(Weight(i,A[i]),i=1..n)]);
```

Ein diskretes Spektrum bedeutet wie gesagt immer eine periodische Funktion. Man kann zwar die Periodendauer vergrößern und damit auch die Anzahl

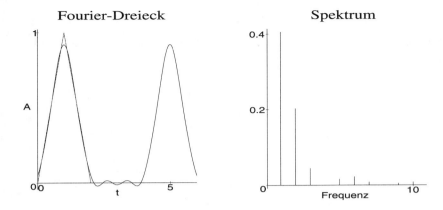

*Abb. 3.10: Fourierreihe und Frequenzspektrum zu einer Dreiecksfunktion*

der berechneten Harmonischen, aber abgesehen davon, daß dann sogar Maple Schwierigkeiten bekommt: Nach Ablauf einer Periode kommt die Wiederholung. Es sei denn... man macht $T = \infty$. Nach einer unendlich langen Zeit sollte keine Wiederholung mehr möglich sein!? Das bedeutet aber einen Grenzübergang (siehe z.B. Jackson [13]), der zum Fourierintegral oder der Fouriertransformierten führt. Wir müssen uns nicht um diese „Details" kümmern, denn Maple stellt uns die Mathematik zur Verfügung. Nach readlib(fourier) kann mit fourier(f(t),t,w) die Fouriertransformation aufgerufen werden.

```
> restart;
> readlib(fourier):
> imp:=(t0,t1)->Heaviside(t-t0)-Heaviside(t-t1);
```

**Impulsfunktion der Breite (Dauer) $\tau$**

```
> f:=t->imp(0,tau);
```

$$imp := (\mathit{t0}, \mathit{t1}) \rightarrow \text{Heaviside}(t - \mathit{t0}) - \text{Heaviside}(t - \mathit{t1})$$

$$f := t \rightarrow \text{imp}(0, \tau)$$

**Fourietransformierte**

```
> F:=evalc(fourier(f(t),t,w));
```

$$F := \frac{\sin(w\,\tau)}{w} + I\left(-\frac{1}{w} + \frac{\cos(w\,\tau)}{w}\right)$$

Zunächst der Standardtest (Impulsfunktion der Breite 1):

```
> tau:=1:
> plot(f(t),t=-1..3);
> plot({Re(F),Re(F)^2},w=-15..15);
```

und dann die Transformierte zu verschiedenen Impulsbreiten (Abb. 3.11):

```
> plot({seq(evalc(Re(F)),tau=1..3)},w=-15..15);
```

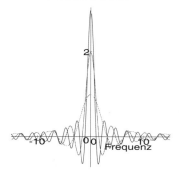

*Abb. 3.11: Fouriertransformierte: Zu Rechtecksimpulsen mit der Dauer 1, 2 und 3 ist der Realteil des kontinuierlichen Frequenzspektrums dargestellt*

Die Probe läßt sich mit der inversen Transformation machen:

```
> invfourier(F,w,t);
```

$$\frac{1}{2}\frac{-\pi\,\text{Heaviside}(-t-4)+\pi\,\text{Heaviside}(-t+4)}{\pi} + \frac{1}{2}I(-I\pi(1-2\,\text{Heaviside}(-t))$$
$$+I\pi - I\pi\,\text{Heaviside}(-t-4) - I\pi\,\text{Heaviside}(-t+4))/\pi$$

```
> simplify(");
```

$$\text{Heaviside}(-t+4) - \text{Heaviside}(-t)$$

(Die Breite $\tau$ wurde durch den vorangehenden `seq`-Befehl auf 4 gesetzt.)

**Untersuchung eines Frequenzbandes:** Wie sieht die Schwingungskurve aus, wenn alle Schwingungen der Frequenzen $w$ mit $w1 < w < w2$ überlagert werden? (Bitte *vor* der Beantwortung mit Maple die Kurve von Hand skizzieren.)

```
> w1:='w1': w2:='w2':
> impw:=(w1,w2)->Heaviside(w-w1)-Heaviside(w-w2);
> #impw:=(w1,w2)->Dirac(w-w1)+Dirac(w-w2);
> F:=impw(w1,w2);
> f:=invfourier(F,w,t);
```

$$impw := (w1, w2) \to \text{Heaviside}(w - w1) - \text{Heaviside}(w - w2)$$

$$F := \text{Heaviside}(w - w1) - \text{Heaviside}(w - w2)$$

$$f := \frac{1}{2} \frac{\pi \text{Dirac}(-t) + \frac{I e^{(I t w1)}}{t}}{\pi} + \frac{1}{2} \frac{-\pi \text{Dirac}(-t) - \frac{I e^{(I t w2)}}{t}}{\pi}$$

```
> simplify(f);
```

$$-\frac{1}{2} \frac{I \left( -e^{(I t w1)} + e^{(I t w2)} \right)}{\pi t}$$

```
> evalc(f);
```

$$\frac{1}{2} \frac{\pi \text{Dirac}(-t) - \frac{\sin(w1\,t)}{t}}{\pi} + \frac{1}{2} \frac{-\pi \text{Dirac}(-t) + \frac{\sin(w2\,t)}{t}}{\pi}$$
$$+ I \left( \frac{1}{2} \frac{\cos(w1\,t)}{\pi t} - \frac{1}{2} \frac{\cos(w2\,t)}{\pi t} \right)$$

In der Rücktransformierten treten nur die Randfrequenzen des Frequenzbandes auf! Insbesondere ergibt sich für $w1 = 0$ eine mit $1/t$ variierende Schwingung[2] mit der Frequenz $w2$.

„Auf einem Frequenz*band* senden" impliziert also einen „Beginn" und ein „Ende" der Sendung (deren Amplitude mit $1/t$ zu- und abnimmt). Ein *kontinuierliches* Spektrum kann nicht mit konstanter Amplitude abgestrahlt werden! Nur reine Frequenzen – diskrete – sind zeitlos, periodisch. Die geringste Unschärfe bedeutet Vergehen, aber auch Entstehen. Idealisten wählen deshalb statt der Heaviside-Funktion die Dirac-Funktion (sie ist zum Vergleich als auskommentierter Input oben mit aufgeführt: Überlagerung der Randfrequenzen alleine). Oder verhält es sich umgekehrt? Angenommen, ein Sender sendet schon seit einer Milliarde Jahren mit der gleichen Amplitude. Dann kann sein Spektrum nur diskret sein? Oder *gibt* es diesen Sender nicht? Oder liegt der „Beginn" der Sendung schon so lange zurück, daß sich die Amplitude in Menschenzeiten nicht mehr ändert? Vielleicht finden *Sie* die Antwort mit *Maple*, wenn Sie mit $w1$, $w2$

---

[2] Man beachte die enge Verwandtschaft zum Feynman-Propagator Gl. 5.3. Zum Zusammenhang von Fouriertransformation und Dirac-Funktion siehe z.B. [14].

und dem Zeitbereich (im Plot) spielen (Abb. 3.12).

```
> w1:=2:w2:=10:
> #w1:=1: w2:=1.000001: # ideal
> plot(evalc(Re(f)),t=2..15);
```

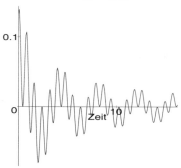

*Abb. 3.12: Schwingungskurve zu einem Frequenzband*

## 3.1.4 Gaußverteilung und Resonanzlinien

Daß die Fouriertransformation ein wichtiges mathematisches Hilfsmittel in der Schwingungs- und Wellenphysik ist, sieht man daran, daß sie bei solch fundamentalen Aussagen wie der Unschärferelation benötigt wird. Nach der soeben untersuchten idealisierten Rechtecksverteilung wollen wir uns deshalb noch mit natürlichen Verteilungen beschäftigen. Die Gaußverteilung führt letzten Endes auf die Heisenbergsche Unschärferelation, während die Untersuchung exponentiell abklingender Schwingungen mit Hilfe der Fouriertransformation in gleichem Maß für die klassische Physik und die Quantenphysik von Bedeutung ist.

### *Gaußverteilung*

Wir setzen eine Cosinus-Schwingung mit der Gaußfunktion als Einhüllender an und berechnen die Fouriertransformierte

```
> a:='a':
> F:=simplify(fourier(exp(-t^2)*cos(a*t),t,w));
```

$$F := \frac{1}{2}\sqrt{\pi}\,(e^{(w\,a)} + 1)\,e^{(-1/4(w+a)^2)}$$

Das Spektrum ist also wieder eine Gaußverteilung (incl. negative Frequenzen), den zugehörigen Plot können Sie im Worksheet erzeugen.

Man kann umgekehrt von einer Gaußverteilung der Frequenzen ausgehen (ohne `assume` wird die Rücktransformation nicht durchgeführt):

```
> restart:with(plots):readlib(fourier):
> assume(sigma>0);
> spek:=exp(-((w-w0)/sigma)^2/2)/sqrt(2*Pi);
> f:=invfourier(spek,w,t);
```

$$spek := \frac{1}{2} \frac{e^{\left(-1/2 \frac{(w-w0)^2}{\sigma^{\sim 2}}\right)} \sqrt{2}}{\sqrt{\pi}}$$

$$f := \frac{1}{2} \frac{\sigma^{\sim} e^{\left(-1/2 t^2 \sigma^{\sim -2} + I\, t\, w0\right)}}{\pi}$$

Eine Gaußlinie erzeugt ein Gaußpaket. Wir stellen beides gemeinsam dar (vgl. Abb. 3.13):

```
> w0:=10: sw:=0.7: ref:=evalc(Re(f)): abf:=evalc(abs(f)):
> psp:=plot(spek,w=0..20): psp;
> pf:=plot({ref,abf,-abf},t=-5..5): pf;
> display({pf,psp});
```

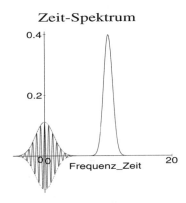

Abb. 3.13: *Gaußpaket und zugehöriges Frequenzspektrum*

Wenn Sie das Produkt der Varianzen der beiden Gaußfunktionen berechnen, haben Sie die Unschärferelation fast bewiesen.

## *Resonanzlinien*

Natürlich gehört neben dem „Gaußschen Schwingungspaket" die Lorentz-Linie, also die Untersuchung von Resonanz mit Hilfe der Fouriertransformation noch ins Standardrepertoire:

> `restart:readlib(fourier):`

Gedämpfte Schwingung (vgl. Anhang A.2.2, Seite 265, Worksheet *mld2g1.ms*)

> `damp:=exp((-p/2+I*wurzel)*t);`

$$damp := e^{((-1/2\,p + I\,wurzel)\,t)}$$

### Fouriertransformierte

> `assume(q>0,p>0):`
> `#p:='p':q:='q':`
> `F:=fourier(damp*Heaviside(t),t,w);`

$$F := \frac{1}{\frac{1}{2}\,p\tilde{} + I\,(w - wurzel)}$$

### Betragsquadrat (mit gleichem Namen)

> `F:=evalc(abs(F))^2;`

$$F := 4\,\frac{1}{p\tilde{}^2 + 4\,w^2 - 8\,w\,wurzel + 4\,wurzel^2}$$

### Gängige Darstellung

> `with(student):`
> `F:=completesquare(F,w);`

$$F := 4\,\frac{1}{4\,(w - wurzel)^2 + p\tilde{}^2}$$

assume **loswerden**:

> `F:=subs(p=ph,F): p:='p': F:=subs(ph=p,F);`

$$F := 4\,\frac{1}{4\,(w - wurzel)^2 + p^2}$$

Darstellung von Resonanzkurven zu verschiedenen Dämpfungen (Abb. 3.14)

> `q:='q': p:='p':`
> `wurzel:=sqrt(4*q-p^2):`
> `q:=10:`
> `plot({seq(F,p=1..3)},w=0..3*wurzel);`

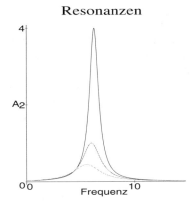

Abb. 3.14: *Resonanzkurven zu verschiedenen Dämpfungen*

Eine weitere Variante der Darstellung der Lorentz-Linie finden Sie im Worksheet (*fourier.ms*). Sie ist typisch für die Atomphysik: Ein angeregter Zustand zerfällt mit der Zerfallskonstanten $\Gamma$ bzw. hat die mittlere Lebensdauer $\tau = 1/\Gamma$. Dabei wird Strahlung mit der Frequenz $\omega_0$ ausgesandt

$$damp := e^{(-t\,\Gamma)} \cos(w0\, t)\, \mathrm{Heaviside}(t)$$

Die Fouriertransformierte ist

$$Lorentz := \frac{1}{4} \frac{1}{\Gamma^2 + (w - w0)^2}$$

Zur Darstellung (und Übung) kann dies wieder rücktransformiert werden

$$f := \frac{1}{4} \frac{\pi\, e^{(-I\,t\,w0)} \left( e^{(-\sqrt{\Gamma^2}\,t)}\, \mathrm{Heaviside}(t) + e^{(\sqrt{\Gamma^2}\,t)}\, \mathrm{Heaviside}(-t) \right)}{\sqrt{\Gamma^2}}$$

Anhand der Plots können Sie nun Folgendes untersuchen: Die Lorentz-Linie fällt für $\Delta\omega = \omega - \omega_0 = \Gamma$ auf den halben Wert, man kann also $\Gamma$ mit der Linienbreite oder Frequenzunschärfe identifizieren. Andererseits ist $1/\Gamma$ die mittlere Lebensdauer (d.h. die Schwingung klingt in dieser Zeitspanne auf den $e$-ten Teil ab), so daß sich ergibt: $\Delta\omega\tau \sim 1$, also ist die Lebensdauer umgekehrt proportional zur Frequenzunschärfe. Wie schon gesagt: Reine Schwingungen leben am längsten (und benötigen die längste Zeit für ihre Entstehung, trotzdem kann man eine Stimmgabel anschlagen).

*fourier.ms*

3.1 *Schwingungen*

## 3.2 Die Wellengleichung

In diesem Abschnitt wollen wir Wellen untersuchen, wobei wir uns zunächst wieder der Übersichtlichkeit halber auf eine Dimension beschränken.

In der „Schuldefinition" der Lehrbücher und Lexika wird der Begriff Welle etwa so umschrieben: „Schwingung mit ortsabhängiger Phase" oder „räumlich und zeitlich periodischer Vorgang" oder „Energietransport ohne Massentransport". Wir wollen hier vor allem die ersten beiden Bestandteile der Definition untersuchen. Die einfachste Ortsabhängigkeit der Phase $\varphi$ ist die Proportionalität $\varphi = kx$:

$\boxed{\textit{wellen1.ms}}$

$$y := (x,t) \rightarrow y0 \cos(kx - \omega t)$$

Und mit wenigen Befehlszeilen können wir schon Wellen über den Bildschirm laufen lassen:

```
> y0:=2: k:=2: omega:=3.5:
> animate(y(x,t),x=0..6,t=0..1.9*Pi/omega,frames=20,
>                numpoints=200);
```

*Sehen Sie eine horizontale oder eine vertikale Bewegung?*

Das hängt davon ab, wo und wie man hinschaut. Wenn man mit einem Blatt Papier das Bild bis auf die y-Achse abdeckt, sieht man eine vertikale Schwingung. Wenn man horizontal bis fast zur Höhe $y0$ abdeckt, laufen Berge mit konstanter Geschwindigkeit. Aber das läßt sich natürlich auch „programmieren" (Sie können die beiden nächsten Animationen simultan laufen lassen):

```
> animate(y(x,t),x=0..0.05,t=0..1.9*Pi/omega,frames=20,
> numpoints=200,scaling=constrained,color=black);
> animate(0.02*y(x,t),x=0..6,t=0..1.9*Pi/omega,frames=20,
> numpoints=200,scaling=constrained,color=red);
```

Anstelle eines Blattes Papier kann man auch eine vertikale Blende nehmen – durch ortsfeste Blenden sieht man die Schwingung eines Teilchens. Wie programmiert man also eine ortsfeste Blende an der Stelle $x0$ mit der Breite $\delta$?

```
> Blende:=(x0,delta)->(Heaviside(x-x0)
>                   -Heaviside(x-(x0+delta)));
```

$$Blende := (x0, \delta) \rightarrow \text{Heaviside}(x - x0) - \text{Heaviside}(x - x0 - \delta)$$

Oder wenn wir zwei Teilchen sehen wollen

```
> Teilchen1:=Blende(2, 0.08)*y(x,t);
> Teilchen2:=Blende(3, 0.08)*y(x,t);
```

$$Teilchen1 := 2\,(\text{Heaviside}(x - 2) - \text{Heaviside}(x - 2.08))\cos(2x - 3.5t)$$

$$Teilchen2 := 2\,(\,\mathrm{Heaviside}(\,x-3\,) - \mathrm{Heaviside}(\,x-3.08\,)\,)\cos(\,2\,x-3.5\,t\,)$$

Das liefert uns also die Schwingung

```
> animate({Teilchen1,Teilchen2,y(x,t)},
> x=0..6,t=0..1.9*Pi/omega,
> frames=20,numpoints=200,color=blue);
```

Und mit welcher Geschwindigkeit laufen die Berge? Das Argument der Winkelfunktion muß konstant sein: $kx - \omega t = const$ oder $x = const/k + \frac{\omega}{k}t = x0 + ct$.

Also zum Beispiel:

```
> Phase1:=Blende(omega/k*t, 0.08)*y(x,t);
```

$$Phase1 := 2(\mathrm{Heaviside}(\,x - 1.750000000\,t\,)$$
$$- \mathrm{Heaviside}(\,x - 1.750000000\,t - .08\,))\cos(\,2\,x - 3.5\,t\,)$$

```
> animate({Teilchen1,Teilchen2,Phase1,y(x,t)},x=0..6,
> t=0..1.9*Pi/omega,frames=20,numpoints=200,color=blue);
```

Teilchen oder Welle? Das Teilchen schwingt, der Zustand (griechisch Phase) bewegt sich gleichförmig. Das ist neu, daß sich etwas Immaterielles bewegt. Wie lautet die Bewegungsgleichung für diesen Vorgang?

Die Bewegungsgleichung für einen Massenpunkt kennen wir, es ist die Schwingungsgleichung $y''(t) = -\omega^2 y(t)$ an einem festen Ort $x$, d.h., die Ableitung nach der Zeit ist partiell zu nehmen. Nur daß wir jetzt wegen der ortsabhängigen Phase unendlich viele solcher Schwingungsgleichungen haben, zwischen denen aber ein Zusammenhang besteht, wenn man $x$ als Variable ansieht: $y''(x) = -k^2 y(x)$ zu einer festen Zeit. Es ist also $y''(t) \sim y(x,t) \sim y''(x)$ oder $y''(t) \sim y''(x)$, wobei die Striche die partielle Ableitung nach der jeweils angeführten Variablen bedeuten. Wir können deshalb für diesen Vorgang mit der Proportionalitätskonstanten $const$ folgende Gleichung aufstellen:

```
> wgl:=diff(y(x,t),t$2)=const*diff(y(x,t),x$2);
```

$$wgl := -y0\cos(\,k\,x - \omega\,t\,)\omega^2 = -const\,y0\cos(\,k\,x - \omega\,t\,)k^2$$

Diese Gleichung legt $const$ fest:

```
> solve(",const);
```

$$\frac{\omega^2}{k^2}$$

Wir haben aber $\frac{\omega}{k}$ schon als Phasengeschwindigkeit $c$ identifiziert, also gilt mit $const = c^2$ die partielle DG 2.Ordnung in den Variablen $x$ und $t$:

```
> wgl:=diff(y(x,t),t$2)=c^2*diff(y(x,t),x$2);
```

$$wgl := \frac{\partial^2}{\partial t^2}\,y(\,x,t\,) = c^2\left(\frac{\partial^2}{\partial x^2}\,y(\,x,t\,)\right)$$

3.2  Die Wellengleichung

Nachdem wir nun „*die* Wellengleichung" aus einer speziellen Lösung konstruiert haben, können wir versuchen, Maple diese Gleichung lösen zu lassen. Denn die Konstruktion ist ja nicht zwingend – es kann zu der gefundenen Gleichung noch andere Lösungen geben, genauso wie es zu „unserer Lösung" noch andere Bewegungsgleichungen geben kann.

```
> dsolve(wgl,y(x,t));
Error, (in dsolve) PDEs not handled yet
```

Schade! Partielle Differentialgleichungen werden von MapleVR3 noch nicht gelöst. Aber wir können sie ja mit Maple untersuchen. Dazu müssen wir einen Weg finden, von der partiellen DG zur gewöhnlichen DG zu kommen, d.h., es darf nur eine unabhängige Variable auftauchen. Der Schlüssel dazu liegt in dem Ansatz, den wir schon oben gemacht haben. Wir zerlegen nach dem Motto $y''(t) \sim y \sim y''(x)$ die Wellengleichung wieder in zwei Gleichungen $y_t''(t) = const$ und $y_x''(x) = const$, wobei die Funktionen $y_t$ und $y_x$ jeweils nur von der einen Variablen $t$ bzw. $x$ abhängen. Die Funktion $y(x,t)$ sollte also so gebaut sein, daß bei den partiellen Ableitungen nach der einen Variablen jeweils die unerwünschten Teile der Funktion verschwinden. Das geht sicher, wenn wir $y(x,t)$ als Summe schreiben und folgenden *Separationsansatz* machen:

$$y := (x,t) \rightarrow \text{yt}(t) + \text{yx}(x)$$

Wir versuchen unser Glück durch Einsetzen in die Wellengleichung:
```
> wgl;
```
$$\frac{\partial^2}{\partial t^2} \text{yt}(t) = c^2 \left( \frac{\partial^2}{\partial x^2} \text{yx}(x) \right)$$

Kann Maple *diese* Gleichung lösen?
```
> dsolve(wgl,{yt(t),yx(x)});
Error, (in dsolve) invalid arguments
```

Leider in Release 3 auch noch nicht. Also müssen wir von Hand weiterrechnen:
```
> dglt:=lhs(wgl)=const;
> dglx:=rhs(wgl)=const;
```

$$dglt := \frac{\partial^2}{\partial t^2} \text{yt}(t) = const$$

$$dglx := c^2 \left( \frac{\partial^2}{\partial x^2} \text{yx}(x) \right) = const$$

Aber auch im System akzeptiert Maple nicht mehr als eine unabhängige Variable. Wir können allerdings die beiden gewöhnlichen Differentialgleichungen getrennt lösen:

```
> solt:=dsolve({dglt},{yt(t)});
> solx:=dsolve({dglx},{yx(x)});
```

$$solt := \text{yt}(t) = \frac{1}{2} \, const \, t^2 + \_C1 + \_C2 \, t$$

$$solx := \text{yx}(x) = \frac{1}{2} \, \frac{const \, x^2}{c^2} + \_C1 + \_C2 \, x$$

Das entspricht zwar nicht unseren Erwartungen (Schwingung), aber es ist eine Lösung der Wellengleichung! Zur Sicherheit die Probe:

```
> assign(solt,solx);    'y(x,t)'=y(x,t); wgl;
```

$$y(x,t) = \frac{1}{2} \, const \, t^2 + 2\_C1 + \_C2 \, t + \frac{1}{2} \, \frac{const \, x^2}{c^2} + \_C2 \, x$$

$$const = const$$

Auf der Suche nach einer Schwingung können wir noch einen anderen Separationsansatz machen und $y(x,t)$ als Produkt schreiben:

```
> t:='t':y:='y':y1:='y1': y2:='y2': c:='c':
> wgl:=diff(y(x,t),t$2)=c^2*diff(y(x,t),x$2):
> _C1:='_C1': _C2:='_C2':
> y:=(x,t)->y1(x)*y2(t);
```

$$y := (x,t) \rightarrow \text{y1}(x) \, \text{y2}(t)$$

```
> wgl;
```

$$\text{y1}(x) \left( \frac{\partial^2}{\partial t^2} \text{y2}(t) \right) = c^2 \left( \frac{\partial^2}{\partial x^2} \text{y1}(x) \right) \text{y2}(t)$$

Noch etwas sortieren:

```
> wgl:=wgl/(y1(x)*y2(t));
```

$$wgl := \frac{\frac{\partial^2}{\partial t^2} \text{y2}(t)}{\text{y2}(t)} = \frac{c^2 \left( \frac{\partial^2}{\partial x^2} \text{y1}(x) \right)}{\text{y1}(x)}$$

Diese Gleichung ist erfüllt, wenn beide Seiten ein und derselben Konstanten gleich sind (die explizite Lösung ist von Maple nur zu erhalten, wenn man die DGn vorher noch mit y1 bzw. y2 multipliziert)

```
> dglt:=(lhs(wgl)=const)*y2(t);
> dglx:=(rhs(wgl)=const)*y1(x);
```

$$dglt := \frac{\partial^2}{\partial t^2} \text{y2}(t) = \text{y2}(t) \, const$$

$$dglx := c^2 \left( \frac{\partial^2}{\partial x^2} \text{y1}(x) \right) = \text{y1}(x) \, const$$

3.2  Die Wellengleichung

```
> solt:=dsolve({dglt},{y2(t)});
> solx:=dsolve({dglx},{y1(x)});
```
$$solt := y2(t) = \_C1\,e^{\left(\sqrt{const}\,t\right)} + \_C2\,e^{\left(-\sqrt{const}\,t\right)}$$

$$solx := y1(x) = \_C1\,e^{\left(\frac{\sqrt{const}\,x}{c}\right)} + \_C2\,e^{\left(-\frac{\sqrt{const}\,x}{c}\right)}$$

```
> assign(solt,solx);
> combine(expand(y(x,t)),power);
```
$$\_C1^2\,e^{\left(\frac{\sqrt{const}\,x}{c}+\sqrt{const}\,t\right)} + \_C2\,\_C1\,e^{\left(\frac{\sqrt{const}\,x}{c}-\sqrt{const}\,t\right)}$$
$$+\,\_C2\,\_C1\,e^{\left(-\frac{\sqrt{const}\,x}{c}+\sqrt{const}\,t\right)} + \_C2^2\,e^{\left(-\frac{\sqrt{const}\,x}{c}-\sqrt{const}\,t\right)}$$

```
> simplify(wgl);
```
$$const = const$$

Auch das sind also Lösungen der Wellengleichung. Wir wollen uns diese Lösungen anschauen. Damit sich die gewohnten Wellen ergeben, muß $const < 0$ sein, und damit ist die Lösung komplex. Wir stellen ihren Realteil über $x$ und $t$ dar. Wenn wir nur eine der beiden Integrationskonstanten von 0 verschieden wählen, bekommen wir eine „nach links" (zu kleineren x-Werten) laufende Welle und können die Momentanbilder in t-Richtung aufreihen.

```
> _C1:=0: _C2:=1: const:=-20: c:=1/2:
> plot3d(evalc(Re(y(x,t))),x=0..1,t=0..1,axes=boxed);
```

Natürlich können wir die Bilder wieder laufen lassen und mit den _C's spielen:

```
> _C1:=0:_C2:=1:
> animate(evalc(Re(y(x,t))),x=0..1,
>          t=0..2*Pi/sqrt(abs(const)),frames=20);
```

Schließlich kann der Parameter $const$, der für die Frequenz oder die Wellenlänge steht, verändert werden. Wenn man z.B. die Zeit festhält (y(x,'t') muß dann mit 't' aufgerufen werden), hat man eine Achse für den Parameter frei und kann – einmal mehr – den Übergang von der Periodizität zu aperiodischen Vorgängen zeigen. Und das sind alles Lösungen der „Wellengleichung":

```
> t:=0:const:='const':
> plot3d(evalc(Re(y(x,'t'))),x=0..1,const=-20..5);
```

Gerade hier lohnt sich wieder die Animation, und man sollte sich die Zeit und den Speicherplatz (ca. 3 MByte) nehmen und den Plot auf volle Bildgröße stellen, sowie den Stil der Darstellung ändern (z.B. contour), denn es gibt eine Menge zu sehen, was in Abb. 3.15 nur angedeutet werden kann.

```
> t:='t':_C1:=0: _C2:=1:
> animate3d(evalc(Re(y(x,'t'))),x=-1..1,const=-25..5,t=0..1,
> frames=15,axes=boxed,view=-1..3,style=hidden);
```

In (negative) x-Richtung laufen Wellen mit ein und derselben Geschwindigkeit

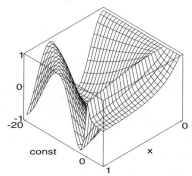

*Abb. 3.15: Lösungen der Wellengleichung*

$c$, deren Wellenlänge für $const \to 0$ unendlich groß wird. Bei $const = 0$ haben wir den „aperiodischen Grenzfall" mit der Frequenz 0 – es ist keine Bewegung zu sehen. Für $const > 0$ wird die Exponentialfunktion in x-Richtung verschoben. Eine unphysikalische Lösung der Wellengleichung? Nein, nur eine exponentiell abklingende Auslenkung zu einem bestimmten Startwert und mit verschiedenen „Zerfallskonstanten", man kann ja wieder den Blick auf ein Teilchen fixieren. Man kann aber auch die Parameterachse als Orientierung nehmen. Dort laufen Wellen mit abnehmender Wellenlänge in Richtung $const = 0$ und darüber hinaus: Schwingungen verwandeln sich in abklingende Vorgänge. Wenn wir uns vorstellen, daß sich der Parameter längs einer realen räumlichen Dimension linear ändert, sehen wir den „Tunneleffekt". Und die vierte Dimension sehen wir indirekt – eben weil die Bilder laufen.

Bei unserem ersten Versuch, die Wellengleichung durch eine Summe von Funktionen zu separieren, haben wir gesehen, daß auch ganz einfache Parabeln Lösung der Wellengleichung sind. Sie müssen sich nur mit der Geschwindigkeit $c$ „bewegen". Läßt sich das verallgemeinern, ist also *jede* Funktion $f(x,t)$, die eine Verschiebung darstellt, Lösung der Wellengleichung? Wenn ja, dann müßte

$$y := (x,t) \to f(x - ct)$$

die Wellengleichung lösen, die wir mit der inert-Version Diff aufstellen:
```
> wgl:=Diff(y(x,t),t$2)=c^2*Diff(y(x,t),x$2);
```
$$wgl := \frac{\partial^2}{\partial t^2} f(x - ct) = c^2 \left( \frac{\partial^2}{\partial x^2} f(x - ct) \right)$$

und dann mit value auswerten, um nebenbei zu zeigen, wie weit man mit Maple das symbolische Rechnen treiben kann:

> value(wgl);
$$D^{(2)}(f)(x-ct)c^2 = D^{(2)}(f)(x-ct)c^2$$

$D^{(2)}$ bedeutet die äußere Ableitung (nach $(x-ct)$ in diesem Fall). Also ist *jede* Funktion von $ax + bt$ Lösung der Wellengleichung (mit $c^2 = b^2/a^2$). Nachdem über die Vorzeichen keine Voraussetzungen gemacht sind bzw. $c$ quadratisch vorkommt, bedeutet das auch, daß die Richtung der Verschiebung nicht festgelegt ist: $x^2 = c^2t^2$ ist eine bessere Charakterisierung des Vorgangs als $x = ct$. In der Theorie der partiellen Differentialgleichungen spricht man von den Charakteristiken der PDG ([12] S.476, 490). In diesem Fall sind das (ins Räumliche übertragen) die Flächen gleicher Phase oder Wellenfronten, auf die wir noch öfter zurückkommen werden. An dieser Stelle ist es aber wichtig festzuhalten, daß „alles, was sich gleichförmig bewegt" als Lösung der Wellengleichung aufgefaßt werden kann – um es einmal ein bißchen provokant zu formulieren – z.B. auch ein starrer Körper, etwa ein Block der Länge $a$ und der Höhe 1, den wir als Blende schon zur Verfügung haben:

> Block:=Blende(c*t,a);
$$Block := \text{Heaviside}(x-ct) - \text{Heaviside}(x-ct-a)$$

> a:=2:c:=1/2:
> animate(Block(x,t),x=-5..5,t=-4..4,frames=20);
> a:='a': c:='c':
> y:=(x,t)->Block;
> wgl:=diff(y(x,t),t$2)=c^2*diff(y(x,t),x$2);
$$y := (x,t) \to Block$$

$$wgl := \text{Dirac}(1, x-ct)c^2 - \text{Dirac}(1, x-ct-a)c^2 =$$
$$c^2(\text{Dirac}(1, x-ct) - \text{Dirac}(1, x-ct-a))$$

Wenn auch nicht sofort verständlich sein mag, was da steht: Die linke Seite ist gleich der rechten Seite, und Maple kann mit diesen Funktionen umgehen (die Dirac-Funktion ist die Ableitung der Heaviside-Funktion und Dirac(1,..) bedeutet die erste Ableitung.) Aber versuchen Sie es selbst mit folgenden Beispielen – und eigenen.

> y:='y':wgl:=diff(y(x,t),t$2)=c^2*diff(y(x,t),x$2):
> f:='f':
> y:=(x,t)->f(x-c*t);#+f(x+c*t);
$$y := (x,t) \to \text{f}(x-ct)$$

```
> f:=u->u^3-50*u;
> #f:=sin;
> #f:=tan;
> #f:=ln:
> #f:=w->(w-w^3)/(w^4+0.1);
> #f:=z->exp(-z^2);
> wgl;simplify(lhs(wgl)-rhs(wgl));
```

$$f := u \to u^3 - 50\,u$$

$$6\,(x - c\,t)\,c^2 = c^2\,(6\,x - 6\,c\,t)$$

$$0$$

Aber man kann mit Maple eben nicht „nur" mit beliebig vielen speziellen Beispielen testen, ob das, was man vorher mit Maple in allgemeiner Form bewiesen hat, auch zutrifft, man kann sich auch ein bewegtes Bild davon machen.

```
> c:=1/2:
> animate(y(x,t),x=-5..5,t=-5..10,frames=20,color=red);
```

Und wenn man mit diesen Bildern spielt, stellt man bald fest, daß die Wellengleichung eigentlich Verschiebungsgleichung heißen müßte. Es ist die allgemeinste Form einer Gleichung, die eine gleichförmige Bewegung beschreibt. Aber was bewegt sich nun wirklich? Nach der Schuldefinition ist die Welle ein zeitlich und räumlich periodischer Vorgang, bei dem Energie, aber keine Masse transportiert wird. Von der Periodizität haben wir schon Abschied genommen, und Masse und Energie sind äquivalent, d.h., es bleibt nichts übrig von dieser Definition. Nur ein Zusatz, den man manchmal macht, bleibt übrig: „Zwischen den einzelnen Punkten herrscht eine feste Phasenbeziehung." Aber das ist gerade die Beziehung der gleichförmigen Bewegung... von ETWAS[3]. Es ist nicht mehr der einzelne Massenpunkt der Newtonschen Mechanik, es muß nicht die Kontur eines starren Körpers sein, nicht eine Feldstärke oder eine Temperatur - es muß nicht schwingen: es muß nur ETWAS sein. Die Wellengleichung beschreibt die Bewegung von Information. Jetzt ist etwas da, jetzt ist es dort oder einfach nicht mehr da. Das Sein oder Nichtsein (Vorhandensein oder Nichtvorhandensein) wird aber auf eine indirekte Art beschrieben, nämlich durch eine „Amplitude". Und diese Amplitude gibt nicht nur eine duale (digitale) Auskunft oder Information über eine Existenz oder Nichtexistenz, sie beschreibt das Vorhandensein vielmehr auch quantitativ (analog) mit einem „viel da" oder „wenig da". Sie können das dadurch testen, daß Sie zwei in entgegengesetzte Richtung laufende Informationen überlagern, also das Assignment von `y:=f(x-c*t)`

---

[3] Das ETWAS ist etwas ungewöhnlich geschrieben. Ich will damit sagen, daß wir nicht wissen, was ETWAS ist, und daß hier ein Exkurs in die Erkenntnistheorie angebracht wäre oder die Lektüre solcher Bücher wie *Computerdenken* [15]. Penrose verwendet übrigens auch diese Notation, wenn es darum geht, etwas stark zu schematisieren.

in `y:=f(x-c*t)+f(x+c*t)` ändern (im Worksheet ist der zweite Summand auskommentiert). Je nach Funktion läuft dann noch etwas, oder es entsteht und verschwindet (manchmal natürlich auch periodisch). Sollten wir also die Wellengleichung nicht *Informationsgleichung* taufen? Das Erstaunlichste bei diesen Vorgängen und Informationen ist aber ihre Eigenart der Überlagerung: Zu viel Information kann zu einem völligen Informationsverlust führen, wenn die Phase nicht stimmt.

Bevor wir aber den Fragen zu „der Wellengleichung" noch weiter nachgehen, wollen wir die Fragestellung an sich noch erweitern: Gibt es nur diese eine Wellengleichung? Oder gibt es allgemeinere Formen der Verschiebungsgleichung?

Wir beginnen mit der Minimalforderung, daß die Lösung eine Verschiebungsgleichung erfüllt (im Worksheet kann wieder mit zwei gegenläufigen Verschiebungen gearbeitet werden):

$$y := (x,t) \to \mathrm{f}(kx - \omega t)$$

Bei der Schwingungsgleichung kommt man im Prinzip mit einer DG 1.Ordnung aus (siehe Reduktion der Ordnung, Anhang A.2.2, S. 270). Reicht also eine PDG 1.Ordnung? Das wäre schön, denn dann würden auch weniger Anfangsbedingungen zur Bestimmung der Bewegung ausreichen. Um dies zu testen, setzen wir obige Lösung in unsere Verschiebungsgleichung ein

$$testgl := -\mathrm{D}(f)(kx - \omega t)\omega = const\, \mathrm{D}(f)(kx - \omega t)k$$

und lösen sie nach der Proportionalitätskonstanten auf
> `solve(testgl,const);`

$$-\frac{\omega}{k}$$

Das wäre (für passendes $\omega$ und $k$) die gleiche Konstante wie in der Wellengleichung, allerdings spielt nun das Vorzeichen von $k$ eine Rolle, bzw. für die Superposition f(+-) müßte die Differenz der Ableitung gleich der Summe der Ableitung sein. Das sind aber Einschränkungen auf nicht isotrope Vorgänge. Reicht die erste Ableitung in nur *einer* Variablen, z.B. $t$?

> `y:='y':f:='f':`
> `sgl:=diff(y(x,t),t) = const*diff(diff(y(x,t),x),x);`

$$sgl := \frac{\partial}{\partial t}\mathrm{y}(x,t) = const\left(\frac{\partial^2}{\partial x^2}\mathrm{y}(x,t)\right)$$

> `y:=(x,t)->f(k*x-omega*t);#+f(k*x+omega*t);`

$$y := (x,t) \to \mathrm{f}(kx - \omega t)$$

> sgl;
$$-\mathrm{D}(f)(kx-\omega t)\omega = const\, D^{(2)}(f)(kx-\omega t)k^2$$

> solve(sgl,const);
$$-\frac{\mathrm{D}(f)(kx-\omega t)\omega}{D^{(2)}(f)(kx-\omega t)k^2}$$

Das bedeutet eine Einschränkung auf Funktionen mit $f'' \sim f'$, also Exponentialfunktionen, aus denen sich aber einiges zusammensetzen läßt, wie wir von der Behandlung der Fourierreihe und -transformation wissen. Diesmal müßte $\omega/k^2 = const$ sein, was sicher möglich ist – verglichen mit $\omega/k = const$. Und es kommt auf das Vorzeichen von $k$ nicht an, die Isotropie ist gewährleistet. Aber es wird eine Richtung der Zeit ausgezeichnet (bzw. die *sgl* muß je Zeitrichtung anders geschrieben werden). Treiben wir ein bißchen experimentelle Mathematik, es kostet ja nichts:

> f:=u->u^3;
> #f:=exp:
> #f:=cos:
> solve(sgl,const);

$$f := u \to u^3$$

$$-\frac{-3\omega k^2 x^2 + 6kx\omega^2 t - 3\omega^3 t^2}{-6k^3 x + 6k^2 \omega t}$$

Polynome kommen als Lösung dieser „reduzierten DG" nicht in Frage, einfache trigonometrische Funktionen auch nicht. Exponentialfunktion schon, wie Sie durch Ausführung der auskommentierten Input-Zeilen leicht bestätigen können. Aber da gibt es doch einen Zusammenhang von Exponentialfunktion und trigonometrischen Funktionen:

> f:=u->exp(I*u): sgl;
$$-I\omega\, e^{(I(kx-\omega t))} = -const\, k^2\, e^{(I(kx-\omega t))}$$

> solve(sgl,const);
$$-(\omega\sin(kx)\cos(\omega t) - \omega\cos(kx)\sin(\omega t)$$
$$- I\omega\cos(kx)\cos(\omega t) - I\omega\sin(kx)\sin(\omega t))/($$
$$k^2\cos(kx)\cos(\omega t) + k^2\sin(kx)\sin(\omega t)$$
$$+ Ik^2\sin(kx)\cos(\omega t) - Ik^2\cos(kx)\sin(\omega t))$$

> simplify(");
$$\frac{I\omega}{k^2}$$

3.2 *Die Wellengleichung*

Wenn wir also die Schwingung – und damit die Superposition von Schwingungen – ins Spiel bringen wollen, geht das bei dieser *sgl* nur, wenn wir es *komplex* formulieren. Solange man im Reellen bleibt, beschreibt diese Gleichung aperiodische und inkohärente Diffusionsvorgänge, und Sie haben sicher längst bemerkt, daß *sgl* die Schrödingergleichung ist, wenn *const* imaginär ist, und die Diffusionsgleichung, wenn *const* reell ist. SGL ist also die SuperGLeichung, die sowohl kohärentes Verhalten als auch inkohärentes Verhalten beschreibt. Feynman soll einmal gesagt haben, daß man die Schrödingergleichung nicht finden könne, sie könne einem nur einfallen. Hat er recht? Haben wir sie gefunden, oder ist sie uns eingefallen? Ich glaube, hier kommt ein typisches Vorgehen der theoretischen Physik ans Tageslicht: Man muß auch den Mut zum Probieren haben (und es zugeben), den Mut zur Produktion von Gleichungen. Man kann sich ja anschließend darum kümmern, was von der Mathematik übrigbleibt, was „physikalisch" ist, und wie man es interpretieren kann. Denn oft ist an den so gefundenen Gleichungen mehr physikalisch, als einem auf den ersten Blick lieb ist, z.B. die negativen Energien der Dirac-Gleichung, die ja auch aus dem

| wellen1.ms | Ansatz der Linearität in Zeit *und* Raum entstand.

*Wellentypen*

| wellen2.ms | Die verschiedenen Erscheinungsformen von Wellen wie transversal, longitudinal usw. und ihre Veranschaulichung durch Animation werden im Worksheet *wellen2.ms* vorgestellt. Auch hier ist wieder der dominierende Aspekt: „Bewegung der einzelnen Teilchen und Bewegung der Phase". Mit Maple lassen sich die Teilchenkoordinaten in einfacher Weise in `arrays` ablegen und dann mit `display([array], insequence=true)` animieren, wobei die Zeit als Parameter für die Koordinaten dient. Diese Methode ist flexibler als der `animate`-Befehl, so daß Sie die Beispiele leicht verändern und ergänzen können. Der Einsatz dieser kleinen Worksheets im Unterricht hat gezeigt, daß solche „Wellenmaschinen" stark zum Experimentieren mit Gleichungen anregen. Im Gegensatz zu realen Wellenmaschinen, aber auch im Gegensatz zu fertig compilierten Programmen, kann hier *jede* Welle simuliert und modelliert werden, weil die Gleichungen direkt zugänglich sind. Das erhöht die Transparenz wesentlich

| wellen2.ms | und fordert zur Interaktion heraus.

### 3.2.1 Pakete

Nach dem Studium der Wellengleichungen und ihrer Lösungen kommen wir nun zu dem wohl wichtigsten Merkmal der Wellenphysik: Linearkombinationen von Lösungen einer linearen DG sind wieder Lösungen, d.h., Lösungen können superponiert werden. Eine Lösung ist die ebene Welle

> *paket1.ms*

$$yk := (x,t) \to e^{(I(kx-\omega t))}$$

die z.B. mit dem Gewicht

$$wk := e^{\left(-1/2 \frac{(k-k0)^2}{sk^2}\right)}$$

auftritt. Im Falle des kontinuierlichen Spektrums muß also

$$e^{\left(-1/2 \frac{(k-k0)^2}{sk^2}\right)} e^{(I(kx-\omega t))}$$

über alle Wellenzahlen integriert werden. Wenn wir den Zusammenhang von $\omega$ und $k$ noch offenhalten wollen, können wir das zunächst für $t=0$ tun:

```
> assume(sk>0): # sk koennte komplex sein
> int(z(x,0),k=-infinity..infinity);
```

$$e^{(1/2\,I\,x\,(2\,k0+I\,x\,sk^{\sim 2}))} \sqrt{2}\, sk^{\sim} \sqrt{\pi}$$

Diese Integration ist aber nichts anderes als eine Fouriertransformation (hier invers wegen $+kx$ und geeignet normiert):

```
> pak0:=invfourier(wk,k,x)*2*Pi;
```

$$pak0 := \sqrt{2}\, sk^{\sim} \sqrt{\pi}\, e^{(-1/2\,x^2\,sk^{\sim 2}+I\,x\,k0)}$$

Es wird also wie bei der Schwingung eine Gaußverteilung in eine Gaußverteilung transformiert, und das Produkt der Varianzen ist wieder $\sim 1$: Ein gut lokalisiertes Wellenpaket kann nur durch ein breites Spektrum der Wellenzahlen aufgebaut werden. Die Frage ist nun, wie sich dieses Paket im Laufe der Zeit entwickelt. Im Falle der Wellengleichung gilt:

$$\omega := k\,c$$

```
> pakw:=int(z(x,t),k=-infinity..infinity);
```

$$pakw := e^{(1/2\,I\,(2\,k0\,x - 2\,k0\,c\,t + I\,x^2\,sk^{\sim 2} - 2\,I\,x\,sk^{\sim 2}\,c\,t + I\,c^2\,t^2\,sk^{\sim 2}))} \sqrt{2}\, sk^{\sim} \sqrt{\pi}$$

```
> simplify(");
```

$$e^{(-1/2\,(-x+c\,t)(sk^{\sim 2}\,c\,t - x\,sk^{\sim 2} + 2\,I\,k0))} \sqrt{2}\, sk^{\sim} \sqrt{\pi}$$

Der Exponent läßt sich vereinfachen zu:

```
> collect(op(op(1,")),sk);
```
$$-\frac{1}{2}(-x+ct)^2 sk^{\sim 2} - I(-x+ct)k0$$

Das ist ein Gaußpaket, das sich mit der Geschwindigkeit $c$ bewegt.

```
> pakw:=exp(subs(sk=1/sx,"));
```
$$pakw := e^{\left(-1/2\frac{(-x+ct)^2}{sx^2} - I(-x+ct)k0\right)}$$

Im Worksheet können Sie die Animation des Realteils (als Beispiel) erzeugen:

```
> repakw:=evalc(Re(pakw)):
> k0:=2: c:=3: sx:=4:
> with(plots): # das dauert jetzt etwas laenger
> animate(repakw,x=-20..20,t=-10..10,frames=80,
>          numpoints=200);
```

Aber es lohnt sich wieder, auf Vollbild zu stellen und mit den Parametern zu spielen. Im Falle der Schrödingergleichung gilt:

$$\omega := b k^2$$

Der Exponent des Integranden sieht also so aus:

```
> expo:=op(combine(wk*yk(x,t),power));
```
$$expo := -\frac{1}{2}\frac{(k-k0)^2}{sk^2} + I(kx - bk^2 t)$$

Für $t = 0$ gilt wieder das gleiche wie oben. Wie entwickelt sich das Paket?

```
> assume(sk>0):
> pak:=int(z(x,t),k=-infinity..infinity);
```
$$pak := \int_{-\infty}^{\infty} e^{\left(-1/2\frac{(k-k0)^2}{sk^{\sim 2}}\right)} e^{(I(kx-bk^2 t))} dk$$

So ist kein Ergebnis zu bekommen. Wir können aber versuchen, den Exponenten zu einem vollständigen Quadrat zu ergänzen – so wie man das von Hand auch machen würde, weil dann die Fehlerfunktion ins Spiel gebracht werden kann.

```
> with(student): b:='b':
> expoc:=completesquare(expo,k);
> # Reihenfolge fuer op-Befehl (s.u.) beachten!
```

$$expoc := -\frac{1}{2}\frac{(1+2Ibt sk^{\sim 2})\left(k - \frac{k0 + I sk^{\sim 2} x}{1+2Ibt sk^{\sim 2}}\right)^2}{sk^{\sim 2}}$$
$$-\frac{1}{2}\frac{2I k0^2 bt - 2Ix k0 + sk^{\sim 2} x^2}{1+2Ibt sk^{\sim 2}}$$

```
> op(");
```

$$-\frac{1}{2}\frac{(1+2\,I\,b\,t\,sk^{\sim 2})\left(k-\frac{k0+I\,sk^{\sim 2}\,x}{1+2\,I\,b\,t\,sk^{\sim 2}}\right)^2}{sk^{\sim 2}},$$

$$-\frac{1}{2}\frac{2\,I\,k0^2\,b\,t-2\,I\,x\,k0+sk^{\sim 2}\,x^2}{1+2\,I\,b\,t\,sk^{\sim 2}}$$

Der erste Summand ist nun ein vollständiges Quadrat in $k$ und von der Form $a(k - etwas)^2$. Also setzen wir an:

```
> assume(a>0):
> paks:=int(exp(-a*(k-etwas)^2+op(2,expoc)),
>            k=-infinity..infinity);
```

$$paks := \frac{e^{\left(-1/2\,\frac{2\,I\,k0^2\,b\,t-2\,I\,x\,k0+sk^{\sim 2}\,x^2}{1+2\,I\,b\,t\,sk^{\sim 2}}\right)}\sqrt{\pi}}{\sqrt{a^{\sim}}}$$

„Etwas" ist verschwunden, und wir benötigen noch $a$:

```
> op(op(1,{op(expoc)}));   # nicht stabil:
>                            op(1,{}) oder op(2,{})
```

$$\frac{-1}{2},\,1+2\,I\,b\,t\,sk^{\sim 2},\,\frac{1}{sk^{\sim 2}},\,\left(k-\frac{k0+I\,sk^{\sim 2}\,x}{1+2\,I\,b\,t\,sk^{\sim 2}}\right)^2$$

```
> as:=op(1,{op(expoc)})/op(4,op(1,{op(expoc)}));
```

$$as := -\frac{1}{2}\frac{1+2\,I\,b\,t\,sk^{\sim 2}}{sk^{\sim 2}}$$

Hier wird eine Schwäche aller zur Zeit auf dem Markt befindlichen befehlsorientierten CASe deutlich. Der Zugang zu Teilen eines Terms ist noch zu umständlich. Vereinfachungen, die man „auf einen Blick" sieht, müssen dem System mit einer ausgeklügelten Syntax beigebracht werden, und bis man die Klammern richtig gesetzt hat, hat man auch alles von Hand noch einmal geschrieben. Schön wäre eben, wenn man sich die Teile eines Terms mit der Maus holen könnte! Aber auch das wird in naher Zukunft der Fall sein, wenn sich die Oberflächen von befehlsorientierten und symbol- bzw. objektorientierten Systemen weiter angleichen.

```
> paks:=subs(a=as, sk=s,paks);
```

$$paks := \frac{e^{\left(-1/2\,\frac{2\,I\,k0^2\,b\,t-2\,I\,x\,k0+s^2\,x^2}{1+2\,I\,b\,t\,s^2}\right)}\sqrt{\pi}}{\sqrt{-\frac{1}{2}\frac{1+2\,I\,b\,t\,s^2}{s^2}}}$$

Wir lassen zunächst den Absolutbetrag des Pakets laufen:
```
> apaks:=simplify(evalc(abs(paks))^2);
```

$$apaks := 2\frac{e^{\left(-\frac{s^2\,(2\,k0\,b\,t-x)^2}{1+4\,b^2\,t^2\,s^4}\right)}\pi}{\sqrt{\frac{1+4\,b^2\,t^2\,s^4}{s^4}}}$$

```
> with(plots): # es dauert wieder ...
> s:=2: b:=3: k0:=4:t:='t':
> animate(apaks,x=-40..40,t=-1..1,frames=50,numpoints=200);
```

Die folgenden Befehle sollen die Animation des Realteils beschleunigen.
```
> repaks:=simplify(evalc(Re(paks)));
> # auch diese "simple" Umformung benoetigt ihre Zeit
```

$$repaks := 2e^{\left(-2\,\frac{(24\,t-x)^2}{1+576\,t^2}\right)}\Bigg(\cos\left(4\,\frac{12\,t\,x^2-12\,t+x}{1+576\,t^2}\right)\sqrt{\sqrt{1+576\,t^2}-1}\,+$$

$$\sin\left(4\,\frac{12\,t\,x^2-12\,t+x}{1+576\,t^2}\right)\mathrm{csgn}(-24\,t+I)\sqrt{\sqrt{1+576\,t^2}+1}$$

$$\Bigg)\sqrt{\pi}\bigg/\sqrt{1+576\,t^2}$$

```
> epaks:=simplify(evalf(repaks));
```

$$epaks := 3.544907702\,\Bigg(\cos\left(4.\,\frac{12.\,t\,x^2-12.\,t+x}{1.+576.\,t^2}\right)\sqrt{\sqrt{1.+576.\,t^2}-1.}\,+$$

$$\sin\left(4.\,\frac{12.\,t\,x^2-12.\,t+x}{1.+576.\,t^2}\right)\mathrm{csgn}(-24.\,t+1.\,I)$$

$$\sqrt{\sqrt{1.+576.\,t^2}+1.}\Bigg)e^{\left(-2.\,\frac{x^2+576.\,t^2-48.\,t\,x}{1.+576.\,t^2}\right)}\bigg/\sqrt{1.+576.\,t^2}$$

Und jetzt lohnt sich die Geduld wirklich – es sind ja nur ein paar Minuten:
```
> animate(epaks,x=-40..40,t=-1..1,numpoints=200);
```

In Abb. 3.16 sehen Sie nur drei Momentaufnamen eines Wellenpakets (eines Elektrons). Mit Ihrem Computer können Sie beobachten, wie sich die Anteile mit kleinen Wellenlängen schneller bewegen als die mit großen Wellenlängen. Man spricht immer vom *Zerfließen* eines Pakets durch Dispersion, weil man

## Entstehen und Vergehen

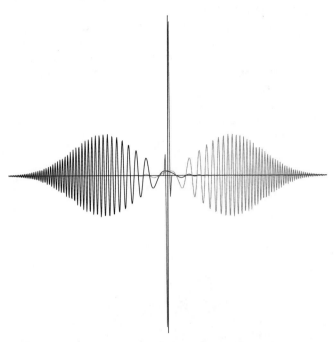

*Abb. 3.16: Drei Bilder eines Elektrons, das zu einer bestimmten Zeit ziemlich sicher an einem bestimmten Ort ist*

darauf fixiert ist vorauszuberechnen. Aber wenn Sie die Animation laufen lassen, *sehen* Sie, daß sich das Paket auch *bildet*. Im Gegensatz zum Wellenpaket „der Wellengleichung", dessen Bild sich wie ein starrer Körper gleichförmig bewegt, entsteht und vergeht hier Information, weil die Kohärenz fehlt. Und gerade das deterministische Entstehen ist – wie in der Chaostheorie auch – der interessante und oft übersehene Effekt. Das Teilchen kommt von irgendwo und irgendwann zur Zeit 0 an den Ort 0. Der Zustand wird *nicht* präpariert (wie auch?) und dann das Teilchen losgelassen oder sich selbst überlassen – statistisch. Nein, in der deterministischen Sprache der Schrödingergleichung bedeutet die Beobachtung (oder Anwesenheit?) eines Teilchens an einem bestimmten Weltpunkt, daß dieses Teilchen auch dort hin *gekommen* ist, auch wenn anthropozentrisch Denkende beim Betrachten dieser Bilder immer wieder ungläubig die Frage stellen: „Und woher weiß das Teilchen, daß es zur Zeit

0 am Ort 0 sein muß?" Es ist doch seltsam, daß man einem geworfenen Stein dieses Wissen mit der größten Selbstverständlichkeit zutraut, einem Elektron aber nicht. Die Wurfparabel kann ohne weiteres zu negativen Zeiten berechnet werden, nur das arme Elektron hat keine Vergangenheit mehr, seitdem irgend jemand auf die Idee gekommen ist, es zu präparieren.

Vielleicht können wir ja mit einem statischen Bild (Abb. 3.17) der Entstehung und des Vergehens von Information[4] (also der kontinuierlichen Entwicklung von Information) noch etwas Überzeugungsarbeit leisten. Verwenden Sie im Worksheet auch den `contour-style`, dann sehen Sie die Symmetrie zum Zeitpunkt 0 noch besser.

```
> plot3d(apaks,x=-40..40,t=-1..1,grid=[50,50],
> style=hidden,axes=framed);
```

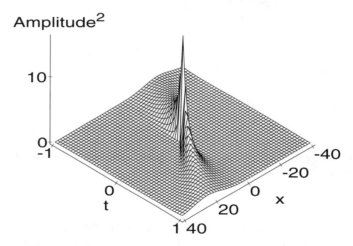

Abb. 3.17: *Ein x-t-Diagramm aus der Quantenphysik*

---

[4] Es gibt viele Versuche, den Begriff Information zu definieren, aber es hat noch keiner zu einem zufriedenstellenden Ergebnis geführt (vgl. Prigogine [5]). Das liegt daran, daß es *die* Information nicht gibt, sondern nur die Information über etwas für jemanden.

Mit den folgenden Plots können Sie eine weitere viel zitierte Erkenntnis aus der Quantenphysik demonstrieren: Die Geschwindigkeit, mit der die Information (Ortskenntnis) verlorengeht, hängt davon ab, wie genau man das Paket „lokalisieren" möchte: je geringer die Paketbreite $1/s$, desto schneller das Zerfließen – aber auch das Entstehen. Zunächst eine Momentaufnahme

```
> s:='s':t:=0.1:
> plot3d(apaks,x=-40..40,s=0.1..2,grid=[50,50],
> style=hidden,axes=framed);
```

und dann die Animation:

```
> s:='s':t:='t':
> animate3d(apaks,x=-40..40,s=0.1..2,t=-1..1,axes=framed,
> style=hidden);
```

*paket1.ms*

Für kleine $s$ (etwa 0.4) behält das Paket seine Form fast bei. In der Animation sieht man übrigens auch, daß die Gruppengeschwindigkeit nur von $k0$ abhängt. Und wieder gilt: $s \sim 1/sk$.

Durch die Untersuchung der Überlagerung von Wellen sind wir nun mitten im Welle-Teilchen-Dualismus angekommen und können mit Blick auf die Abbildung 3.17 die beiden Auffassungen vergleichen. Das x-t-Diagramm des klassischen punktförmigen Teilchens liegt sozusagen unter dem Amplitudenquadrat (bei gleichförmiger Bewegung als Gerade in der x-t-Ebene). Die Aussage (Information?): „Das Teilchen ist zu einer Zeit (genau) an einem Ort" müßte wellenmechanisch mit der Deltafunktion, also mit unendlich hoher Amplitude, gemacht werden. Man sieht nun, wie stark diese Idealisierung ist: Weil man sich in der Teilchensprache bei der Ortsangabe immer völlig sicher ist, ist ihr Neuigkeitswert (Informationsgehalt) gleich Null, und man läßt die dritte Dimension der Amplitude weg und zeichnet ein zweidimensionales x-t-Diagramm. Damit geht allerdings das grundlegende Phänomen der Interferenz, also eine riesige Menge an Information, verloren. Umgekehrt ist in der Wellensprache die idealisierte genaue Ortsangabe nicht mehr möglich, gleichwohl kann aber die Amplitude zu jedem Raum- und Zeitpunkt konstruiert und rekonstruiert werden: *diese* Information geht nicht verloren (solange man die Gleichung nicht vergißt). Problematisch ist nur, daß das Ergebnis der Konstruktion eines Wellenpakets zu großen Zeiten eine Amplitude liefert, die überall fast Null ist. Man weiß also, daß man nichts mehr wissen wird – das aber genau.

Es gibt allerdings auch Konstruktionen, die wirklich konstruktiv sind, wie Sie im nächsten Abschnitt sehen werden.

## 3.3 Form aus Kohärenz

An dieser Stelle sind zwei Anmerkungen angebracht:
1) *eine technische*: Das nächste Worksheet macht intensiven Gebrauch von der Rechengeschwindigkeit und der Speicherkapazität Ihres Computers. Das läßt sich leider nicht vermeiden, wenn man Darstellungen, die viele Informationen enthalten, auch noch animieren will. Anhaltspunkt: Mit einem 486er, 50MHz, 16MB (unter Windows etwa 50MB virtueller Speicher) müssen Sie bei den folgenden Animationen ein paar Minuten Wartezeit in Kauf nehmen (pro Animation). Sie können aber einen Eindruck vom Wesentlichen erhalten, wenn Sie `frames` heruntersetzen. Eine zweite Möglichkeit, Zeit zu sparen, besteht darin, Animationen, die man öfter ablaufen lassen will, abzuspeichern. Das erspart zumindest die Rechenzeit für den Aufbau der Plotstruktur, kostet aber Plattenplatz und verringert die Zeit für die Umsetzung der Plotstruktur in eine Animation (Berechnung der frames) nicht. Aus diesem Grund befinden sich auch nur wenige solcher Plots auf der beiliegenden CD-ROM. Ein Beispiel für das Abspeichern und Lesen eines Plots (von einer beliebigen Maple-Session aus) finden Sie bei der ersten Animation dieses Worksheets. Es ist zweckmäßig, nur einen Plot je File abzuspeichern (mit dem gleichen Namen für die Variable und den File), weil dann die einzelnen Darstellungen leicht wieder gelöscht werden können (ca. 500KByte).
2) *eine methodische*: Sie können als Maple-User im fortgeschrittenen Stadium jedes Worksheet als Aufgabensammlung verwenden, indem Sie es laden und alle Befehle mit `remove all input` entfernen (ggf. auch `remove all output`). Nun können Sie dem Text folgend versuchen, die Befehle selbst zu schreiben. Wenn Sie nicht weiterkommen, haben Sie immer noch das Buch oder können sich in einer zweiten Maple-Session das gleiche Worksheet laden und dort die Befehle nachlesen.

### *Form aus Kohärenz*

Vom mathematischen Standpunkt aus betrachtet, spielt die (oder eine) Wellengleichung für Wellen die gleiche Rolle wie die Newtonsche Gleichung für ein Teilchen: beides sind Bewegungsgleichungen – als DGn formuliert. Aber es gibt einen entscheidenden Unterschied. Abgesehen davon, daß die Wellengleichung nicht die Bewegung *eines* Punktes beschreibt, läßt sie die lineare Superposition von Lösungen zu, was im Newtonschen Fall nur für die Schwingung (oder ähnliche Kraftgesetze) möglich ist.

Diese Superpositionsfähigkeit – und nicht die Beschreibung einer gleichförmigen Bewegung von *etwas* – ist wie gesagt das entscheidende Charakteristikum des Phänomens Welle (Schwingung). Weil die Wellengleichung ohne Kraftgesetz auskommt, zählt nur das *Wie* der Bewegung und nicht das *Was* oder *Warum*. Und bei dem *Wie* interessiert nicht „wie schnell" und „wohin", sondern eben nur „auf welche Art". Superposition heißt: Eine Welle kommt nie allein

– in Reinkultur. Selbst wenn man meint, man hätte genau eine einzige Welle vor sich, z.B. eine ebene Welle, so irrt man: diese einzige Welle läßt sich *zerlegen* in unendlich viele Wellen und das auf viele verschiedene Arten. Das ist die Huygenssche Physik: Wellen sind das *Ergebnis* von Superposition. Wir wollen diesen Vorgang zunächst in voller Allgemeinheit untersuchen, um dann in einem weiteren Abschnitt auf die wichtigen Sonderfälle wie Doppelspalt, Gitter und Spalt zurückzukommen. Dieses Vorgehen ist wieder typisch für das Arbeiten mit einem CAS: Im Gegensatz zu herkömmlichen Methoden, die meist vom Einfachen, Elementaren zum Komplexen führen, kann mit einem CAS ein komplexer Zusammenhang direkt angegangen werden, zumindest was seine Veranschaulichung betrifft. Untersuchen wir also das Huygenssche Prinzip.

*Nach Huygens kann jeder Punkt einer Wellenfront als Zentrum einer Elementarwelle aufgefaßt werden.*

Wir versuchen zunächst, eine nach oben (in $y$-Richtung) laufende Welle mit geraden Fronten zu erzeugen, indem wir Zentren auf der $x$-Achse anordnen, die Kreiswellen in der $x$-$y$-Ebene in Phase aussenden:

| wellen3.ms |

```
> welle:=sum(elem[i],i=1..n);
```

$$welle := \sum_{i=1}^{n} elem_i$$

```
> elem[i]:=cos(k*r[i]-w*t);
```

$$elem_i := \cos\left(-k\, r_i + w\, t\right)$$

```
> r[i]:=sqrt((x-x0[i])^2+y^2);
```

$$r_i := \sqrt{x^2 - 2\, x\, x0_i + x0_i{}^2 + y^2}$$

```
> n:=5:
> for j to n do
> x0[j]:=2*j od:
> welle;
```

$$\cos\left(-k\sqrt{x^2 - 4x + 4 + y^2} + w\, t\right) + \cos\left(-k\sqrt{x^2 - 8x + 16 + y^2} + w\, t\right)$$
$$+ \cos\left(-k\sqrt{x^2 - 12x + 36 + y^2} + w\, t\right)$$
$$+ \cos\left(-k\sqrt{x^2 - 16x + 64 + y^2} + w\, t\right)$$
$$+ \cos\left(-k\sqrt{x^2 - 20x + 100 + y^2} + w\, t\right)$$

Animation der Wellenfronten (Abb. 3.18):

```
> w:=2: k:=1/2:t:='t':
> wani1:=animate3d(welle,x=-20..20,y=-20..20,t=0..4*Pi/w,
> axes=boxed,style=contour,orientation=[-90,0],frames =30):
> wani1;
```

Das Abspeichern bzw. Einlesen einer Plotstruktur erreicht man zum Beispiel mit save wani1, `wani1.m`; bzw. read `wani1.m`: wani1;. Im Worksheet finden Sie außerdem den Befehl für die dreidimensionale Animation.

## Lineare Antenne

Abb. 3.18: *Überlagerung von gleichphasigen Kreiswellen mit Zentren auf einer Geraden*

Wenn Sie den Maßstab oder die Anordnung der Zentren ändern, werden Sie feststellen, daß die Wellenfronten je nach Anzahl und Dichte der Zentren im Nahbereich „gerade" und aus großem Abstand wie Kreise aussehen, die von einem Punkt ausgehen. In erster Näherung ist alles eine Gerade, und in nullter Näherung ist alles ein Punkt, egal durch welche Überlagerungen es zustande kommt. Aber unsere Konstruktion hat einen Nachteil: die Welle läuft in mindestens *zwei* Richtungen. Man hört deshalb auch manchmal die Scherzfrage, ob sich Huygens nicht geirrt habe – denn wie kann aus Wellen, die in alle Richtungen laufen, eine geordnete Bewegung in *eine* Richtung entstehen?

Untersuchen wir also, ob sich Huygens geirrt hat. Vielleicht sollten wir die Anordnung unserer Zentren in die Ebene ausdehnen, was wir z.B. mit einem Array von regelmäßig angeordneten Zentren erreichen:

```
> welle:=sum(sum(elem[i][j],i=1..n),j=1..m);
```

$$welle := \sum_{j=1}^{m} \left( \sum_{i=1}^{n} elem_{ij} \right)$$

```
> elem[i][j]:=cos(k*r[i][j]-w*t+k*y0[i][j]);
```

$$elem_{ij} := \cos\left(k\, r_{ij} - w\, t + k\, y0_{ij}\right)$$

```
> r[i][j]:=sqrt((x-x0[i][j])^2+(y-y0[i][j])^2);
```

$$r_{ij} := \sqrt{x^2 - 2\, x\, x0_{ij} + x0_{ij}{}^2 + y^2 - 2\, y\, y0_{ij} + y0_{ij}{}^2}$$

```
> n:=5:m:=3:
> for ii to n do
> for jj to m do
> x0[ii][jj]:=6*ii :
> y0[ii][jj]:=2*jj od: od:
> plot({seq(seq([x0[ii][jj],y0[ii][jj]],ii=1..n),jj=1..m)},
> x=-20..40,style=point,color=red,symbol=circle);
> w:=2: k:=1/2:nf:=15:t:='t':
> animate3d(welle,x=-20..40,y=-20..40,t=0..2*(1-1/nf)*Pi/w,
> axes=boxed,style=contour,
> scaling=constrained,orientation=[-90,0],frames =nf);
> animate3d(welle,x=-20..40,y=-20..40,t=0..2*(1-1/nf)*Pi/w,
> axes=boxed,style=wireframe,frames =nf);
```

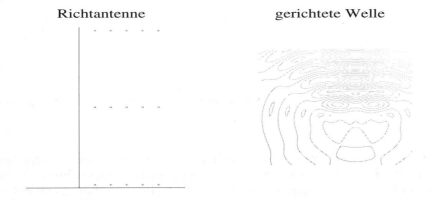

Abb. 3.19: Links: Zentren der Kreiswellen (vergrößert), rechts: Ergebnis der Überlagerung

Jetzt läuft schon wesentlich mehr nach oben als nach unten. Woran liegt das? An der *regelmäßigen* Anordnung der Zentren? Daran liegt es auch (man kann die Zentren aber auch „schlecht" anordnen, probieren Sie doch mal Ihre eigene Anordnung aus). Aber an der Anordnung der Zentren liegt es nicht in erster Linie, wie folgender Versuch beweist:

*Lage der Zentren zufallsverteilt*

```
> zuf:=rand(0..round(2*Pi/k)):
> n:=5:m:=5:
> for ii to n do
> for jj to m do
> x0[ii][jj]:=zuf():
> y0[ii][jj]:=zuf() od: od:
> plot({seq(seq([x0[ii][jj],y0[ii][jj]],ii=1..n),jj=1..m)},
> x=-20..40,style=point,color=red,symbol=circle);
> w:=2: k:=1/2: nf:=15:t:='t':
> animate3d(welle,x=-20..40,y=-20..40,t=0..2*(1-1/nf)*Pi/w,
> axes=boxed,style=contour,orientation=[-90,0],frames =nf);
```

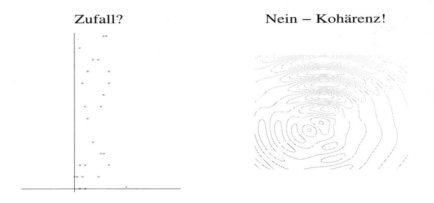

Abb. 3.20: Links: Lage der Zentren (vergrößert), rechts: Ergebnis der Überlagerung

Abbildung 3.20 zeigt: Wo die Zentren liegen, spielt also keine entscheidende Rolle für die Form der Wellenfronten und ihre Ausbreitungsrichtung, solange es nur genügend viele Zentren sind. Es kommt vielmehr auf die „richtige" Phasenbeziehung an (die natürlich oben in die Formeln hineingesteckt wurde). Und damit hat Huygens recht, wenn er sagt, daß *jeder* Punkt einer Wellenfront als Zentrum einer Elementarwelle aufgefaßt werden kann. Nur aufgefaßt? Es *ist* so, daß die Phasenbeziehung und damit die Kohärenz die Form bestimmt.

Wir wollen uns das an einem eindimensionalen Schnitt in y-Richtung veranschaulichen, d.h., wir setzen nun Zentren auf die y-Achse, „steuern sie mit der richtigen Phase an", addieren die Amplituden der in beide Richtungen laufenden Wellen und verfolgen ihre Ausbreitung (ohne Abb.):

```
> welle:=sum(elem[i],i=1..n);
```

$$welle := \sum_{i=1}^{n} elem_i$$

```
> elem[i]:=cos(k*r[i]-w*t+k*y0[i]);
```
$$elem_i := \cos(-k\,r_i + w\,t - k\,y0_i)$$

```
> r[i]:=abs(y-y0[i]);
```
$$r_i := |y - y0_i|$$

```
> n:=5: k:='k':
> for j to n do
> y0[j]:=Pi/k*j/n od:
> welle;
```

$$\sin\left(-k\left|y - \frac{1}{5}\frac{\pi}{k}\right| + w\,t + \frac{3}{10}\pi\right) + \sin\left(-k\left|y - \frac{2}{5}\frac{\pi}{k}\right| + w\,t + \frac{1}{10}\pi\right)$$
$$-\cos\left(-k\left|y - \frac{3}{5}\frac{\pi}{k}\right| + w\,t + \frac{2}{5}\pi\right) - \cos\left(-k\left|y - \frac{4}{5}\frac{\pi}{k}\right| + w\,t + \frac{1}{5}\pi\right)$$
$$-\cos\left(k\left|y - \frac{\pi}{k}\right| - w\,t\right)$$

```
> w:=2: k:=1/2:
> t:='t':
> animate(welle,y=-20..60,t=0..4*Pi/w,frames =30,
>         color=red,numpoints=200);
```

Es funktioniert! Aber wo sind die Wellen auf der negativen $y$-Achse geblieben? Haben wir das auch richtig programmiert? Eine Kontrolle wäre wohl angebracht:

```
> w:=2:k:=1/2:t:=0:
> plot({seq(eval(subs(i=j,elem[i])),j=1..n)},y=-10..10);
> t:='t':
> animate({seq(eval(subs(i=j,elem[i])),j=1..n)},
>         y=-20..60,t=0..4*Pi/w,numpoints=200);
```

Alle Elementarwellen sind da! Aber die nach links laufenden können sich nicht einigen und löschen sich gegenseitig aus: Wellensalat! Studieren Sie auch das Übergangsgebiet, also das Gebiet, in das Sie Zentren setzen (was kann man alles ändern?).

Man kann den Sachverhalt „Verstärkung in Vorwärtsrichtung – Auslöschung in Rückwärtsrichtung" auch noch etwas anders darstellen, allerdings etwas abstrakter, indem man sich die Phasen der Elementarwellen über dem Ort darstellen läßt (ohne Abb.):

```
> k:='k':
> phi[i]:=k*abs(y-y0[i])+k*y0[i];
```
$$\phi_i := k\,|y - y0_i| + k\,y0_i$$

3.3 *Form aus Kohärenz*

```
> zuf:=rand(1..10): n:=5:
> for ii to n do y0[ii]:=zuf() od:
> k:=1/2:
> plot({seq(subs(i=j,phi[i]),j=1..n)},y=-10..20,color=red);
```

Für inkohärente Elementarwellen hätte man dagegen

```
> phi[i]:=k*abs(y-y0[i])+phi0[i];
```

$$\phi_i := \frac{1}{2}\,|y - y0_i| + \phi0_i$$

```
> for ii to n do phi0[ii]:=zuf() od:
```

Die „Charakteristiken" wären beliebig verteilt.

```
> plot({seq(subs(i=j,phi[i]),j=1..n)},y=-10..20,color=red);
> welle:=sum(cos(phi[i]-w*t),i=1..n);
```

$$\begin{aligned}
welle := &\cos\left(-\frac{1}{2}\,|y-2| - 7 + 2t\right) + \cos\left(-\frac{1}{2}\,|y-1| - 9 + 2t\right) \\
&+ \cos\left(-\frac{1}{2}\,|y-8| - 7 + 2t\right) + \cos\left(-\frac{1}{2}\,|y-4| - 10 + 2t\right) \\
&+ \cos\left(-\frac{1}{2}\,|y-7| - 4 + 2t\right)
\end{aligned}$$

und eine geordnete Bewegung könnte nur zufällig zustande kommen.

```
> w:=2:t:='t':
> animate(welle,y=-20..30,t=0..4*Pi/w,frames=30);
```

Aber wenn Sie lange genug loopen, schaffen Sie es wohl, daß die Welle nur in eine Richtung läuft – rein zufällig (bei `for` wieder einsteigen).

*Anregungen*:

1. So läßt sich natürlich auch die Reflexion und die Brechung nach Huygens mit dem Computer untersuchen, es kommt nur auf die richtige Phasenbeziehung an.

2. Phasenbeziehung so programmieren, daß Kreiswellen entstehen.

3. Realistische Wellen aufbauen, deren Amplitude mit der Entfernung abnimmt.

*wellen3.ms*

*wexp.ms*

Im Worksheet *wexp.ms* werden noch Anwendungen behandelt, die zur experimentellen Bildschirmphysik anregen sollen. Als erstes können Sie die Überlagerung von ebenen Wellen in dreidimensionaler Darstellung studieren. Dabei wird mit Vektoren gearbeitet, und es können alle maßgeblichen Parameter verändert werden.

Es folgt die Behandlung der Überlagerung von Kreiswellen mit abnehmender Amplitude (vgl. Abb. 3.21), mit der Sie u.a. untersuchen können, wie Energie durch die Minima eines Interferenzmusters transportiert wird. (Wenn man z.B. hinter einem Doppelspalt einen Punkt maximaler Intensität mit den beiden Öffnungen geradlinig verbindet, so können diese Geraden unter Umständen sehr viele Minima schneiden. Wie kann durch diese Punkte der Intensität Null (?) Energie transportiert werden?)

## Doppelspalt

*Abb. 3.21: Zwei Kreiswellensysteme mit abklingender Amplitude*

Als drittes Beispiel wird der Dopplereffekt (bewegter Sender) behandelt. Dazu sind einige Programmiertricks erforderlich, sowohl was die Formulierung der Gleichungen angeht als auch die graphische Darstellung (vgl. Abb. 3.22 und Abb. 3.23).

Alle drei Themen haben gemeinsam, daß das CAS zur Nachbildung realistischer Vorgänge eingesetzt wird, und führen somit über den Horizont der idealisierenden Tafelphysik hinaus, halten aber die Verbindung zu den Gleichungen aufrecht. Gerade die dreidimensionalen Darstellungen zeigen aber, daß man der graphischen Wiedergabe des CAS nicht bedingungslos vertrauen darf. Durch die internen Interpolations-Algorithmen der Plot-Programme (die sicher notwendig sind) kommen oft Strukturen zustande, die der Wirklichkeit nicht entsprechen. Eine gute Übung also, Computerphysik von Physik unterscheiden zu lernen. Manchmal genügt schon die Änderung der Perspektive. Aber auch Animationen können sehr lehrreich sein, z.B. die zum Dopplereffekt.

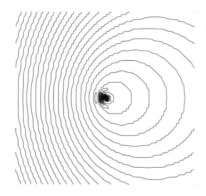

*Abb. 3.22: Bewegter Sender (Animation im Worksheet)*

## Mach

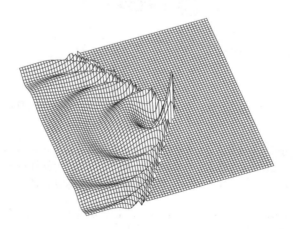

*Abb. 3.23: Im Kielwasser (Animation im Worksheet)*

wexp.ms

## 3.3.1 Anwendungen

Wir haben gesehen, daß Kugelwellen (Kreiswellen) die elementaren Bausteine der Wellenphysik sind. Mit ihnen läßt sich jede Wellenfront aufbauen. In diesem Worksheet (*wellen4.ms*) werden sie dazu benützt, die Standardthemen „Doppelspalt", „Vielstrahlinterferenz" und „Spalt" zu behandeln. Wir werden diese Themen aber nicht nur pflichtgemäß abhandeln, sondern unser CAS so einsetzen, daß dabei neue Aspekte sichtbar werden.

### *Doppelspalt*

Die Phasen der beiden Wellen lassen sich so schreiben:

*wellen4.ms*

$$\alpha := k\,r1 - \omega\,t$$

$$\beta := k\,r2 - \omega\,t$$

Mit r[i] als Abstand des Aufpunktes zum Zentrum 1 bzw. 2. Wenn wir sinusförmige Wellen ansetzen (die in der Fernzone nicht merklich abklingen), dann können wir die Summe der beiden Wellen auch als Produkt schreiben, wobei der Faktor am für die ortsabhängige Amplitude steht und der Faktor pha für die Phasenfunktion.

$$am := 2\cos\left(\frac{1}{2}k\,r1 - \frac{1}{2}k\,r2\right)$$

$$pha := -\sin\left(-\frac{1}{2}k\,r1 + \omega\,t - \frac{1}{2}k\,r2\right)$$

Zentren bei $x1$ und $x2$ auf der $x$-Achse:

$$r1 := \sqrt{x^2 - 2\,x\,x1 + x1^2 + y^2}$$

$$r2 := \sqrt{x^2 - 2\,x\,x2 + x2^2 + y^2}$$

Zahlenbeispiel:

```
> k:=2*Pi/4:   x1:=5:  x2:=-5:
```

Darstellung des Amplitudenquadrats (Abb. 3.24 links):

```
> plot3d(am^2,x=-20..20,y=-20..20,axes=boxed,
> orientation=[40,7],numpoints=1000);
```

Interferenzhyperbeln       Interferenzellipsen

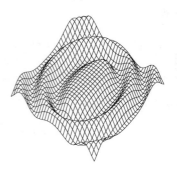

*Abb. 3.24: Doppelspalt: Amplitudenquadrat (links) und Phasenfaktor (rechts)*

## Orthogonalität

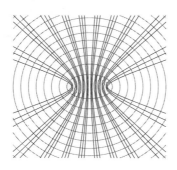

*Abb. 3.25: Doppelspalt: Die Flächen gleicher Phase stehen senkrecht auf den Kurven gleicher Phase*

Es entstehen also die bekannten Interferenzhyperbeln $k(r1-r2) = const$. Ebenso können wir die Kurven gleicher Phase darstellen, also die Wellenfronten $k(r1 + r2) = const$. Das ist die zur Hyperbelschar orthogonale Ellipsenschar (Abb. 3.24 rechts).

```
> t:=0:
> plot3d(pha,x=-10..10,y=-10..10,axes=boxed,
> orientation=[40,7],numpoints=1000);
```

*Anmerkungen zur plot3d-Praxis:* 1) Mit geeigneter Orientierung des Plots kann man sich viel Rechenzeit sparen und bekommt vor allem besseren Einblick in die Täler. 2) Der Contourplot ist in diesem Fall ein einfaches Mittel, um die Orthogonalität der beiden Kurvenscharen zu demonstrieren (Abb. 3.25). Die entsprechenden Befehle finden Sie im Worksheet.

Wenn die Interferenzhyperbeln nicht wären, würde von den beiden Zentren aus eine elliptische Welle mit richtungsunabhängiger Amplitude laufen. Dies läßt sich in der Animation leicht zeigen. Aber wir müssen ja das Produkt des Amplitudenfaktors mit dem Phasenfaktor bilden, und dann entsteht in der Animation zunächst ein etwas unübersichtliches Bild, in dem sich z.B. die Minima nicht mehr so leicht ausfindig machen lassen (es geht doch nichts über einen spiegelglatten See, in den man bei Sonnenuntergang zwei Steine wirft ...). Aber Sie finden im Worksheet ein paar Tricks, mit denen man das Auge führen kann – so hoffe ich (lassen Sie es mich wissen, wenn Sie bessere finden).

*Aufgabe:* Was ändert sich mit $x1$, $x2$, $k$, $\omega$?

## *Vielstrahlinterferenz*

Auf der $x$-Achse seien $n$ Zentren äquidistant mit der Gitterkonstanten $g$ angeordnet. Im Abstand $b$ zur $x$-Achse soll die Intensitätsverteilung längs einer zur $x$-Achse parallelen Geraden bestimmt werden.

Neben der Erhöhung der Zahl der Zentren (von 2 auf $n$) gibt es noch die zwei Aspekte „Nahzone" und „Fernzone". Wir beschäftigen uns zunächst mit der Intensitätsverteilung in der Nahzone (was nicht heißt, daß $b$ im Folgenden nicht beliebig groß gewählt werden kann). Dazu legen wir die benötigten Größen fest ($r_j$: Abstand des Interferenzpunktes zum Zentrum $j$, $x_j$: Position des Zentrums, $\varphi_j$: Phase) und bilden die Summe $A$ der Amplituden (ohne Normierung):

$$rj := \sqrt{x^2 - 2\,x\,xj + xj^2 + b^2}$$

$$xj := g\,j - \frac{1}{2}(n+1)\,g$$

$$phj := k\sqrt{x^2 - 2\,x\left(g\,j - \frac{1}{2}(n+1)\,g\right) + \left(g\,j - \frac{1}{2}(n+1)\,g\right)^2 + b^2}$$

$$A := \sum_{j=1}^{n} e^{\left(I\,k\,\sqrt{x^2 - 2\,x\,(g\,j - 1/2\,(n+1)\,g) + (g\,j - 1/2\,(n+1)\,g)^2 + b^2}\right)}$$

*Anmerkungen:* 1) Die Summe muß nicht mit indizierten Variablen gebildet werden. 2) Wenn man nur Cosinuswellen aufsummiert, bekommt man nicht das zeitunabhängige Amplitudenquadrat.

Nachdem wir die Wellenzahl

$$k := 2\,\frac{\pi}{\lambda}$$

festgelegt haben, können wir schon zur Tat schreiten und die Intensitätsverteilung in zwei Schleifen studieren. Die *n-loop* steuert die Anzahl der Zentren, und in der *Parameterloop* können die Wellenlänge, die Gitterkonstante und der Abstand zum Gitter variiert werden.

*n-loop:*

```
> n:=4: # muss vor evalc stehen
> g:='g': lambda:='lambda': b:='b':
> intens:=evalc(abs(A))^2:
> #reint:=evalc(Re(A)):# vergl. Anm. zu Cosinuswellen
```

*Parameter-loop:*

```
> b:=5: lambda:=2: g:=5:# b:=0 zur Kontrolle
> plot(intens,x=-15..15);
```

Die Plots sind nicht abgedruckt. Damit muß man einfach spielen. Und ich glaube, Sie werden damit so manche Überraschung erleben, wenn Sie sich zum Beispiel die Frage stellen: „Wie sieht die Intensitätsverteilung bei drei Zentren aus, wenn die Gitterkonstante doppelt so groß ist wie die Wellenlänge?" Und wenn Sie vor allem *vor* dem Maple-Plot versuchen, eine Skizze mit Papier und Bleistift anzufertigen. Wie anders als mit einem CAS könnte man mit dieser Geschwindigkeit und dieser Präzision die Antwort auf solche Fragen erhalten?

Aber mit der Intensitätsverteilung längs einer Geraden sind die Möglichkeiten von Maple natürlich nicht erschöpft. Richtungsverteilungen sind fast noch informativer. D.h., wie ändert sich die Intensität, wenn man auf einem Kreis mit Radius $r$ um die Zentren herumläuft?

Abstand zum Zentrum $r_j$

$$rj := \sqrt{(r\cos(\phi) - xj)^2 + r^2 \sin(\phi)^2}$$

Position der Zentren, zugehörige Phase

$$xj := g\,j - \frac{1}{2}(n+1)g$$

$$phj := k\sqrt{\left(r\cos(\phi) - g\,j + \frac{1}{2}(n+1)g\right)^2 + r^2 \sin(\phi)^2}$$

Summe der Amplituden

$$A := \sum_{j=1}^{n} e^{\left(I\,k\,\sqrt{(r\cos(\phi) - g\,j + 1/2(n+1)g)^2 + r^2 \sin(\phi)^2}\right)}$$

*n-loop:*

```
> n:=4: g:='g':lambda:='lambda':r:='r':
> intens:=evalc(abs(A))^2:
> #reint:=evalc(Re(A)):
```

*Parameter-loop:*

```
> g:=5: lambda:=4:
```

*r-loop:*

```
> r:=8: # Octopussy?
> polarplot(intens,scaling=constrained);
```

Octopussy   Nautilus

 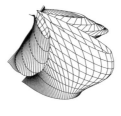

*Abb. 3.26: Richtungsverteilungen des Vielfachspaltes (Nahzone)*

Abbildung 3.26 zeigt links eine Winkelverteilung in einer bestimmten Entfernung. Beachten Sie vor allem die Änderung der Strahlungscharakteristik mit dem Abstand $r$! Und für den totalen Überblick kann man die Richtungsverteilungen zu verschiedenen $r$ in einem Zylinderplot übereinander schichten (Abb. 3.26 rechts).

```
> r:='r': #Nautilus!
> cylinderplot(intens,phi=0..Pi,r=0.1..4,axes=boxed,
>              grid=[100,10],style=hidden);
```

## Übergang zur Fernzone

Wir betrachten nach wie vor punktförmige Zentren oder Öffnungen. Ihre Anzahl sei $p$. In der Fernzone haben wir parallele Strahlen, was die Berechnung der Intensitätsverteilung stark vereinfacht. Je zwei benachbarte Strahlen haben die gleiche Phasendifferenz $d$, die in den Plots als unabhängige Variable dient.

```
> A:=sum(exp(I*k*d),k=0..p-1);
```

$$A := \frac{e^{(I p d)}}{e^{(I d)} - 1} - \frac{1}{e^{(I d)} - 1}$$

Die Summe kann in diesem Fall (im Gegensatz zur Nahzone) kompakt dargestellt werden, und Maple macht das auch (geometrische Reihe):

```
> A:=simplify(A);
```

$$A := \frac{e^{(I p d)} - 1}{e^{(I d)} - 1}$$

Ein erfreuliches Ergebnis. Wie sieht es aus?

```
> p:='p':
> intensg:=evalc(abs(A))^2:
```

Wie ändert sich die Intensitätsverteilung mit der Anzahl $p$ der Strahlen? (Abb. 3.27)

```
> p:='p':
> plot({seq(intensg/p, p=2..6)},d=-10..10);
```

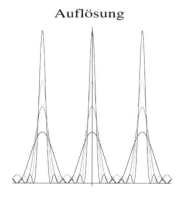

Abb. 3.27: Intensitätsverteilung bei der Beugung an zwei bis sechs punktförmigen Öffnungen (Fernzone)

## Einzelspalt endlicher Breite

Die Intensitätsverteilung am Einzelspalt erhält man nun, wenn man auf der Spaltbreite $b$ eine wachsende Anzahl $p$ von Strahlenbündeln endlicher Breite $\beta = b/p$ unterbringt. Sinnvollerweise gibt man diesen Strahlenbündeln die Amplitude $\beta$. Mit der Phasendifferenz $\Delta$ der Randstrahlen, bzw. $\delta = \Delta/p$ für benachbarte Strahlenbündel, kann die Intensitätsverteilung durch Aufsummieren der Amplituden der parallelen Strahlen bestimmt werden, wenn man den Grenzwert für $p$ gegen Unendlich bildet.

```
> b:='b':p:='p':Delta:='Delta':delta:='delta':
> beta:=b/p;
> delta:=Delta/p;
```

$$\beta := \frac{b}{p}$$

$$\delta := \frac{\Delta}{p}$$

```
> As:=beta*sum(exp(I*k*delta),k=0..p-1);
```

$$As := \frac{b \left( \dfrac{e^{(I\Delta)}}{e^{\left(\frac{I\Delta}{p}\right)} - 1} - \dfrac{1}{e^{\left(\frac{I\Delta}{p}\right)} - 1} \right)}{p}$$

```
> simplify(As);
```

$$\frac{b \left( e^{(I\Delta)} - 1 \right)}{p \left( e^{\left(\frac{I\Delta}{p}\right)} - 1 \right)}$$

Grenzwert

```
> Asl:=limit(As,p=infinity);
```

$$Asl := \frac{-I\,b\,e^{(I\Delta)} + I\,b}{\Delta}$$

Betragsquadrat

```
> Asq:=evalc(abs(Asl))^2;
```

$$Asq := \frac{b^2 \sin(\Delta)^2}{\Delta^2} + \frac{(-b\cos(\Delta) + b)^2}{\Delta^2}$$

```
> Asq:=simplify(Asq);
```

$$Asq := -2\,\frac{b^2 \left( \cos(\Delta) - 1 \right)}{\Delta^2}$$

Also Minima für eine Phasendifferenz $\Delta = 2k\pi$ oder einen Gangunterschied von $k\lambda$ für die Randstrahlen. Eine gängigere Version ist (mit $\Delta = 2\pi b/\lambda \sin\varphi$):

```
> Asd:=subs(cos(Delta)-1=-2*sin(Delta/2)^2,Asq);
```

$$Asd := 4\,\frac{b^2 \sin\left(\dfrac{1}{2}\Delta\right)^2}{\Delta^2}$$

Es ist aber für das Folgende bequemer, $\Delta$ als unabhängige Variable beizubehalten (Abb. 3.28).

```
> b:=10: Delta:='Delta':
> plot(Asd,Delta=-15..15);
```

## Reales Gitter

Schließlich können wir die Strahlenbündel aus $p$ Einzelspalten zur Interferenz bringen ($p$ hat jetzt wieder die gleiche Bedeutung wie beim Gitter). Die Öffnungen seien mit der Gitterkonstanten $g$ angeordnet. Von oben haben wir noch die Intensitätsverteilung `intensg` für punktförmige Öffnungen zur Verfügung, die wir nur mit der Intensitätsverteilung des Einzelspaltes multiplizieren müssen. Es gibt zwei Möglichkeiten der Darstellung:

### Einzelspalt

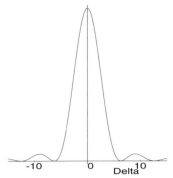

Abb. 3.28: *Intensitätsverteilung bei der Beugung am Einzelspalt als Funktion der Phasendifferenz $\Delta$ der Randstrahlen*

*1. Unabhängige Variable ist die Phasendifferenz d der Zentralstrahlen zweier Öffnungen.* Dann gilt für $\Delta$ (Strahlensatz):

```
> d:='d': b:='b':g:='g':
> Delta:=b*d/g;
```

$$\Delta := \frac{b\,d}{g}$$

```
> b:=2: g:=4: p:=4:
> plot({Asd/b,Asd*intensg/b/p^2},d=-30..30,numpoints=500);
> plot({Asd/b,Asd*intensg/b/p^2,intensg/p^2},d=-30..30,
> numpoints=500); # Einblenden der "Gitteverteilung"
```

Das Ergebnis sehen Sie in Abb. 3.29.

### Mehrfachspalt

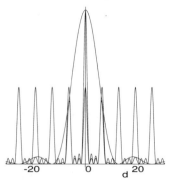

Abb. 3.29: *Die Intensitätsverteilung bei der Beugung an vier Öffnungen endlicher Breite ist das Produkt der Intensitätsverteilungen des Einzelspaltes und vier punktförmiger Öffnungen*

Was geschieht, wenn man die Breite der Öffnungen ändert? Das erfährt man am leichtesten durch eine Simulation der simultanen Änderung der Breite der $p$ Öffnungen (default: frames=16):

```
> b:='b':
> animate({Asd/b,Asd*intensg/b/p^2},d=-100..100,b=g/10..g,
> numpoints=500);
```

*Aufgabe:* Polarplot der Intensitätsverteilung

```
> lambda:='lambda':b:='b': p:='p':g:='g':
> d:=2*Pi/lambda*g*sin(phi);
```

$$d := 2\,\frac{\pi\,g\sin(\phi)}{\lambda}$$

```
> #Asd;intensg;Delta;
> lambda:=5:g:=11: b:=3:p:=2:
> polarplot(Asd*intensg/b/p^2,phi=0..2*Pi,numpoints=500,
> scaling=constrained);
```

Zur Animation wird mit $1/b^2$ normiert, um die Amplitude konstant zu halten (bitte warten).

```
> b:='b':
> animate({[Asd*intensg/b^2/p^2,phi,phi=0..2*Pi],
> [Asd/b^2,phi,phi=0..2*Pi]},
> b=g/10..g,numpoints=200,scaling=constrained,coords=polar);
```

2. *Unabhängige Variable ist* $\Delta$ (zweite Möglichkeit der Darstellung):

```
> b:='b':g:='g':Delta:='Delta':
> d:=Delta*g/b;
```

$$d := \frac{\Delta\,g}{b}$$

```
> b:=2: g:=4: p:=2:
> plot({Asd/b,Asd*intensg/b/p^2},Delta=-15..15,
>         numpoints=200);
```

Simulation der simultanen Änderung der Abstände der $p$ Öffnungen

```
> g:='g':
> animate({Asd/b,Asd*intensg/b/p^2},Delta=-15..15,
> g=b..10*b,numpoints=500);
```

In Polarkoordinaten (siehe Abb. 3.30):

```
> lambda:='lambda':b:='b': p:='p':g:='g':
> Delta:=2*Pi/lambda*b*sin(phi);
```

$$\Delta := 2\,\frac{\pi\,b\sin(\phi)}{\lambda}$$

```
> lambda:=5:g:=11: b:=3:p:=2:
> polarplot(Asd*intensg/b/p^2,phi=0..2*Pi,numpoints=500,
> scaling=constrained);
```

Animation (bitte warten)

```
> g:='g':
> animate({[Asd*intensg/b^2/p^2,phi,phi=0..2*Pi],
> [Asd/b^2,phi,phi=0..2*Pi]},
> g=b..b*10,numpoints=200,scaling=constrained,coords=polar);
```

Einhüllende

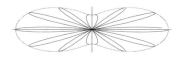

Abb. 3.30: Intensitätsverteilung bei der Beugung an einem realen Doppelspalt

Zum Schluß wollen wir Maple noch zu einer kleinen Simulation benutzen (Sie können damit Ihren Bildschirm und Ihren Drucker testen).

Abb. 3.31: So würde die Intensitätsverteilung aus Abb. 3.30 auf einem halbkreisförmigen Schirm aussehen

Der zur Erzeugung von Abbildung 3.31 verwendete Befehl densityplot kann natürlich für alle Intensitätsverteilungen des Worksheets sinngemäß verwendet werden. Besonders reizvoll wäre es, damit ein echtes farbiges Spektrum zu erzeugen. Vielleicht erreicht man das durch die Überlagerung verschiedener Dichteplots?

wellen4.ms

# 4

## Hamilton

*Hamiltons Physik ist die Grundlage für die Überwindung des Welle-Teilchen-Dualismus*

In der Newtonschen Physik spielt das Gleichgewicht eher eine untergeordnete Rolle. Gleichgewicht bedeutet dort *Kräfte*gleichgewicht und somit den Sonderfall der Ruhe oder der gleichförmigen Bewegung. Das ist zwar ein wichtiger Sonderfall, den nicht nur die Architekten und Brückenbauer anstreben, aber es bewegt sich nichts, wenn keine resultierende Kraft wirkt. Bewegung ist im kausalen Denken immer mit einer Ursache verbunden, und man kann sich zunächst schlecht vorstellen, daß *jeder* Bewegungsablauf auch als Gleichgewichtszustand beschrieben werden kann. Freilich wird es sich bei dieser Beschreibung nicht mehr um ein Kräftegleichgewicht handeln. Das Denken in Zuständen und Möglichkeiten (statt in Ursachen und Wirkungen) hat aber eine tiefe Wurzel, die zumindest bis in die griechische Philosophie zurückreicht. Und aus dieser Wurzel ist letzten Endes eine so mächtige Theorie wie die Quantentheorie entstanden.

Der entscheidende Schritt von der Ahnung zur Mathematisierung gelingt mit dem Begriff der *virtuellen Arbeit*[1]. Es ist leicht einzusehen, daß zur Verschiebung $\delta\vec{r}$ eines kräftefreien Körpers keine Arbeit erforderlich ist: aus $\vec{F} = 0$ folgt $\vec{F}\delta\vec{r} = 0$. Allerdings sollte man sich diese Verschiebung nur denken, denn eine wirkliche Verschiebung muß ja die Trägheit überwinden. Außerdem sollte diese *virtuelle* Verschiebung nicht zu groß sein, denn das Kräftegleichgewicht kann ja schon in einem infinitesimal benachbarten Punkt nicht mehr vorhanden

---

[1] Wir benötigen nun ein paar Grundbegriffe aus der theoretischen Mechanik, die manchmal auch als Königin der Physik bezeichnet wird. Wer ihre Eleganz näher kennenlernen will, muß hier leider mit der Literatur (z.B. [16], [17], [18], [19]) vertröstet werden, denn wir wollen ja nur eine Brücke bauen.

sein. Aber mit diesen Einschränkungen folgt jedenfalls aus den Newtonschen Axiomen, daß im Gleichgewicht die virtuelle Arbeit $A_{virt} = \vec{F}\delta\vec{r}$ verschwindet. Der Umkehrschluß ist jedoch innerhalb der Newtonschen Axiome nicht möglich. Also müssen wir seine Gültigkeit fordern und ein neues Axiom oder Prinzip einführen, das *Prinzip der virtuellen Arbeit:*

$$\vec{F}\delta\vec{r} = 0 \qquad \textit{bedeutet Gleichgewicht}$$

Wenn man sich also bei einem freien (nicht gebundenen) Körper beliebige Verschiebungen denken kann, bei denen keine Arbeit verrichtet wird, so befindet sich dieser Körper im Gleichgewicht. Und da es sich ja nur um gedachte Verschiebungen handelt, spielt die Zeit keine Rolle, und wir können $\delta t = 0$ setzen.

Welche Verschiebungen kann man sich bei einem gebundenen Körper, der durch die Zwangskraft $\vec{F}^*$ geführt wird, denken? Die Verschiebung muß mit den Bedingungen verträglich sein, d.h. $\delta\vec{r} \perp \vec{F}^*$. Damit gilt wieder:

$$(\vec{F} + \vec{F}^*)\delta\vec{r} = \vec{F}\delta\vec{r} = 0 \qquad \textit{bedeutet Gleichgewicht}$$

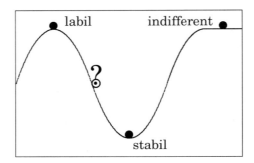

Abb. 4.1: *Gleichgewichtslagen. Eine Verschiebung ist nur parallel zur Oberfläche oder senkrecht zu $\vec{F}^*$ möglich. Als äußere Kraft $\vec{F}$ denke man sich die Schwerkraft hinzu.*

Es ist nicht verwunderlich, daß sich die Statik durch die Formulierung eines Zustands oder einer Möglichkeit beschreiben läßt, denn statisch heißt ja gerade stehend und beinhaltet somit die Möglichkeit der Änderung. Aber wie soll diese Änderung selbst als Zustand beschrieben werden, wie kann Dynamik statisch formuliert werden? Oder: Was machen wir also mit dem **?** in Abb.4.1?

Wir müssen es wohl mit der Bewegungsgleichung versuchen:

$$m\ddot{\vec{r}} = \vec{F} + \vec{F}^*$$

Aber wie kann hier das Prinzip der virtuellen Arbeit verwendet werden? Wo ist das Kräftegleichgewicht? Die Gleichung

$$(\vec{F} - m\ddot{\vec{r}}) + \vec{F}^* = 0$$

paßt schon eher zu den bisherigen Formulierungen. Und was auf den ersten Blick wie ein simpler Rechentrick erscheint, wird sich zusammen mit dem Prinzip der virtuellen Arbeit als ein weiterer wichtiger Schritt zur Mathematisierung des Denkens in Zuständen erweisen. Wir verdanken diesen Schritt D'Alembert, der $m\ddot{\vec{r}}$ als Kraft, genauer gesagt, als Trägheitskraft interpretiert. Damit ergibt sich:

$$[(\vec{F} - m\ddot{\vec{r}}) + \vec{F}^*]\delta\vec{r} = 0 \qquad \textit{bedeutet dynamisches Gleichgewicht}$$

Und in allgemein gültiger Formulierung lautet das *d'Alembertsche Prinzip*:

$$\sum_{i=1}^{n}(\vec{F}_i - m_i\ddot{\vec{r}}_i)\delta\vec{r}_i = 0$$

Eine wichtige Bedeutung dieses Prinzips liegt darin, daß es die Aufstellung der Bewegungsgleichung eines jeden gebundenen Systems ermöglicht. Dies erleichtert oft die Lösung von Problemen der angewandten Mechanik. Auf unserem Weg von Newtons kausaler Physik zur Physik der Möglichkeiten, also zur Quantenphysik, werden wir sehen, daß dem d'Alembertschen Prinzip aber wegen seiner allgemeinen Gültigkeit eine weit größere Bedeutung zukommt als die Erleichterung der Lösung praktischer Probleme. Fassen wir zusammen:

- Aus dem d'Alembertschen Prinzip folgt Newtons Bewegungsgleichung.
  - Das Umgekehrte gilt nicht.
- Das d'Alembertsche Prinzip beschreibt den *Zustand* eines *jeden* Systems.
  - Dadurch verliert die wirkliche Bahn an Bedeutung, wie wir nun sehen werden.

## 4.1 Das Wirkungsprinzip

Der Begriff der virtuellen Arbeit erscheint überflüssig, solange man auf *eine wirkliche* Bahn fixiert ist: „Es ist doch klar, daß der Körper sich nur auf dieser einen Bahn, die durch die an jedem Ort wirkende Kraft determiniert ist, bewegen kann! Wozu ihn also von dieser Bahn wegschieben, wozu dieses Gedankenspiel?" Aber die Skeptiker, die nur diese Realität gelten lassen, hätten die Quantenphysik nie gefunden. Deshalb wollen wir nicht nur die virtuelle Arbeit ernstnehmen, wir wollen auch gedachte Bahnen ernstnehmen. Wem bei diesen „falschen Bahnen" nicht wohl ist, der kann zunächst damit getröstet werden, daß wir nun ein Prinzip entdecken, das die wirkliche Bahn aus den davon etwas abweichenden Bahnen aussucht. Dies ist der Grundgedanke der Variationsrechnung. Und dieser Ansatz, der nicht wie die Überlegungen zur virtuellen Arbeit von einer bekannten Bahn ausgeht, sondern umgekehrt von einer beliebigen Vielfalt von Bahnen auf einen wirklichen Vorgang schließt, ist der entscheidende Schritt in die Welt des Mikrokosmos. Wir nehmen also an, daß z.B. im Schwerefeld ein Körper, der weiter oben ankommen soll, auch nach unten abgeworfen werden kann. (In Abb.4.2a) hat ein ungläubiger Realist diesen Fall durch zwei dicke Kreuze strikt verneint[2].)

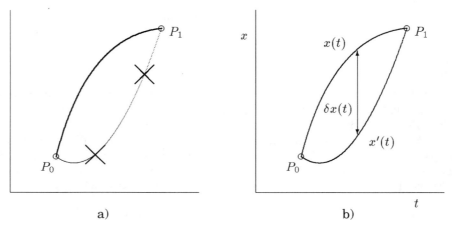

Abb. 4.2: a) Wirkliche Bahn, b) Virtuelle Bahnen

Die Frage lautet also:

## Wodurch ist die wirkliche Bahn ausgezeichnet?

Um sie beantworten zu können, müssen wir zunächst ein paar Bezeichnungen und Regeln einführen (ob es die wirkliche Bahn wirklich gibt, können wir uns dann später noch überlegen).

Wir beschränken uns zunächst auf die eindimensionale Bewegung eines Massenpunktes von $P_0(x_0|t_0)$ nach $P_1(x_1|t_1)$. Es handelt sich also um „Bahnen" im $x$-$t$-Diagramm, die alle von $P_0$ nach $P_1$ führen. Für die virtuelle Verschiebung oder die *Variation* gilt (vgl. Abb.4.2b)):

$$\delta x(t) := x'(t) - x(t)$$

---

[2] Eine Bemerkung zum Begriff der Bahn ist angebracht: Wir bezeichnen im Folgenden jede Kurve als Bahn, auch die im x-t-Diagramm. Das ändert aber nichts an der Ungläubigkeit des Realisten.

Diese Variation wird zu *einer* Zeit $t$ genommen, d.h., $\delta t = 0$. Die Endpunkte liegen fest, also ist
$$\delta x(t_0) = \delta x(t_1) = 0$$
Für die zeitliche Änderung der Variation gilt:
$$\dot{\delta x} = \dot{x}' - \dot{x} = \delta \dot{x} \tag{4.1}$$
Für die Variation einer Funktion $f(x, \dot{x}, t)$ gilt:
$$\delta f = f(x + \delta x, \dot{x} + \delta \dot{x}, t) - f(x, \dot{x}, t)$$
Das ist in erster Näherung (und mit $\delta t = 0$)
$$\delta f = \frac{\partial f}{\partial x}\delta x + \frac{\partial f}{\partial \dot{x}}\delta \dot{x} \tag{4.2}$$
Wir werden weiter unten sehen, weshalb wir mit der ersten Näherung auskommen und $\delta f$ nicht weiter entwickeln müssen. Als Auswahlkriterium verwenden wir das d'Alembertsche Prinzip. Gesucht ist die Funktion $x(t)$, für die gilt:
$$(F - m\ddot{x})\delta x = 0 \tag{4.3}$$
Um $x(t)$ zu finden, liegt es nahe, über die Zeit zu integrieren, wobei wir den Term $\ddot{x}\delta x$ so umformen können, daß eine einfache Integration ausreicht:
$$\ddot{x}\delta x = \frac{d}{dt}(\dot{x}\delta x) - \dot{x}(\dot{\delta x}) \stackrel{4.1}{=} \frac{d}{dt}(\dot{x}\delta x) - \dot{x}\delta\dot{x} \stackrel{4.2}{=} \frac{d}{dt}(\dot{x}\delta x) - \delta(\frac{1}{2}\dot{x}^2)$$
Damit wird aus Gleichung 4.3
$$m\frac{d}{dt}(\dot{x}\delta x) = \delta(\frac{m}{2}\dot{x}^2) + F\delta x$$
oder mit der kinetischen Energie $T = \frac{m}{2}\dot{x}^2$
$$m\frac{d}{dt}(\dot{x}\delta x) = \delta T + F\delta x$$
also
$$[m\dot{x}\delta x]_{t_0}^{t_1} = \int_{t_0}^{t_1}(\delta T + F\delta x)dt$$
Die linke Seite ist aber Null, weil die Variation von $x$ an den Grenzen verschwindet, und somit ergibt sich:
$$\int_{t_0}^{t_1}(\delta T + F\delta x)dt = 0$$

4.1 Das Wirkungsprinzip

Dies ist das *verallgemeinerte Hamiltonsche Prinzip*. Im Falle konservativer Kräfte läßt sich der Integrand als die Variation einer einzigen Funktion schreiben, denn man erhält mit dem Potential $V$ und $F = -\frac{\partial V}{\partial x}$ und Gleichung 4.2

$$F\delta x = -\frac{\partial V}{\partial x}\delta x = -\delta V$$

und damit

$$\int_{t_0}^{t_1} (\delta T + F\delta x)dt = \int_{t_0}^{t_1} \delta(T - V)dt = \delta \int_{t_0}^{t_1} (T - V)dt = 0$$

Wobei im letzten Schritt wieder die Unabhängigkeit der Variation von den Grenzen ausgenutzt wurde. Die Differenz der kinetischen und der potentiellen Energie heißt *Lagrangefunktion* $L$

$$L(x, \dot{x}, t) := T - V$$

und ihr Zeitintegral *Hamiltonsche Wirkungsfunktion* $S$.

Mit diesen Funktionen läßt sich die eingangs gestellte Frage nun so beantworten:

HAMILTONSCHES WIRKUNGSPRINZIP: *Die Bewegung eines Massenpunktes verläuft so, daß die Variation der Wirkung Null ist.*

$$\delta S = \delta \int_{t_0}^{t_1} L\,dt = 0 \tag{4.4}$$

Dies ist der Fall, wenn die Wirkung $S$ ein Extremum annimmt

$$S = \int_{t_0}^{t_1} L\,dt = Extremum \tag{4.5}$$

und weil es sich hierbei meistens um ein Minimum handelt, spricht man auch vom *Prinzip der kleinsten Wirkung*.

Bevor wir dieses Prinzip anwenden, sind einige Bemerkungen zu seiner Natur und seiner Tragweite angebracht. Die Wirkung $S$ ist genaugenommen ein Funktional, also eine Funktion von *Funktionen*. Deshalb ist die Extremwertbedingung auch nicht mit der gewöhnlichen Berechnung des Extremums einer Funktion (einer reellen Variablen) zu verwechseln. Es handelt sich vielmehr um die Grundaufgabe der Variationsrechnung: Für welche *Funktion* (z.B. $L(x, \dot{x}, t)$) nimmt $S$ ein Extremum an? Das Wirkungsprinzip ist also ein Variationsprinzip. Es ist aber auch ein Extremalprinzip, und das rechtfertigt im nachhinein die mehrfache Verwendung von Gleichung 4.2: Wir kommen im Folgenden immer mit der ersten Näherung oder linearen Approximation aus, denn wenn die ersten Ableitungen nicht verschwinden, kann kein Extremum vorliegen.

Verglichen mit der (Newtonschen) Bewegungsgleichung ist das Wirkungsprinzip ein Integralprinzip, und zwar das, mit dem sich *alle* Bewegungsgleichungen *aufstellen* lassen. Dies wird leider oft vergessen, wenn man sagt, daß die Formulierung einer Bewegungsgleichung als Integralgleichung mit der Formulierung als Differentialgleichung in jeder Hinsicht gleichwertig sei. Ebensowenig stimmt die Behauptung, daß das Extremalprinzip in der Form 4.5 nutzlos sei und daß man in jedem Fall auf die Lagrange-Gleichung[3]

$$\frac{\partial L}{\partial x} - \frac{d}{dt}\frac{\partial L}{\partial \dot{x}} = 0 \qquad (4.6)$$

also eine Differentialgleichung, zurückgreifen müsse. Daß diese Behauptung nicht stimmt, sieht man, wenn man den Zusammenhang von Gl. 4.6 und Gl. 4.5 herstellt, was am besten mit der Herleitung der Lagrange-Gleichung zu erreichen ist

$$\delta S = \int_{t_0}^{t_1}\left(\frac{\partial L}{\partial x}\delta x + \frac{\partial L}{\partial \dot{x}}\delta \dot{x}\right)dt = \left[\frac{\partial L}{\partial \dot{x}}\delta x\right]_{t_0}^{t_1} + \int_{t_0}^{t_1}\left(\frac{\partial L}{\partial x} - \frac{d}{dt}\frac{\partial L}{\partial \dot{x}}\right)\delta x\, dt = 0$$

Im ersten Schritt wurde Gl. 4.2 verwendet, im zweiten Schritt entsteht [...] durch partielle Integration von $\frac{\partial L}{\partial \dot{x}}\delta \dot{x}$ (mit $\delta \dot{x} = \frac{d}{dt}\delta x$) und ist Null an den Grenzen. Das verbleibende Integral kann aber für beliebige Werte von $\delta x$ nur dann Null sein, wenn der Integrand verschwindet. Das Wichtigste in diesem Zusammenhang ist aber, daß die Herleitung auf der notwendigen Bedingung für das Extremum von $S$ basiert. Was aber, wenn diese notwendige Bedingung nicht benötigt wird? Dann müßte man nicht differenzieren (genauer: variieren), um Gl. 4.6 herzuleiten, und dann wieder integrieren (um Gl. 4.6 zu lösen), man könnte auf der Stufe des Integralprinzips bleiben und sich die ganze Variationsrechnung sparen. Geht das? Ja, es geht! Allerdings auf Kosten der wirklichen Bahn. Und falls die Natur rechnet, dann sieht es eher so aus, als würde sie es geradeso machen: sie verzichtet auf das Differenzieren, sie zählt nur zusammen – zumindest im Kleinen und Kleinsten. Wie das funktioniert, werden wir im Feynman-Kapitel sehen (für Neugierige sei hier nur das Stichwort Interferenz genannt). Auf dem Weg dorthin werden wir die Variationsrechnung und die Lagrange-Gleichung nicht benötigen, vielmehr werden wir das Extremalprinzip 4.5 mit Maple so untersuchen, wie es da steht. Aber – um Mißverständnissen vorzubeugen – daraus sollte nicht geschlossen werden, daß dies der einzige Pfad zur Quantenphysik ist. Im Gegenteil, ohne die Lagrange-Gleichung, oder allgemeiner den Lagrange-Formalismus, wäre weder die QED noch irgendeine Feldquantisierung in ihrer heutigen Form denkbar. Doch so hoch wollen wir ja nicht hinaus.

---

[3] Diese Gleichung wird zu Recht als die Bewegungsgleichung schlechthin bezeichnet. In der Variationsrechnung heißt sie Euler-Gleichung, und man spricht von den Euler-Lagrangeschen Gleich*ungen*, wenn man mit generalisierten Koordina*ten* arbeitet und beide Urheber nennen will.

### 4.1.1 Die Wirkungsfunktion

Wir untersuchen zunächst die Wirkungsfunktion als solche an den Standardbeispielen der gleichmäßig beschleunigten Bewegung und der harmonischen Schwingung. Dazu müssen wir die kinetische Energie $T$, die potentielle Energie $V$, die Lagrangefunkion $L$ und die Wirkungsfunktion $S$ definieren:

`wirfla.ms`

```
> T:=m/2*v^2;  v:=diff(x(t),t);  L:=T-V;
> S:=int(L,t=t0..t1);  H:=T+V;
```

$$T := \frac{1}{2} m v^2$$

$$v := \frac{\partial}{\partial t} \mathrm{x}(t)$$

$$L := \frac{1}{2} m \left( \frac{\partial}{\partial t} \mathrm{x}(t) \right)^2 - V$$

$$S := \int_{t0}^{t1} \frac{1}{2} m \left( \frac{\partial}{\partial t} \mathrm{x}(t) \right)^2 - V \, dt$$

$$H := \frac{1}{2} m \left( \frac{\partial}{\partial t} \mathrm{x}(t) \right)^2 + V$$

Es ist dabei zweckmäßig, die Geschwindigkeit $v$ erst nach $T$ zu definieren (späte Bindung). Die gesamte Energie $H$ kann man zur Kontrolle verwenden.

Die Weg-Zeit-Funktionen und die potentiellen Energien der beiden Bewegungstypen können wir als `table`-Einträge zur Verfügung stellen:

```
> xp[glb]:=t->-1/2*g*t^2+v0*t;  #glm. beschl. Bewegung
> xp[osz]:=t->sin(omega*t);  #Schwingung
```

$$xp_{glb} := t \to -\frac{1}{2} g t^2 + v0\, t$$

$$xp_{osz} := t \to \sin(\omega\, t)$$

```
> Vp[glb]:=m*g*xp[glb](t);  #glm. beschl. Bew.
> Vp[osz]:=1/2*k*xp[osz](t)^2;  omega:=sqrt(k/m);
```

$$Vp_{glb} := m g \left( -\frac{1}{2} g t^2 + v0\, t \right)$$

$$Vp_{osz} := \frac{1}{2} k \sin(\omega\, t)^2$$

$$\omega := \sqrt{\frac{k}{m}}$$

Mit der Miniprozedur `typ()` können wir auf den gewünschten Bewegungstyp umschalten. Wer andere Bewegungen untersuchen will, kann die entsprechenden Einträge hinzufügen und so das Computer-Algebra-System für sich arbeiten lassen.

```
> typ:=proc(var) global x,V;
> x:=xp[var]; V:=Vp[var];
> end;

typ := proc(var) global x,V; x := xp[var]; V := Vp[var] end
```

Wir wählen vereinfachend $t_0 = 0$ und können uns nach der Wahl von `typ()` die gesuchten Funktionen anzeigen lassen[4]:

```
> t1:='t1': t0:=0:
> typ(osz); T; S;
> #typ(glb); T; S;
```

$$\frac{1}{2} k \sin\left(\sqrt{\frac{k}{m}}\, t\right)^2$$

$$\frac{1}{2} \cos\left(\sqrt{\frac{k}{m}}\, t\right)^2 k$$

$$\frac{1}{2} \frac{k \cos\left(\sqrt{\frac{k}{m}}\, t1\right) \sin\left(\sqrt{\frac{k}{m}}\, t1\right)}{\sqrt{\frac{k}{m}}}$$

Nun können für die graphische Darstellung Zahlen eingesetzt werden. Die Variable $St$ wird zur einheitlichen Darstellung bzw. zur Vereinfachung des Plot-Befehls eingeführt.

```
> #typ(glb); #Reihenfolge!
> g:=10:   v0:=5:  k:=2:  m:=5:
> typ(osz): # Reihenfolge !
> St:=subs(t1=t,S):
> 'T'=T;'V'=V;'L'=L;'S'=St;'H'=H;
```

$$T = \cos\left(\frac{1}{5}\sqrt{2}\sqrt{5}\, t\right)^2$$

$$V = \sin\left(\frac{1}{5}\sqrt{2}\sqrt{5}\, t\right)^2$$

---

[4] Diese einfache Konstruktion läßt die weitreichenden Möglichkeiten eines CAS nur erahnen: Wer will, kann sich damit seine eigene Formelsammlung, also das elektronische Handbuch, schreiben.

$$L = \cos\left(\frac{1}{5}\sqrt{2}\sqrt{5}\,t\right)^2 - \sin\left(\frac{1}{5}\sqrt{2}\sqrt{5}\,t\right)^2$$

$$S = \frac{1}{2}\sqrt{2}\sqrt{5}\cos\left(\frac{1}{5}\sqrt{2}\sqrt{5}\,t\right)\sin\left(\frac{1}{5}\sqrt{2}\sqrt{5}\,t\right)$$

$$H = \cos\left(\frac{1}{5}\sqrt{2}\sqrt{5}\,t\right)^2 + \sin\left(\frac{1}{5}\sqrt{2}\sqrt{5}\,t\right)^2$$

Mit dem einfachen Plot-Befehl
```
> plot({T,St,L,V,H},t=0..3);
```
können nun die einzelnen Funktionen für die beiden Bewegungstypen untersucht werden. (Bitte beim Loopen auf die Reihenfolge der Zuweisungen von typ und Parametern achten – im Zweifelsfall zurück zu restart).

In dieser Art läßt sich also die Wirkung untersuchen und darstellen, wenn die Bewegung bekannt ist. Das eigentliche Ziel ist aber genau die Umkehrung. Wie erhält man aus der Wirkung, genauer gesagt, aus dem Wirkungsprinzip, die Bewegung?

## *Wirkungsfuktion und Wirkungsprinzip*

Das Wirkungsprinzip ist ein Variationsprinzip, das die wirkliche Bahn aus allen möglichen (zunächst nur denkbaren) aussondert. Deshalb wollen wir zunächst am einfachsten Fall, nämlich der (eindimensionalen) gleichförmigen Bewegung, untersuchen, wie die Wirkung von „falschen" oder „nur gedachten" Bewegungen aussieht. Diese Überlegungen mögen auf den ersten Blick trivial erscheinen. Sie liefern aber eine weit tragende Methode, die wir sogar noch bei den Pfadintegralen verwenden können, nämlich die Bestimmung der Wirkungsfunktion durch lineare Approximation.

Wir gehen aus von einer kräftefreien Bewegung von $x = 0$ nach $x = x_1$, die in der Zeit $t_1$ ablaufen soll, und ersetzen sie durch eine stückweise gleichförmige Bewegung mit gleichem Anfangs- und Endpunkt (im $x$-$t$-Diagramm), aber mit einem Zwischenpunkt $P(t|x)$ (Abb. 4.3).

```
> restart; with(plots):
> pl1:=plot([[0,0],[5,6]],scaling=constrained,color=red):
> pl2:=plot([[0,0],[2,5],[5,6]],scaling=constrained):
> pkte:=plot([[0,0],[2,5],[5,6]],style=point,symbol=circle,
>   scaling=constrained):
> tp:=textplot([[2.5,4.5,'P(t|x)'],[6,5.5,'P1(t1|x1)']]):
> display({pl1,pl2,pkte,tp});
```

Für diese variierte Bahn kann man als Maß für die Wirkung einfach die mit den Zeitdifferenzen gewichtete Summe der kinetischen Energien auf den beiden Teilstücken nehmen. Diese Summe muß immer größer sein als die kinetische Energie der Bewegung ohne Geschwindigkeitsänderung (das Mittel der

## virtuelle Bewegung

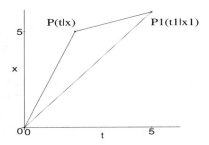

Abb. 4.3: Die gleichförmige Bewegung vom Ursprung nach P1 wird durch eine gedachte Bewegung ersetzt, die stückweise gleichförmig vom Ursprung über P nach P1 verläuft

Geschwindigkeitsquadrate ist immer größer als das Quadrat der mittleren Geschwindigkeit, bzw. nur für die gleichförmige Bewegung ist die Varianz der Geschwindigkeit Null). Nachdem es nur um Extremalwerte geht, können wir auch noch Proportionalitätsfaktoren wie $m/2$ vernachlässigen und mit folgendem $S$ rechnen:

```
> S:=x^2/t+(x1-x)^2/(t1-t);
```

$$S := \frac{x^2}{t} + \frac{(x1-x)^2}{t1-t}$$

Ordnet man jedem Zwischenpunkt $P$ in der $x$-$t$-Ebene diese Wirkung als Ordinate (in der dritten Dimenison) zu, so muß ein Tal sichtbar werden, dessen tiefste Punkte über der wirklichen Bahn liegen (Abb. 4.4):

```
> t1:=2: x1:=3:
> plot3d(S,t=0.1..1.9,x=x1/t1*t-1..x1/t1*t+1,view=0..10,
>         axes=boxed);
```

## Extremalprinzip

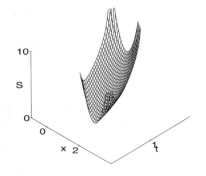

Abb. 4.4: Wirkung der stückweise gleichförmigen Bewegung aus Abb. 4.3, über $P(t|x)$ abgetragen

4.1 Das Wirkungsprinzip

Zwei weitere Darstellungsmöglichkeiten, mit denen Sie im Worksheet das Tal der Wirkung suchen können (ohne Abb.):

```
> contourplot(S,t=0.1..1.9,x=x1/t1*t-1..x1/t1*t+1,
>              axes=boxed);
> gradplot(-S,t=.3..1.8,x=0.2..2.8,axes=boxed,arrows=THICK);
```

Durch die Grenzen in den Plot-Befehlen wurden die Pole der Funktion $S(t)$ ausgespart und damit auch die Zeiten jenseits der Pole.

Was geschieht, wenn wir auch Zwischenpunkte zulassen, die eine Bewegung erfordern, die zeitlich rückwärts läuft ($t > t_1$ oder $t < 0$)? Natürlich treten dann zunächst bei $t = 0, t_1$ Pole auf, da in diesen Fällen die Geschwindigkeit unendlich groß wird. Aber jenseits der Pole ist die Wirkung immer noch definiert, und sie bekommt in der QED sogar dort noch einen Sinn (Abb. 4.5).

```
> plot3d(S,t=-1..3,x=-1..2,view=-20..20,axes=boxed);
```

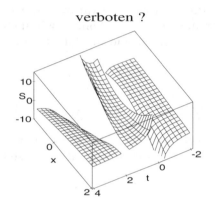

Abb. 4.5: *Der gedachte Zwischenpunkt kann auch so verschoben werden, daß die Bewegung auf einem Abschnitt in der Zeit rückwärts läuft. Wenn das nicht erlaubt wäre, gäbe es keine Antimaterie.*

Experimentieren Sie etwas mit diesem Plot. Suchen Sie günstige Arten der Darstellung, mit denen Sie die verschiedenen Arten der Umwege (nur Vorwärtsbewegung – Vorwärtsbewegung und Rückwärtsbewegung) herausarbeiten. Es wird sich dann bald der Wunsch einstellen, die Kurven gleicher Wirkung zu untersuchen. Eine Höhenlinie erhält man am einfachsten mit dem Befehl implicitplot:

```
> implicitplot(S=5,t=-1..1.9,x=-1..4);
```

Bei den Polen scheint Maple Schwierigkeiten zu bekommen. Wir können unserem CAS aber ein bißchen helfen, indem wir die Gleichung für die konstante Wirkung $C$ etwas umformen:

```
> x1:='x1':t1:='t1':
> gl:=S*t*(t1-t)=C*t*(t1-t);
```

> gl:=simplify(gl);

$$gl := \left(\frac{x^2}{t} + \frac{(x1-x)^2}{t1-t}\right) t(t1-t) = C t (t1-t)$$

$$gl := x^2\, t1 + t\, x1^2 - 2\, t\, x1\, x = C t (t1-t)$$

Die Berechnung der nächsten Plot-Struktur dauert etwas länger (Abb. 4.6):

```
> C:='C':x1:=2:t1:=2:
> implicitplot({seq(gl,C=-10..10)},t=-1..4,x=-1..3);
```

Iso-Wirkungen

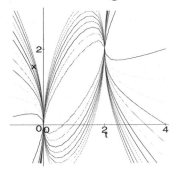

Abb. 4.6: Alle Bewegungen, deren Zwischenpunkte auf einer der Kurven liegen, haben die gleiche Wirkung – sind gleich wirklich

So sehen also die Kurven gleicher Wirkung bei der stückweise gleichförmigen Bewegung aus: Ellipsen für Bewegungen, die in der Zeit vorwärts laufen, Hyperbeln für Bewegungen, die in der Zeit rückwärts laufen. Ist das nicht eine interessante Metrik? Gibt es einen Zusammenhang zwischen Geometrie und Zeitpfeil? Aber bleiben wir bei der „normalen Materie". Man kann sich nun vorstellen, wie man eine wirkliche Bahn durch infinitesimal kleine Stücke $P_0P_1$, $P_1P_2$ ... approximiert. In der Metrik der Wirkung hat man es dann mit einer Kette von Ellipsen zu tun, in deren Inneren die Wirkung vom Minimum höchstens um einen bestimmten Betrag von der Wirkung der wirklichen Bahn abweicht. Und das ist vom Ansatz her die Idee der Pfadintegrale und liefert auch ihre Konsequenz: innerhalb einer solchen Ellipse kann die Bewegung durch einen beliebigen Punkt weiter unterteilt werden. Die Wirkung bleibt die gleiche. Und in Bereichen, in denen sich die Wirkung nicht merklich ändert, kann keine noch so chaotische reale Bewegung von der idealisierten klassischen Bahn unterschieden werden.

$wirf1a.ms$

## 4.1.2 Schwache Extrema

Im vorangehenden Beispiel (Worksheet *wirf1a.ms*) wurde für $x(t)$ bewußt eine „falsche" Funktion verwendet, um einen ersten Einblick zu bekommen, wie die Wirkung darauf reagiert. Der Ansatz einer virtuellen Bahn, die aus stückweise gleichförmigen Bewegungen besteht, führt letzten Endes auf die Feynmanschen Pfadintegrale, wenn man alle möglichen Bahnen berücksichtigt, also unendlich viele Zwischenpunkte zuläßt. Damit erfaßt man dann auch alle Funktionen, von denen am Schluß nur die „richtige" übrigbleiben sollte. Die Variationsrechnung löst dieses Problem „geschlossen" mit den Euler-Lagrangeschen Gleichungen. Diese Gleichungen liefern zwar die wirkliche Bahn, aber sie geben keinen Einblick in die Bewertung und die Bedeutung der virtuellen Bahnen. Nachdem aber die Natur zumindest im atomaren Bereich auf diese Bahnen einen ebenso großen Wert zu legen scheint wie auf das Endprodukt, wollen auch wir diesen Weg beschreiben und die Suche nach der minimalen Wirkung an einem weiteren einfachen Beispiel fortsetzen.

Wir wissen, daß die Weg-Zeit-Funktion des senkrechten Wurfs durch eine quadratische Funktion beschrieben wird. Was passiert, wenn wir diesmal nicht wie im vorigen Beispiel (*wirf1a.ms*) eine lineare Funktion, sondern eine kubische Funktion ansetzen? In der Variationsrechnung spricht man von einem schwachen Extremum, wenn man den Funktions*typ* vorgibt. Wie können wir also mit unserem CAS das schwache Minimum finden?

### *Wurfbewegung*

[wirf2.ms] Die Ausgangsgrößen sind sicher wieder die Energien:

```
> T:=m/2*v^2: v:=diff(x(t),t): L:=T-V: S:=int(L,t=t0..t1):
> t0:=0:
```

Die folgende Schleife produziert ein Polynom n-ten Grades. Wir setzen für unsere Zwecke $n = 3$. Als *exakte* Lösung muß sich dann $a_2 = -1/2g$ und $a_3 = 0$ ergeben. Die interessante Frage ist aber, wie die Wirkung für „falsche" Parameter $a_i$ aussieht.

```
> n:=3:
> xx:=proc(t) local xx,i;
> xx:=0;
> for i to n do
> xx:=xx+a[i]*t^i;
> od;
> RETURN(xx);
> end;

xx := proc(t) local xx,i; xx := 0; for i to n do
xx := xx+a[i]*t^i od; RETURN(xx) end
```

Ein Koeffizient (z.B. $a_1$) läßt sich durch die Bedingung $x(t_1) = x_1$ und die anderen Koeffizienten ausdrücken:

```
> as1:=solve(xx(t1)=x1,a[1]);
```

$$as1 := -\frac{a_2\,t1^2 + a_3\,t1^3 - x1}{t1}$$

Die Weg-Zeit-Funktion und die potentielle Energie lauten dann

```
> x:=t->subs(a[1]=as1,xx(t));
> V:=m*g*x(t);
```

$$x := t \to \text{subs}(a_1 = as1, \text{xx}(t))$$

$$V := m\,g\left(-\frac{(a_2\,t1^2 + a_3\,t1^3 - x1)\,t}{t1} + a_2\,t^2 + a_3\,t^3\right)$$

und führen uns zu folgendem Ausdruck für die Wirkung:

```
> S;
```

$$\frac{1}{60}m\left(10\,g\,t1^4\,a_2 - 30\,g\,t1^2\,x1 + 15\,g\,t1^5\,a_3 + 10\,a_2{}^2\,t1^4 + 24\,a_3{}^2\,t1^6 + 30\,x1^2 \right.$$
$$\left. + 30\,a_3\,a_2\,t1^5\right)/t1$$

Falls Sie mit Polynomen höheren Grades weiterarbeiten wollen, empfiehlt sich eine Vereinfachung des Terms:

```
> Ss:=simplify(S):
```

Wir können nun die Wirkung als eine Funktion der Parameter (hier $a_2$, $a_3$) auffassen und die Variationsrechnung durch eine normale Extremwertsuche bei bekannter Funktion ersetzen, also das Minimum von $S(a_2, a_3)$ bestimmen[5].

```
> sys:=seq(diff(Ss,a[j]),j=2..n);
```

$$sys := \frac{1}{60}\frac{m\left(10\,g\,t1^4 + 20\,a_2\,t1^4 + 30\,a_3\,t1^5\right)}{t1},$$
$$\frac{1}{60}\frac{m\left(15\,g\,t1^5 + 48\,a_3\,t1^6 + 30\,a_2\,t1^5\right)}{t1}$$

Die Lösung dieses Gleichungssystems muß exakt gelten, wir erwarten also $a_3 = 0$ und $a_2 = -1/2g$:

---

[5] Dieses Verfahren ist in ähnlicher Form z.B. auch in der Kosmologie gebräuchlich, wenn man die richtige Geometrie (die Geodätischen) sucht, vgl. [20] S.320.

```
> sol:=solve({sys},{seq(a[i],i=1..n)});
```

$$sol := \left\{ a_3 = 0, a_1 = a_1, a_2 = -\frac{1}{2}g \right\}$$

Dies können wir in eine Weg-Zeit-Funktion xs einsetzen
```
> xs:=subs(sol,x(t));
```

$$xs := -\frac{\left(-\frac{1}{2}g\,t1^2 - x1\right)t}{t1} - \frac{1}{2}g\,t^2$$

und zeichnen lassen, sobald die Konstanten festgelegt sind.
```
> m:=1: g:=10: t1:=2:  x1:=3: xs;plot(xs,t=0..2);
```

$$\frac{23}{2}t - 5\,t^2$$

Zum Vergleich die Lösung der Newtonschen Differentialgleichung:
```
> sol:=rhs(dsolve({diff(y(t),t$2)=-g,y(0)=0,y(t1)=x1},y(t)));
```

$$sol := \frac{23}{2}t - 5\,t^2$$

Nachdem wir uns versichert haben, daß das Ergebnis unserer Überlegungen der Newtonschen Physik nicht widerspricht, können wir uns wieder der ursprünglichen Absicht zuwenden und die Wirkung längs gedachter Bahnen als Funktion der Parameter $a_2$ und $a_3$ untersuchen:
```
> a[2]:=a2: a[3]:=a3:
```

(Diese Umsetzung von indizierten Variablen auf die Variablen $a2$, $a3$ ist für die folgenden Plot-Befehle erforderlich: in den Bereichsangaben können keine indizierten Variablen verwendet werden. Andererseits ist die Formulierung von Listen und deren Lösung mit `solve` (bzw. die Differentiation mit `diff`) mit indizierten Variablen einfacher.)
```
> Ss;
```

$$\frac{40}{3}a2 - \frac{111}{4} + 40\,a3 + \frac{4}{3}a2^2 + \frac{64}{5}a3^2 + 8\,a3\,a2$$

Im Parameterraum $a_2, a_3$ werden die Linien gleicher Wirkung ($Ss = const$) also durch Ellipsen beschrieben. Was uns interessiert, ist das Minimum der Wirkung, also der Mittelpunkt dieser Ellipsen. Wir können es zunächst mit Schnitten längs der Parameterachsen versuchen:
```
> m:=1:t1:=2:x1:=3:a3:=0:a2:='a2':  plot(Ss,a2=-10..0);
> m:=1:t1:=2:x1:=3:a3:='a3':a2:=-5: plot(Ss,a3=-1..1);
```

Den Überblick über eine Darstellung der Wirkung im Parameterraum bekommen wir aber am besten dreidimensional. Man muß allerdings in diesem Fall durch eine logarithmische Darstellung dem „schwachen Minimum" etwas auf die Beine helfen (ohne Abb.):

```
> a2:='a2': a3:='a3':t1:=1/2:
> plot3d(ln(Ss+80),a2=-8..-2,a3=-1..1,axes=boxed);
```

Auch hier finden wir eine Hilfe in dem Befehl contourplot (Abb. 4.7):

```
> contourplot(ln(Ss+62),a2=-10..-1,a3=-2..2,axes=boxed,
> numpoints=2000,contours=20);
```

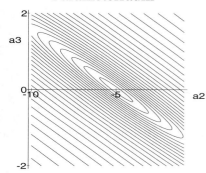

Abb. 4.7: Iso-Wirkungen einer Bewegung im homogenen Kraftfeld als Funktionen der Parameter einer quadratischen ($a_2$) und einer kubischen ($a_3$) Abhängigkeit von der Zeit

Die „falschen Bahnen" lassen sich also in Klassen einteilen, wenn man sie nach gleicher Wirkung sortiert. Dabei scheint die Natur in erster Linie darauf zu achten, daß der Bewegungs*typ* stimmt (steiler Anstieg der Wirkung in $a_3$-Richtung), während sie es mit einer Abweichung in $a_2$-Richtung nicht so genau nimmt. Besonders großzügig ist sie aber bei Abweichungen der Parameter in Richtung der Hauptachse der Ellipsen und besonders kleinlich in Richtung der Nebenachse. So kann man also auch Naturgesetze finden, und wenn es nur das des freien Falls ist. Die Kraft kommt dabei nicht vor, das Wirkungsprinzip alleine führt zu der Aussage: Ein linear zunehmendes Potential hat ein quadratisches Weg-Zeit-Gesetz zur Folge. In diesem Sinne noch ein paar Anregungen zur Privatforschung: Wovon hängt die Orientierung der Ellipsenachsen ab? Wie wirkt sich die Lage des Start- und Endpunkts aus? Was ändert sich mit $g$ und $m$?  $\boxed{wirf2.ms}$

## Oszillator

wirf3.ms

Die Bewegung des harmonischen Oszillators kann ebenfalls über das schwache Minimum der Wirkungsfunktion näherungsweise bestimmt werden, wenn wir zum Beispiel ein Polynom $n$-ten Grades ansetzen.

```
> T:=m/2*v^2: v:=diff(x(t),t): L:=T-V: S:=int(L,t=t0..t1):
> t0:=0:
```

Das Polynom $n$-ten Grades durch die zwei Punkte $(0|0)$ und $(t_1|x_1)$ bauen wir zur Abwechslung mit Hilfe des Punkt-Operators (siehe auch cat) auf:

```
> n:=10:
> xx:=proc(t) local xx,i;
> xx:=0;
> for i to n do
> xx:=xx+a.i*t^i;
> od;
> RETURN(xx);
> end;
xx := proc(t) local xx,i; xx := 0; for i to n do
xx := xx+a.i*t^i od; RETURN(xx) end
```

Ein Koeffizient (z.B. $a_1$) läßt sich wieder durch die Bedingung $x(t_1) = x_1$ und die anderen Koeffizienten ausdrücken:

```
> as1:=solve(xx(t1)=x1,a1);
```

$$as1 := -(a2\,t1^2 + a3\,t1^3 + a4\,t1^4 + a5\,t1^5 + a6\,t1^6 + a7\,t1^7 + a8\,t1^8 + a9\,t1^9 \\ + a10\,t1^{10} - x1)/t1$$

Unser CAS liefert uns auf Knopfdruck die Weg-Zeit-Funktion zu den aufgestellten Bedingungen:

```
> x:=t->subs(a1=as1,xx(t)):
> x(t);
```

$$-(a2\,t1^2 + a3\,t1^3 + a4\,t1^4 + a5\,t1^5 + a6\,t1^6 + a7\,t1^7 + a8\,t1^8 + a9\,t1^9 + a10\,t1^{10} \\ - x1)t/t1 + a2\,t^2 + a3\,t^3 + a4\,t^4 + a5\,t^5 + a6\,t^6 + a7t^7 + a8\,t^8 + a9\,t^9 \\ + a10\,t^{10}$$

Und mit dem quadratischen Potential

```
> k:='k':
> V:=1/2*k*x(t)^2:
```

erhalten wir für die Wirkung einen etwas längeren Ausdruck...

```
> Ss:=simplify(S);
```

$$Ss := \frac{1}{232792560}(-34641750\,k\,t1^{13}\,a5\,a6 - 17635800\,k\,t1^{13}\,a9\,a2$$

$$
\begin{aligned}
&- 33426624\,k\,t1^{14}\,a8\,a4 - 36382720\,k\,t1^{14}\,a5\,a7 + 380227848\,m\,t1^{16}\,a8^{2} \\
&- 47171124\,k\,t1^{20}\,a10\,a8 - 45265220\,k\,t1^{19}\,a10\,a7 \\
&- 27159132\,k\,t1^{13}\,a8\,a3 + 438197760\,m\,t1^{18}\,a9^{2} + 206926720\,m\,a5^{2}\,t1^{10} \\
&- 23761920\,k\,t1^{20}\,a9^{2} - 38798760\,k\,t1^{2}\,x1^{2} - 16124160\,k\,t1^{12}\,a5^{2} \\
&+ 264537000\,m\,t1^{12}\,a6^{2} + 38798760\,m\,a2^{2}\,t1^{4} - 8868288\,k\,t1^{8}\,a3^{2} \\
&- 20692672\,k\,t1^{16}\,a7^{2} - 3879876\,k\,t1^{6}\,a2^{2} + 93117024\,m\,a3^{2}\,t1^{6} \\
&+ 496215720\,m\,a10^{2}\,t1^{20} - 18653250\,k\,t1^{14}\,a6^{2} - 34918884\,k\,t1^{16}\,a10\,a4 \\
&+ 149652360\,m\,a4^{2}\,t1^{8} - 24942060\,k\,t1^{22}\,a10^{2} - 22366344\,k\,t1^{18}\,a8^{2} \\
&+ 322328160\,m\,t1^{14}\,a7^{2} - 17283084\,k\,t1^{12}\,a8\,a2 + 48498450\,k\,t1^{8}\,a6\,x1 \\
&- 16166150\,k\,t1^{10}\,a6\,a2 - 48674808\,k\,t1^{21}\,a9\,a10 \\
&- 28267668\,k\,t1^{15}\,a10\,a3 - 37690224\,k\,t1^{15}\,a8\,a5 - 41885025\,k\,t1^{17}\,a9\,a6 \\
&+ 19399380\,k\,t1^{4}\,a2\,x1 + 31039008\,k\,t1^{5}\,a3\,x1 - 28821936\,k\,t1^{11}\,a5\,a4 \\
&- 39491595\,k\,t1^{17}\,a10\,a5 - 23648768\,k\,t1^{10}\,a5\,a3 - 13856700\,k\,t1^{8}\,a4\,a2 \\
&- 32332300\,k\,t1^{13}\,a4\,a7 - 40738698\,k\,t1^{16}\,a8\,a6 - 34263840\,k\,t1^{15}\,a9\,a4 \\
&- 43001959\,k\,t1^{17}\,a8\,a7 + 54318264\,k\,t1^{10}\,a8\,x1 - 27783168\,k\,t1^{14}\,a9\,a3 \\
&- 44262400\,k\,t1^{18}\,a9\,a7 - 16812796\,k\,t1^{11}\,a7\,a2 - 30862650\,k\,t1^{12}\,a4\,a6 \\
&- 42792750\,k\,t1^{18}\,a10\,a6 - 21339318\,k\,t1^{9}\,a4\,a3 \\
&+ 58198140\,k\,t1^{12}\,a10\,x1 - 25219194\,k\,t1^{11}\,a6\,a3 + 38798760\,k\,t1^{6}\,a4\,x1 \\
&- 26336128\,k\,t1^{12}\,a7\,a3 - 46088224\,k\,t1^{19}\,a9\,a8 - 15242370\,k\,t1^{9}\,a5\,a2 \\
&- 39260650\,k\,t1^{15}\,a7\,a6 + 56434560\,k\,t1^{11}\,a9\,x1 - 12932920\,k\,t1^{10}\,a4^{2} \\
&- 38697984\,k\,t1^{16}\,a9\,a5 + 116396280\,m\,x1^{2} + 51731680\,k\,t1^{9}\,a7\,x1 \\
&+ 581981400\,m\,t1^{13}\,a7\,a6 + 573027840\,m\,t1^{14}\,a9\,a5 \\
&+ 419026608\,m\,a4\,a7\,t1^{11} + 785674890\,m\,t1^{17}\,a10\,a7 \\
&+ 325909584\,m\,a8\,a3\,t1^{11} + 266048640\,m\,a5\,a3\,t1^{8} \\
&+ 387987600\,m\,a4\,a6\,t1^{10} + 698377680\,m\,t1^{15}\,a8\,a7 \\
&+ 310390080\,m\,a7\,a3\,t1^{10} + 744936192\,m\,t1^{16}\,a9\,a7 \\
&+ 598609440\,m\,t1^{15}\,a10\,a5 + 665121600\,m\,t1^{15}\,a9\,a6 \\
&+ 155195040\,m\,a5\,a2\,t1^{7} + 626749200\,m\,t1^{14}\,a8\,a6 \\
&+ 814773960\,m\,t1^{17}\,a9\,a8 + 181060880\,m\,a8\,a2\,t1^{10} \\
&+ 698377680\,m\,t1^{16}\,a10\,a6 + 338607360\,m\,t1^{12}\,a9\,a3 \\
&+ 465585120\,m\,t1^{13}\,a9\,a4 + 349188840\,m\,t1^{13}\,a10\,a3 \\
&+ 931170240\,m\,a9\,a10\,t1^{19} + 232792560\,m\,a4\,a3\,t1^{7} \\
&+ 543182640\,m\,t1^{13}\,a8\,a5 + 862701840\,m\,t1^{18}\,a10\,a8 \\
&+ 483492240\,m\,t1^{14}\,a10\,a4 + 190466640\,m\,t1^{12}\,a10\,a2 \\
&+ 507911040\,m\,t1^{12}\,a5\,a7 + 444422160\,m\,t1^{12}\,a8\,a4 \\
&+ 186234048\,m\,a9\,a2\,t1^{11} + 465585120\,m\,a5\,a6\,t1^{11}
\end{aligned}
$$

$$+ 290990700\,m\,a6\,a3\,t1^9 + 174594420\,m\,a7\,a2\,t1^9$$
$$+ 349188840\,m\,a5\,a4\,t1^9 + 166280400\,m\,a6\,a2\,t1^8$$
$$+ 139675536\,m\,a4\,a2\,t1^6 + 116396280\,m\,a3\,a2\,t1^5$$
$$+ 44341440\,k\,t1^7\,a5\,x1 - 11639628\,k\,t1^7\,a3\,a2 - 17907120\,k\,t1^{14}\,a10\,a2)$$
$$/t1$$

Wir stellen wieder unser Gleichungssystem auf und lassen es lösen:
```
> sys:=seq(diff(Ss,a.j),j=2..n):
> sol:=solve({sys},{a.(2..n)}):
```
Wenn Sie sich die Lösung $xs$ im Worksheet ausgeben lassen, werden Sie sicher meine Begeisterung für dieses CAS teilen: Probleme, die von der Struktur her einfach sind, jedoch einen immensen Rechenaufwand bedeuten würden, wollte man sie von Hand lösen, sind ein gefundenes Fressen für Maple. Hier kann man zuschauen, wie Quantität in Qualität umschlägt, und – was ebenso wichtig ist – man kann damit weiterarbeiten.
```
> xs:=subs(sol,x(t)):
```
Nun können wir Zahlen für die Federkonstante, die Masse und den Endpunkt einsetzen
```
> k:=2:    m:=1/4:  t1:=2:  x1:=3:
```
und für eine vergleichende Darstellung (Abb. 4.8) die exakte Lösung der Newton-DG parat stellen.
```
> exakt:=rhs(dsolve({diff(y(t),t$2)=-k/m*y(t),y(0)=0,
> y(t1)=3}, y(t)));
```
$$exakt := 3\,\frac{\sin\left(2\sqrt{2}\,t\right)}{\sin\left(4\sqrt{2}\right)}$$

```
> plot({exakt,xs},t=-1..t1+1,-10..10);
```
Der Vergleich unseres Näherungspolynoms mit der exakten Lösung ist aber nicht „nur" graphisch möglich. Man kann mit Hilfe der Reihenentwicklung der exakten Lösung auch untersuchen, welche Koeffizienten eine Abweichung verursachen, bzw. was eine Erhöhung der Ordnung bewirkt:
```
> evalf(series(exakt,t,10));
```
$$-14.47564991\,t + 19.30086655\,t^3 - 7.720346621\,t^5 + 1.470542213\,t^7 -$$
$$.1633935793\,t^9 + \mathrm{O}(t^{10}\,)$$

| wirf3.ms |
```
> evalf(xs);
```
$$-14.47511785\,t - .01449596411\,t^2 + 19.42912049\,t^3 - .5410505937\,t^4$$
$$- 6.447996556\,t^5 - 1.789999198\,t^6 + 3.002096492\,t^7 - .7591314635\,t^8$$
$$+ .008145129527\,t^9 + .01174502039\,t^{10}$$

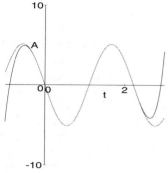

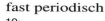

Abb. 4.8: Annäherung einer harmonischen Schwingung durch ein Polynom 10. Grades. Die Koeffizienten werden mit dem Prinzip der kleinsten Wirkung bestimmt.

Das Pendant zum hier gemachten Ansatz finden Sie in `fourw.ms`. Dort wird die Ortsfunktion nicht als Polynom angesetzt, sondern als Überlagerung von Schwingungen, deren Amplituden nach dem Wirkungsprinzip bestimmt werden. (Man sollte einmal untersuchen, wie sich die so berechneten Koeffizienten von den echten Fourierkoeffizienten unterscheiden, also `fourier.ms` und `fourw.ms` kombinieren.)  *fourw.ms*  *fourw.ms*

### 4.1.3 Lineare Approximation

Setzen wir unseren Vergleich von wirklichen und gedachten Bahnen fort, indem wir den Übergang von der Kausalität zur Möglichkeit weiter untersuchen. Die Bestimmung schwacher Extrema ist nur sinnvoll, wenn man den Funktionstyp kennt oder wenigstens einen Anhaltspunkt dafür hat. Aber was macht man, wenn solch ein Anhaltspunkt fehlt? Was macht die Natur, wie findet *sie* die exakte Lösung?

Vielleicht sollten wir zu dem in Abbildung 4.3 dargestellten Ansatz zurückkehren und uns zunächst mit einer Näherung begnügen, die aber den entscheidenden Vorteil hat, daß sie nicht auf willkürlichen Annahmen beruht. Zur näherungsweisen Berechnung der Orts-Zeit-Funktion $x(t)$ zu vorgegebenem Potential mit Hilfe des Wirkungsprinzips können wir den Bewegungsablauf von $(0|0)$ nach $(x_1|t_1)$ in $n$ Zeitschritte der Dauer $dt = t_1/n$ unterteilen. In diesen Zeitabschnitten nehmen wir eine gleichförmige Bewegung an und erhalten so ein Gleichungssystem für die Koordinaten $x_i$ zu den Zeiten $t_i$: Die Summe der Wirkungen längs der Teilstrecken muß minimal sein, d.h. die Ableitungen der „Lagrangefunktion" nach den Koordinaten der Teilpunkte der Strecke müssen verschwinden. (Die Lagrangefunktion steht in Anführungszeichen, weil es im Falle dieser linearen Approximation genügt, die Differenz der mittleren kinetischen und potentiellen Energie als Maß für die Wirkung eines Abschnittes der Bewegung zu nehmen.) Die Lösung dieses Gleichungssystems ist exakt, die Näherung liegt nur in der endlichen Länge der Teilstrecken, also muß der Grenzübergang $dt \to 0$ bzw. $n \to \infty$ die „wirkliche Bahn" liefern. Der Haken bei diesem Ansatz ist nur das unendlichdimensionale Gleichungssystem, das man lösen müßte, wenn man die wirkliche Bahn wirklich exakt bestimmen wollte... da kann man nur froh sein, daß es die wirkliche Bahn nicht gibt! Allerdings können wir zum Vergleich mit dem idealisierenden kausalen Denken die „exakte Lösung" der Newtonschen Bewegungsgleichung zur Verfügung stellen, denn in solch einfachen Fällen wie der Wurfparabel oder der Sinusschwingung läßt sich das Gedankengebäude der Bahn tatsächlich berechnen.

Wir bleiben also unserem Programm „moderne Physik an Standardbeispielen erläutert" treu und versehen unser Worksheet (*wirf4.ms*) mit folgenden Optionen:

1. Zwei Bewegungstypen:
   a) gleichmäßig beschleunigte Bewegung und
   b) harmonische Schwingung. (Weitere Bewegungstypen können Sie wieder durch eine entsprechende Änderung des Potentials hinzufügen.)

2. Die Güte der Approximation (*n-loop*).

3. Die zugehörigen physikalischen Parameter wie Masse, Fallbeschleunigung und Federkonstante (*phys. Parameter-loop*).

In der „Lagrangefunktion" oder „mittleren Wirkung" formulieren wir das mittlere Potential $Vq$ als Funktion, damit die Änderung aller Parameter weitergereicht werden kann:

> Lq:=Tq-Vq();

$$Lq := Tq - \mathrm{Vq}(\ )$$

wirf4.ms

Eine Löschprozedur erleichtert die Handhabung von Schleifen

```
> clear:= proc(x) local p;
> for p to n do
> x[p]:=evaln(x[p]); od; end;
```

„mittlere kinetische Wirkung" wie in *wirf1a.ms*

```
> n:='n': dt:='dt':
> Tq:=m/(2*dt)*sum((x[j]-x[j+1])^2,j=0..n-1);
```

$$Tq := \frac{1}{2} \frac{m \left( \sum_{j=0}^{n-1} (x_j - x_{j+1})^2 \right)}{dt}$$

Potentialtyp (zum Umschalten, vorher zurück zu restart)

```
> V:=proc(x)
> 1/2*k*x^2;
> #m*g*x;
> end;
```

V := proc(x) 1/2*k*x^2 end

```
> #g:=10: # nur fuer glm. beschl. Bew.
> #V(x);Vq();
```

„mittlere potentielle Wirkung"

```
> if assigned(n) then clear(x) fi;
> n:='n': dt:='dt':
> Vq:=proc() dt*sum(V(x[j]),j=0..n-1);
> end;
```

Vq := proc() dt*sum(V(x[j]),j = 0 .. n-1) end

Kontrolle der „Lagrangefunktion"

> Lq;

$$\frac{1}{2} \frac{m \left( \sum_{j=0}^{n-1} (x_j - x_{j+1})^2 \right)}{dt} - dt \left( \sum_{j=0}^{n-1} \left( \frac{1}{2} k\, x_j^2 \right) \right)$$

4.1  *Das Wirkungsprinzip*

*n-loop:*

```
> n:=10; t1:='t1': j:='j': k:='k':g:='g':m:='m':
> clear(x);
> dt:=t1/n;
```

Aufstellen des Gleichungssystems, das bis zu quadratischem Potential linear ist

```
> kk:='kk': sys:=seq(diff(Lq,x[kk])=0,kk=1..n-1):
```

Lösung des LGS (dauert für n=53 etwas länger als für n=35...):

```
> sol:=solve({sys},{seq(x[j],j=1..n-1)}):
> #sol;
```

Übertragen der Lösung auf die $x_i$

```
> assign(sol);
```

*phys. Parameter-loop:*

Parameter und Plot der Approximation ($m$, $g$ und $k$ dürfen nicht float sein, sonst Fehlermeldung von soly bzw. indirekt von dsolve):

```
> m:=1/5: g:=1/2: k:=1/2:
> t1:=5: #fuer grosse t1 problematisch
> dt:=t1/n:
> x[0]:=0: x[n]:=3:
```

Aufbau eines arrays für den Plot

```
> for i to n do
> pkte[i]:=x[i] :
> od:
```

Darstellung

```
> plota:=plot([[0,0],seq([i*dt,pkte[i]],i=1..n-1),
>              [n*dt,x[n]]]):
> plota;
```

Ausgabe der Zahlen zum Vergleich mit der exakten Lösung

```
> j:='j':
> ITq:=evalf(Tq); IVq:=evalf(Vq()); Sq:=evalf(Lq);
```

$$ITq := 5.850563285$$

$$IVq := 5.654857158$$

$$Sq := .1957061274$$

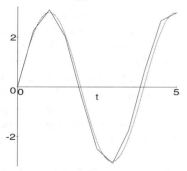

Abb. 4.9: Annäherung einer harmonischen Schwingung durch eine stückweise gleichförmige Bewegung mit kleinster Wirkung

Berechnung der exakten Lösung und gemeinsame Darstellung mit der Näherung (Abb. 4.9)

```
> soly:=proc() rhs(dsolve({diff(y(t),t$2)=
> -diff(V(y),y)/m,y(0)=0,y(t1)=x[n]},y(t))); end;
> plote:=plot(soly(),t=0..t1,color=red):
> display({plota,plote});
```

Zahlen zum Vergleich

```
> IT:=evalf(int(m/2*diff(soly(),t)^2,t=0..t1));
> IV:=evalf(int(V(soly()),t=0..t1));
> S:=IT-IV;
```

$$IT := 5.6032$$

$$IV := 5.6769$$

$$S := -0.0737$$

Im Worksheet *wirf5.ms* werden die Untersuchungen von *wirf4.ms* mit Prozeduren wiederholt, was eine komfortablere Bedienung ermöglicht. Aber abgesehen von der Programmiertechnik kann man mit diesem Worksheet noch einmal den physikalischen Gehalt des Verfahrens nachvollziehen: die lineare Approximation reicht in zweifacher Hinsicht aus, um eine Bewegung zu bestimmen:

1. wird die Bahn durch stückweise gleichförmige Bewegungsabschnitte ersetzt,
2. genügt die erste Ableitung der Wirkungsfunktion (gemittelten Lagrangefunktion) nach den Koordinaten der Zwischenpunkte. Beides wäre in der Newtonschen Mechanik nicht möglich, weil dort das Bewertungskriterium „Wirkung" fehlt. In Hamiltons Physik kann dagegen mit einfachen Mitteln die Bahn „aus dem Potential herausmodelliert werden".

*wirf4.ms*

*wirf5.ms*

### 4.1.4 Zufallspfade

Der Ansatz der linearen Approximation kann sehr stark verallgemeinert werden. Mit diesem Ansatz selbst haben wir uns schon von der Voraussetzung eines bestimmten Funktionstyps (schwaches Extremum) verabschiedet. Der nächste Schritt der Verallgemeinerung war der (zumindest beabsichtigte) Grenzübergang zur wirklichen Bahn. Nun gehen wir noch einen Schritt weiter und lassen das Wirkungsprinzip aus einer Menge zufällig erzeugter Pfade den „besten" aussuchen. Dabei werden wir aber erneut feststellen, daß es auf diesen einen besten Pfad gar nicht so sehr ankommt, sondern daß es eine Menge gleichberechtigter Pfade gibt: wir nähern uns der Feynmanschen Demokratie, und das ist die wichtigste Verallgemeinerung.

Zu diesem Zweck schreiben wir ein kleines Iterationsprogramm, das man „Sir William Rowan H. in Monte Carlo" nennen könnte:

1. Ein zufälliger Pfad wird vorgegeben.

2. Dieser Pfad wird zufällig verändert und die Änderung akzeptiert, wenn sich dadurch die Wirkung verringert.

3. Zurück zu 2., falls gewünscht.

Im einzelnen können wir so vorgehen: Die Bewegung wird in $n$ gleiche Zeitschritte $dt = t_1/n$ unterteilt. Von je drei Punkten mit den $x$-Werten $(a, x, b)$ wird der mittlere variiert $(x + dx)$ und die sich daraus ergebende Differenz der Wirkung $dS$ berechnet.

Wir benötigen also wieder die mittlere kinetische und potentielle Energie (mit $dt$ multipliziert) auf jedem dieser Abschnitte der Bewegung.

Für die kinetische Energie gilt:

$$T_i = m/2((x-a)^2 + (b-x)^2)/dt$$

Oder als Prozedur:

```
Ti := proc(a,x,b) 1/2*m*((x-a)^2+(b-x)^2)/dt end
```

Um die Änderung der Wirkung beurteilen zu können, müssen wir die Differenz bilden:

```
> dT:=T_i(a,x+dx,b)-T_i(a,x,b);
```

$$dT := \frac{1}{2} \frac{m\,((x+dx-a)^2 + (b-x-dx)^2)}{dt} - \frac{1}{2} \frac{m\,((x-a)^2 + (b-x)^2)}{dt}$$

Oder in vereinfachter Form:

$$dT = mdx(2x + dx - a - b)/dt$$

Und das ist der Ausdruck bzw. die Prozedur, die wir für die Minimierung der Wirkung benötigen

*montew.ms*

```
dT := proc(a,x,b,dx) -m*dx*(-2*x-dx+a+b)/dt end
```

Die Differenz der potentiellen Energien (mal $dt$) in zwei aufeinander folgenden Abschnitten der Bewegung wird ebenfalls als Prozedur angesetzt, damit wir später beliebige Potentiale eingeben können:

```
> dV:=proc(x,dx)
> (V(x+dx)-V(x))*dt;
> end;

dV := proc(x,dx)  (V(x+dx)-V(x))*dt  end
```

Nun kann als Auswahlkriterium die Differenz der Wirkung gebildet werden:

```
> dS:=proc(a,x,b,dx)
> dT(a,x,b,dx)-dV(x,dx);
> end;

dS := proc(a,x,b,dx)  dT(a,x,b,dx)-dV(x,dx)  end
```

Im Worksheet (*montew.ms*) folgt eine Prozedur

```
Sa := proc(ak)
    local i;
    sum(1/2*m*(xa[ak,i]-xa[ak,i+1])^2/dt-1/2*(V(xa[ak,i+1])+
        V(xa[ak,i]))*dt,i = 1 .. n)
end
```

die später zur Kontrollausgabe benötigt wird, sowie eine Prozedur

```
anz := proc()
       global x,xa,x0;
           x := array(1 .. n+1);  x0 := array(1 .. n+1);
              x[1] := 0;  x[n+1] := x1
       end
```

zur Festlegung der Anzahl der zu variierenden Punkte.

Wir kommen zum Start der Iteration, also zum Auslosen der Anfangsverteilung:

```
> ini:=proc() local  i; global x,x0,ran,dt;
> dt:=t1/n:
> ran:=kr*(1-rand(1..1000)/500):   .....
```

Beim Experimentieren mit diesem Worksheet hat sich herausgestellt, daß eine Systematik in der „Zufallsverteilung" (z.B. gleichförmige Bewegung als nullte

Näherung) die Konvergenz der Iteration eher verzögert als beschleunigt: man sollte der Natur keine Vorgaben machen (höchstens an den Randpunkten).

```
ini := proc()
      local i;
      global x,x0,ran,dt;
      dt := t1/n;
      ran := kr*(1-1/500*rand(1 .. 1000));
      for i from 2 to n do  x[i] := ran(); x0[i] := x[i] od;
      x0[1] := x[1];
      x0[n+1] := x1
end
```

Wir treiben wieder unser Spiel mit den beiden Standard-Potentialtypen (und denen, die Sie hinzufügen):

```
> m:='m':g:='g':k:='k':
> V:=proc(x)
> 1/2*k*x^2;
> #m*g*x;
> end;
V := proc(x)  1/2*k*x^2 end
```

Schließlich können wir die Prozedur zur Iteration schreiben:

```
monte := proc()
      local l,lk,ii,i,kk,mk;
      global x,xa,dx,ran,dt;
            for l to 10 do
                  for lk to kn do
                        for i from 2 to n do
                              for kk to 1 do
                                    dx := ran()/l^ex;
                                    if dS(x[i-1],x[i],x[i+1],dx) <= 0
                                       then x[i] := x[i]+dx fi
                              od
                        od
                  od;
                  for mk to n+1 do  xa[l,mk] := x[mk] od;
                  print(l*kn,Sa(l))
            od
end
```

Zum Vergleich benötigen wir noch ein letztes Mal die Wirkung der wirklichen Bahn:

```
soly :=

      proc() rhs(dsolve({diff(y(t),t $ 2) = -
            diff(V(y),y)/m,y(0) = 0,y(t1) = x1},y(t))) end
```

4 Hamilton

```
S := proc() int(1/2*m*diff(soly(),t)^2-V(soly())),
     t = 0 .. t1) end
```

Vor dem Start der Iteration muß noch eine Reihe von Parametern festgelegt werden:

n: Anzahl der Punkte

kr: halbe Breite der zufälligen Anfangsverteilung ($-kr < x_0[i] < kr$)

kn: Anzahl der Iterationen, nach der eine Ausgabe erfolgt bzw. ein Pfad abgespeichert wird (Gesamtzahl: $10kn$)

ex: die Streuung der Zufallszahlen nimmt mit $1/j^{ex}$ ab, wobei $j$ das $j$-te Paket von $kn$ Iterationen ist

```
> n:=4:  kr:=20:   kn:=20:  ex:=1:
```

Masse $m$ (nicht vom Typ `float`), Fallbeschleunigung $g$ und Federkonstante $k$
```
> m:=2:  g:=100:   k:=20:
```

Endpunkt (für dezimale Ausgabe mindestens eine Größe als `float` eingeben)
```
> x1:=3:  t1:=0.9:
```

Vorbereitung der Iteration (die Variable `_seed` ist in Maple für den definierten Start des Zufallszahlengenerators vordefiniert, ggf. für einen neuen Anfangspfad deaktivieren)
```
> _seed:=100:
> anz():  ini():
```

Iteration mit Kontrollausgabe
```
> monte();
> 'exakt'=S();
```

$$20, 113.8414889$$

$$40, 58.16503334$$

$$60, 17.45550741$$

$$80, -31.39633148$$

$$100, -49.40780170$$

$$120, -89.95044983$$

$$140, -93.40193140$$

4.1 *Das Wirkungsprinzip*

$$160, -99.62989803$$

$$180, -104.2211541$$

$$200, -108.0409883$$

$$exakt = -93.47886232$$

Wenn Sie monte() mehrmals mit verschiedenen Parametern starten, werden Sie bald den Zahlen ansehen, ob der folgende Plot „vernünftige" Pfade zeigt. In ihm wird der Anfangspfad (ploti), die letzte Näherung (plotm) und die wirkliche Bahn (plote) dargestellt.

```
> ploti:=plot([seq([i*dt-dt,x0[i]],i=1..n+1)],color=green):
> plotm:=plot([seq([i*dt-dt,x[i]],i=1..n+1)]):
> plote:=plot(soly(),t=0..t1,color=red):
> display({ploti,plotm,plote});
```

Eine detailliertere Auskunft erhält man, wenn man jeden $kn$-ten Pfad zeichnet (Abb. 4.10):

```
> aniplot:=seq(plot({plote,ploti,[seq([i*dt-dt,xa[s,i]],
>                    i=1..n+1)]}),s=1..10):
> display([aniplot]);
```

oder die Suche nach der wirklichen Bahn verfolgt:

```
> display([aniplot],insequence=true);
```

Pfade

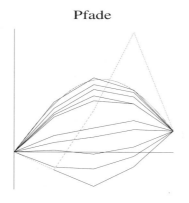

Abb. 4.10: Gewürfelte Annäherung an die Wurfparabel. Regel: Wer die kleinste Wirkung erzielt, gewinnt.

montew.ms

*Diskussion:* Beim Experimentieren mit den verschiedenen Parametern stellt man fest, daß sich die Konvergenz der gedachten Pfade gegen die wirkliche Bahn nicht immer erzwingen läßt. Insbesondere kann man bei periodischer Bewegung sogar Divergenz bekommen, wenn *t1* größer als die halbe Periodendauer wird. Das liegt sicher nicht nur an dem simplen Rechenverfahren, sondern in der *Natur* der Sache: die Natur nimmt es nicht so genau mit *der* Wirklichkeit. Es gibt viele Pfade, die sich in ihrer Wirkung von der wirklichen Bahn nur wenig unterscheiden.

Für große $n$ sollte man eine Verbesserung der Konvergenz erwarten. Statt dessen bleibt die Iteration manchmal bei lokalen Minima hängen und liefert z.T. zur wirklichen Bahn spiegelbildliche Bahnen. Das liegt wohl am simplen Rechenverfahren. Haben Sie Lust, es zu verfeinern?

Aber es ist ja auch nicht der Zweck dieses einfachen Modells, die wirkliche Bahn zu berechnen. Es soll vielmehr das zeigen, was Feynman meint, wenn er von Teilchen spricht, die „schnuppern", um ihre Bahn zu finden. Während bei den Feynmanschen Pfadintegralen die Auswahl (besser die Gewichtung) der Pfade durch Interferenz geschieht, wird sie hier schlicht durch Probieren erreicht. So viel Zeit kann sich die Natur natürlich nicht nehmen. Kein Elektron würde je ankommen, wenn es ständig schnuppernd alle möglichen Pfade der Reihe nach ausprobieren müßte[6]. Man kommt aber auch schnell an die Grenzen des Denkbaren und Vorstellbaren, wenn man sich überlegt, wie die Auswahl durch Interferenz geschehen soll, denn diese Interferenz muß schon ein genial schneller Rechner sein, wenn sie zu jeder Zeit und an jedem Ort in einem einzigen Moment das Ergebnis der Überlagerung aller möglichen Pfade berechnet und das auch noch für alle Teilchen der Welt.

---

[6] Die relativistische Behandlung des Elektrons zeigt jedoch, daß dieses Bild gar nicht so falsch ist: das Elektron zittert mit Lichtgeschwindigkeit um die klassische Bahn – zumindest das gedachte (Schrödingersche Zitterbewegung).

# 5

# Feynman

*Developing the Concepts with Special Examples*
*(R.P.Feynman [4])*

Es ist angebracht, noch einmal an den Aufbau dieses Buches zu erinnern (Übersicht auf S. 2). Die beiden Kapitel „Newton" und „Huygens" stehen für zwei Theorien, die sich auszuschließen scheinen, wenn man sie überspitzt und mit dem Anspruch der universellen Gültigkeit formuliert: „Alles bewegt sich wie ein Massenpunkt, weil es von Kräften auf einer Bahn geführt wird" widerspricht „Alles bewegt sich wie Wellen, die an beliebigen Orten interferieren können" in allen Teilen. Ein überzeugter Teilchenphysiker wird also niemals auf die Idee kommen, seine (Newtons) Bewegungsgleichung gegen eine Wellengleichung einzutauschen. Im Hamilton-Kapitel haben wir jedoch gesehen, daß man zu einer wesentlich allgemeineren Form der Beschreibung von Bewegungen kommen kann, wenn man bereit ist, mit gedachten Bahnen zu arbeiten. Diese gedachten Bewegungen erinnern stark an das „überall gegenwärtig" von Wellen, und tatsächlich liefert die Hamilton-Jacobi-Theorie den Schlüssel zu einer einheitlichen Beschreibung der Natur. Wir werden im nächsten Abschnitt sehen, wie mit wenigen Zeilen[1] die drei wichtigsten Beziehungen zwischen Teilchen- und Wellengrößen hergestellt werden können. Obwohl diese Beziehungen, die schon Hamilton bekannt waren, sehr einfach sind, wurden sie lange ignoriert, weil sie der Vorstellung widersprechen. Deshalb werden wir ihre Konsequenzen zunächst wieder an einfachen Beispielen untersuchen und mit unserem CAS anschaulich machen. Nach dieser Gewöhnungsphase können wir dann endgültig zur

---

[1] Eine ausführliche Darstellung der hier in aller Kürze wiedergegebenen Zusammenhänge finden Sie z.B. in [21], [16], [17].

Feynmanschen Behandlung von Bewegungen übergehen, deren wichtigste Elemente wir schon in den vorangegangenen Kapiteln zusammengetragen haben. Allerdings wäre ein neues Buch erforderlich, um dies erschöpfend zu tun, denn was hier als Abschluß einer Entwicklung vorgestellt wird, nämlich die Methode der Pfadintegrale, ist nicht nur von Feynmans QED die Basis. Dagegen wäre es unverantwortlich, die Entstehung der Wellenmechanik zu untersuchen, ohne ihren Vater Schrödinger zu Wort kommen zu lassen. *Seiner* Gleichung sind deshalb die letzten beiden Abschnitte gewidmet.

## 5.1 Der Brückenschlag

Wir haben gesehen, daß alle Funktionen der Form $f(ax \pm bt)$ Wellengleichungen lösen, wobei $a$ und $b$ die Phasengeschwindigkeit bestimmen, die nicht notwendig konstant sein muß. Auch die Wirkungsfunktion $S = \int_{t_0}^{t_1} L \, dt$ läßt sich in einen ortsabhängigen und einen zeitabhängigen Teil aufspalten. Mit $L = T - V = 2T - H$ (Gesamtenergie $H = const$) und $T = \frac{p^2}{2m}$ gilt nämlich (zunächst eindimensional):

$$S = \int (2T - H) dt = \int \frac{p^2}{m} dt - Ht = \int \frac{pmv}{m} dt - Ht = \int p\dot{x} \, dt - Ht = \int p \, dx - Ht$$

Somit ist:

$$S = \int p \, dx - Ht = W(x) - Ht$$

$W(x)$ heißt charakteristische Funktion des Systems. Für den Sonderfall der gleichförmigen Bewegung erhalten wir:

$$S = \int p \, dx - Ht = px - Ht$$

Das erinnert an die Phase einer ebenen Welle

$$\varphi = kx - \omega t$$

wenn man Phase und Wirkung bis auf eine Proportionalitätskonstante $\hbar$ gleichsetzt:

$$S = \hbar \varphi \quad , \quad p = \hbar k \quad , \quad H = \hbar \omega \tag{5.1}$$

Diese Analogie alleine wäre aber noch kein ausreichender Grund, die Wirkung mit Wellen in Verbindung zu bringen. Es gibt aber ein starkes Indiz dafür, daß die Wirkung die Rolle einer Phase spielt. Wenn wir nämlich die obige Überlegung ins Dreidimensionale übertragen, ergibt sich:

$$S = \int \vec{p}\,d\vec{r} - Ht = W(\vec{r}) - Ht$$

Das bedeutet

$$\vec{p} = \operatorname{grad} S = \operatorname{grad} W$$

Die Impuls-Feldlinien stehen senkrecht auf den Flächen gleicher Wirkung, so wie die Strahlen senkrecht auf den Wellenflächen stehen (auf den Flächen gleicher Phase). Und so, wie sich die Wellenfronten mit der Phasengeschwindigkeit $c = \omega/k$ bewegen, bewegen sich die Wirkungsfronten mit $c = H/p$. Unter anderem, weil die Geschwindigkeit der Wirkungsfronten der Teilchengeschwindigkeit umgekehrt proportional ist, konnte man sich lange nicht vorstellen, daß die Gleichungen 5.1 einen Sinn ergeben. Selbst Planck hat sich noch gegen die allgemeine Gültigkeit von $H = \hbar\omega$ gewehrt, „die Gleichung des Photoeffekts", für die Einstein den Nobelpreis erhielt. Und De Broglies Beziehung $p = \hbar k$ wurde erst akzeptiert, als man die Beugung von Teilchen wirklich sah. Sicher haben wir jetzt nicht mit zwei, drei Umformungen Beziehungen *hergeleitet*, die ein oder zwei Nobelpreise wert sind, aber $S = \hbar\varphi$ ist und bleibt *die* Beziehung zwischen Wellen- und Teilchengrößen, es ist die Welle-Teilchen-*Gleichung*[2]. Konsequenterweise können wir damit *Wirkungswellen* beschreiben:

$$\Psi = A(x,t)\mathrm{e}^{iS/\hbar}$$

Auch wenn der Begriff der Wirkungswelle nicht sehr gebräuchlich ist und in manchen Büchern (z.B. [16]) nur in Anführungszeichen verwendet wird, für mich sagt er mehr aus als „$\Psi$-Funktion". Wenn Sie jedoch lieber bei diesem etwas geheimnisvollen $\Psi$ bleiben, so können Sie im Folgenden statt Wirkungswelle immer $\psi$-Funktion lesen – es ist wirklich ein und dasselbe, auch die Groß- oder Kleinschreibung ändert daran nichts.

---

[2] Das bedeutet nicht, daß es nur *eine* Wirkungsfunktion gibt: bei der Verwendung der Gln. 5.1 muß z.B. unterschieden werden, ob man Teilchen mit oder ohne Ruhemasse, relativistisch oder nicht relativistisch beschreibt, und mit welcher Art von Wechselwirkung man es zu tun hat.

## 5.2 Klassische Beispiele der Mikrophysik

Wir kennen nun den Zusammenhang von Welle und Teilchen: Die Wirkungsfunktion und die Interferenz bestimmen den Ablauf des Geschehens. D.h., im Falle eines einzelnen Teilchens läßt sich die Wirkungswelle fast unmittelbar angeben, sobald die Erhaltungsgrößen und das Potential bekannt sind. Wir müssen keine Bewegungsgleichung mehr lösen, weil wir mit den Lösungen selbst arbeiten können. Versuchen wir es mit den Bewegungen im homogenen Feld und im Zentralfeld.

### 5.2.1 Der Wurf

Wir untersuchen die Wirkungswellen der klassischen Wurfbewegung so, wie man es in der Schulphysik auch macht: Zuerst kommt der senkrechte Wurf und dann durch Überlagerung mit einer gleichförmigen Bewegung der schiefe Wurf. Der Unterschied zur klassischen Behandlung besteht nur darin, daß wir mit Wellen arbeiten, die interferieren können.

[wiwurf.ms]

### *Senkrechter Wurf*

Wir benötigen den Impuls, die kinetische Energie und die Lagrangefunktion als Funktionen der Gesamtenergie $H$ und der Höhe $y$.

Energie-Impuls-Beziehung:
```
> Ep:=p^2/(2*m)=T;
```
Energieerhaltung:
```
> Ees:=H=T+V;
```
Lagrange-Funktion:
```
> Lagr:=L=T-V;
```
potentielle Energie
```
> V:=m*g*y;
```

$$Ep := \frac{1}{2} \frac{p^2}{m} = T$$

$$Ees := H = T + V$$

$$Lagr := L = T - V$$

$$V := m g y$$

```
> sol:=solve({Ep,Ees,Lagr},{p,T,L});
```

$$sol := \{T = H - m g y, L = H - 2 m g y,$$
$$p = \text{RootOf}(\_Z^2 - 2 m H + 2 m^2 g y)\}$$

```
> allvalues(");
```
$$\{T = H - mgy, L = H - 2mgy, p = \sqrt{2mH - 2m^2gy}\}, \{$$
$$T = H - mgy, L = H - 2mgy, p = -\sqrt{2mH - 2m^2gy}\}$$
```
> assign(sol);
> allvalues(p);
```
$$\sqrt{2mH - 2m^2gy}, -\sqrt{2mH - 2m^2gy}$$
```
> py:=op(1,["]);
```
$$py := \sqrt{2mH - 2m^2gy}$$

Damit erhalten wir für den senkrechten Wurf einer Masse $m$ mit der Gesamtenergie $H$ bei der Fallbeschleunigung $g$ die charakteristische Funktion $w$
```
> w:=int(py,y);
```
$$w := -\frac{1}{3} \frac{(2mH - 2m^2gy)^{3/2}}{m^2 g}$$

und als ortsabhängigen Teil der Wirkungswelle und ihres Realteils:
```
> psi:=exp(I*w);
> pr:=Re(psi):
```
$$\psi := e^{\left(-1/3 \frac{I(2mH - 2m^2gy)^{3/2}}{m^2 g}\right)}$$

Dabei wurde zunächst die vereinfachende Annahme gemacht, daß die Amplitude der Wirkungswelle 1 ist. Wir können nun schon den Realteil von $\psi$ darstellen (Abb. 5.1 links):
```
> m:=1/2:g:=10:H:=50: ys:=H/(m*g);
> plr:=plot(evalc(pr),y=0..15,numpoints=1000):
> #stackfehler fuer numpoints=2000
> plr;
```
$$ys := 10$$

Zunächst erkennt man den Zusammenhang „großer Impuls – kleine Wellenlänge". Dann sollte bei der klassischen Steighöhe $y_s = H/(mg)$ die Wellenlänge unendlich groß werden, also die Amplitude konstant bleiben? Statt dessen geht sie auf Null zurück! Wie läßt sich das erklären? Oberhalb $y_s$ wird der Impuls imaginär, und das hat ein exponentielles Abklingen der Amplitude zur Folge, denn es gilt $\psi \sim \exp(ip_y y)$. Andererseits verschwindet die Wirkungswelle auch nicht schlagartig, wie man es von einem klassischen Ansatz her erwarten würde. Dieses Phänomen ist als eine typisch quantenmechanische Erscheinung

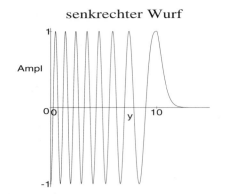

Abb. 5.1: Wirkungswelle zum senkrechten Wurf

bekannt: der Tunneleffekt! Im Gegensatz zum Standard-Tunneleffekt an einem rechteckigen Potentialwall endlicher Höhe und Breite kann unser Teilchen aber nicht *durch*tunneln, weil das Potential ohne Grenzen linear ansteigt. Wir haben also mit dem einfachen Ansatz der Wirkungswelle Ψ auf Anhieb ein Ergebnis bekommen, das man sonst erst nach mühseligen Erörterungen zur Lösung der Schrödingergleichung erhält. Im Worksheet können Sie nun wieder die Parameter ändern, den Imaginärteil von Ψ darstellen (der oberhalb von $y_s$ verschwinden muß) und 3D-Darstellungen erzeugen (Abb. 5.1 rechts).

```
> plot3d(evalc(pr),x=0..1,y=0..15,axes=boxed,grid=[10,100],
> orientation=[-40,10]);
```

Diese ebenen Wellen bedeuten, daß die x-Koordinate des geworfenen Teilchens nicht festliegt. Allein das Potential und die Startgeschwindigkeit (also die gesamte Energie) bestimmen den Vorgang.

*Interferenz der aufsteigenden mit der absteigenden Welle.*

Wenn die Wirkungswellen echte Wellen sind, muß sich wegen der Reflexion im Scheitelpunkt eine stehende Welle ergeben, allerdings mit ortsabhängiger Wellenlänge. Im Gegensatz zu den gewohnten Wellen können wir aber die Laufrichtung nicht durch das Vorzeichen von $Ht$ umkehren, denn es gilt immer $S = W - Ht$ (und nie $S = W + Ht$). Die Laufrichtung wird vielmehr durch den Impulsvektor bestimmt, der im eindimensionalen Fall das Vorzeichen von $W$ ändert. Das ist unterhalb des Scheitels unproblematisch. Aber oberhalb des Scheitels wird $W$ imaginär positiv, wie Sie dem Plot im Worksheet entnehmen können.

```
> w;
```
$$-\frac{2}{15}(50-5y)^{3/2}$$

```
> m:=1/2:g:=10:H:=50:
> plot({w,Im(w)},y=-ys..2*ys);
```

Wir dürfen also oberhalb von $y_s$ das Vorzeichen von $W$ nicht ändern, sonst bekommen wir eine unphysikalische (exponentiell ansteigende) Lösung.

```
> m:='m':g:='g':H:='H':t:='t':ys:='ys':
> Sp:=w-H*t;
```

Herausfiltern des unphysikalischen Teils mit `conjugate`

```
> Sm:=-conjugate(w)-H*t;
```

$$Sp := -\frac{1}{3}\frac{(2mH-2m^2gy)^{3/2}}{m^2g} - Ht$$

$$Sm := \frac{1}{3}\operatorname{conjugate}\left(\frac{(2mH-2m^2gy)^{3/2}}{m^2g}\right) - Ht$$

Für die Interferenz müssen wir die Amplituden der Wirkungswellen von $Sp$ und $Sm$ addieren:

```
> psiint:=exp(I*Sp)+exp(I*Sm);
```

$$psiint := e^{\left(I\left(-1/3\frac{(2mH-2m^2gy)^{3/2}}{m^2g}-Ht\right)\right)}$$
$$+ e^{\left(I\left(1/3\operatorname{conjugate}\left(\frac{(2mH-2m^2gy)^{3/2}}{m^2g}\right)-Ht\right)\right)}$$

Realteil der stehenden Welle

```
> t:='t':
> rpsiint:=evalc(Re(psiint));
```

$$rpsiint := e^{\left(1/3\frac{|\%1|^{3/2}\sin(\%2)}{m^2g}\right)}\cos\left(\frac{1}{3}\frac{|\%1|^{3/2}\cos(\%2)}{m^2g}+Ht\right)$$
$$+ e^{\left(1/3\frac{|\%1|^{3/2}\sin(\%2)}{m^2g}\right)}\cos\left(-\frac{1}{3}\frac{|\%1|^{3/2}\cos(\%2)}{m^2g}+Ht\right)$$

$$\%1 := 2mH - 2m^2gy$$
$$\%2 := \left(\frac{3}{4}-\frac{3}{4}\operatorname{signum}(\%1)\right)\pi$$

```
> m:=1/2:g:=10:H:=50:t:=0.01:
> plot(rpsiint,y=-5..12,a=-2..2,numpoints=1000);
```

Eine Momentaufnahme steht natürlich. Aber steht auch die Welle?

```
> t:='t':
> animate(rpsiint,y=0..12,t=0..2*Pi/H,numpoints=500);
```

5.2 *Klassische Beispiele der Mikrophysik*

*Lokalisierung*

Realistischer als die unendlich ausgedehnte Welle ist ein halbwegs lokalisiertes Teilchen, das den Umkehrpunkt zur Zeit $t = 0$ erreicht. Wir brauchen zur Simulation der Reflexion zwei davon: Reflexion = Überlagerung zweier gegenläufiger Pakete (jenseits des Umkehrpunktes werden die Pakete durch die Amplitude der Wirkungswelle automatisch ausgeblendet s.u.). Zunächst die Mittelpunkte zweier spiegelbildlich zu $y_s$ laufender Pakete

```
> y01:=ys+1/2*g*t^2;
> y02:=ys-1/2*g*t^2;
```

$$y01 := ys + \frac{1}{2} g t^2$$

$$y02 := ys - \frac{1}{2} g t^2$$

dann die Gaußfunktionen

```
> paket1:=exp(-(y-y01)^2/s^2);
> paket2:=exp(-(y-y02)^2/s^2);
> total:=paket1+paket2;
```

$$paket1 := e^{\left(-\frac{(y-ys-1/2\,g\,t^2)^2}{s^2}\right)}$$

$$paket2 := e^{\left(-\frac{(y-ys+1/2\,g\,t^2)^2}{s^2}\right)}$$

$$total := e^{\left(-\frac{(y-ys-1/2\,g\,t^2)^2}{s^2}\right)} + e^{\left(-\frac{(y-ys+1/2\,g\,t^2)^2}{s^2}\right)}$$

```
> ys:=H/m/g;
```

$$ys := \frac{H}{m\,g}$$

```
> m:=1/2:g:=10:H:=50:s:=2:
> total;
```

$$e^{\left(-1/4(y-10-5t^2)^2\right)} + e^{\left(-1/4(y-10+5t^2)^2\right)}$$

Wir können testen:

```
> animate(total,y=-ys..2*ys,t=-2..2);
```

In diese Einhüllenden setzen wir die Wirkungswellen von oben

```
> m:='m':g:='g':H:='H':s:='s':
> Sp:=w-H*t;
> Sm:=-conjugate(w)-H*t;
```

$$Sp := -\frac{1}{3}\frac{(2\,m\,H - 2\,m^2\,g\,y)^{3/2}}{m^2\,g} - H\,t$$

$$Sm := \frac{1}{3} \text{conjugate}\left(\frac{(2mH - 2m^2gy)^{3/2}}{m^2g}\right) - Ht$$

Interferenz (nach Multiplikation mit den Paketfunktionen)

```
> psiint:=exp(I*Sp)*paket1+exp(I*Sm)*paket2;
```

$$psiint := e^{\left(I\left(-1/3\frac{(2mH-2m^2gy)^{3/2}}{m^2g} - Ht\right)\right)} e^{\left(-\frac{\left(y-\frac{H}{mg}-1/2gt^2\right)^2}{s^2}\right)}$$
$$+ e^{\left(I\left(1/3\text{conjugate}\left(\frac{(2mH-2m^2gy)^{3/2}}{m^2g}\right) - Ht\right)\right)} e^{\left(-\frac{\left(y-\frac{H}{mg}+1/2gt^2\right)^2}{s^2}\right)}$$

```
> rpsiint:=evalc(Re(psiint));
```

$$rpsiint := e^{\left(1/3\frac{|\%1|^{3/2}\sin(\%2)}{m^2g}\right)} \cos\left(\frac{1}{3}\frac{|\%1|^{3/2}\cos(\%2)}{m^2g} + Ht\right)$$
$$e^{\left(-\frac{\left(y-\frac{H}{mg}-1/2gt^2\right)^2}{s^2}\right)} + e^{\left(1/3\frac{|\%1|^{3/2}\sin(\%2)}{m^2g}\right)}$$
$$\cos\left(-\frac{1}{3}\frac{|\%1|^{3/2}\cos(\%2)}{m^2g} + Ht\right) e^{\left(-\frac{\left(y-\frac{H}{mg}+1/2gt^2\right)^2}{s^2}\right)}$$

$$\%1 := 2mH - 2m^2gy$$
$$\%2 := \left(\frac{3}{4} - \frac{3}{4}\text{signum}(\%1)\right)\pi$$

Bitte warten...
```
> m:=1/2:g:=10:H:=50:s:=3:
> animate(rpsiint,y=-ys..2*ys,t=-2..2,numpoints=400,
> frames=25);
```

Die Sache klappt also im Prinzip für den senkrechten Wurf, d.h., wir haben soeben mit geringem Aufwand die WKB-Näherung „für das im Schwerefeld tanzende Elektron" (vgl. [22]) erzeugt und sichtbar gemacht!

## Schiefer Wurf

Für den schiefen Wurf müssen wir in x-Richtung eine Bewegung mit konstantem Impuls $p_x$ überlagern:

```
> m:='m':g:='g': H:='H':px:='px':V:='V':
> ys:=(H-1/2*px^2/m)/m/g;
```

$$ys := \frac{H - \frac{1}{2}\frac{px^2}{m}}{mg}$$

```
> py:=sqrt(2*m*(H-V)-px^2);
```
$$py := \sqrt{2\,m\,H - 2\,m\,V - px^2}$$

```
> V:=m*g*y;
```
$$V := m\,g\,y$$

```
> w:=int(py,y)+px*x;
```
$$w := -\frac{1}{3}\frac{(2\,m\,H - 2\,m^2\,g\,y - px^2)^{3/2}}{m^2\,g} + px\,x$$

Zur Kontrolle die Bahn, die man aus der Wirkungsfunktion am einfachsten so erhält:
```
> ypl:=diff(w,px);
```
$$ypl := \frac{\sqrt{2\,m\,H - 2\,m^2\,g\,y - px^2}\,px}{m^2\,g} + x$$

```
> ypl:=solve(ypl,y);
```
$$ypl := \frac{1}{2}\frac{2\,m\,H - px^2 - \dfrac{x^2\,m^4\,g^2}{px^2}}{m^2\,g}$$

```
> m:=1/2:g:=10:H:=50:px:=2:
> plot(ypl,x=-8..8);
```

Nachdem wir also mit der richtigen Wirkungsfunktion rechnen, können wir wieder zur Wirkungswelle zurückkehren
```
> m:='m':g:='g': H:='H':px:='px':
> rpsiS:=evalc(Re(exp(I*(w-H*t))));
```

$$rpsiS := e^{\left(1/3\,\frac{|\%1|^{3/2}\sin((3/4-3/4\,\operatorname{signum}(\%1))\pi)}{m^2\,g}\right)}\cos\left(\frac{1}{3}\frac{|\%1|^{3/2}\cos\left(\left(\frac{3}{4}-\frac{3}{4}\operatorname{signum}(\%1)\right)\pi\right)}{m^2\,g} - px\,x + H\,t\right)$$

$$\%1 := 2\,m\,H - 2\,m^2\,g\,y - px^2$$

Im Gegensatz zum senkrechten Wurf (ebene Wellenfronten) müssen jetzt die Wellenfronten gekrümmt sein, denn sie sind die Orthogonaltrajektorien zu einer Parabelschar, die durch Parallelverschiebung in x-Richtung entsteht. Diese Neilschen Parabeln können Sie im Worksheet *wiwurf1.ms* mit Methoden der Differentialgeometrie erzeugen und untersuchen (Abb. 5.2 links). Es gibt aber eine einfachere Methode: Wir stellen die Wellen selbst dar (Abb. 5.2 rechts).

```
> px:=6:H:=50:g:=10:m:=1/2:n:=8:
> animate3d(rpsiS,x=0..2,y=0..1.5*ys,t=0..2*Pi/H*(1-1/n),
>           axes=boxed,grid=[50,20],orientation=[-40,20],
>           frames=n,style=wireframe);
```

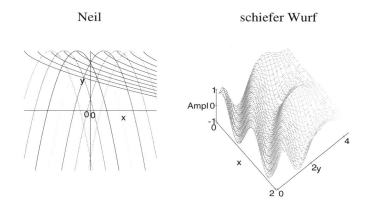

Abb. 5.2: *Links: Die eingezeichneten Neilschen Parabeln stehen senkrecht auf den aufsteigenden Ästen der Wurfparabeln und sind somit die Wellenfronten zu positivem $p_y$. Rechts: Die entsprechenden Wirkungswellen, die Sie im Worksheet laufen lassen können.*

Wenn Sie im Worksheet zurückgehen und das Vorzeichen von $p_y$ ändern, bekommen Sie die Wellen zur Abwärtsbewegung. Für die gesamte Bewegung muß also der Typ der Wellen im Umkehrpunkt geändert werden (s.u.).

Man darf sich allerdings beim Experimentieren mit diesen Darstellungen vom Bild nicht täuschen lassen: wenn Sie die Parameter ändern, werden Sie feststellen, daß die Wellen unerwartete Muster aufweisen können. Das liegt an der Interpolation, die von den Maple-Plotroutinen gemacht wird, also auch an der Orientierung von 3D-Plots. In solchen Fällen muß man die Auflösung erhöhen oder ändern (grid) bzw. einen Contourplot erstellen (Abb. 5.3).

```
> t:=0:px:=6:
> contourplot(rpsiS,x=0..2,y=0..1.5*ys,axes=boxed,
>             grid=[60,50],contours=5);
```

## Schiefer Wurf mit Interferenz

Ein altes Problem des Übergangs von der klassischen Physik zu Quantenphysik, mit dem sich schon Schrödinger und Sommerfeld geplagt haben, ist: Wie sind die Randbedingungen bzw. Anfangsbedingungen zu wählen? In der Quantenmechanik = Wellenmechanik gibt es keine wirkliche Bahn mehr. Es gibt „nur"

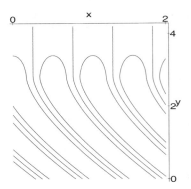

*Abb. 5.3: Wellenfronten zum schiefen Wurf, vgl. Abb. 5.2*

noch Erhaltungsgrößen. Ein Zustand wird durch Interferenz gebildet. Aber Interferenz wovon? Fällt das Teilchen gerade oder steigt es? (Es macht zu jeder Zeit beides.) Von wo aus steigt es oder fällt es? Welcher Ast der (mindestens zweiwertigen) Funktion der Wellenfronten ist zu nehmen? Diese Fragen führen im Falle periodischer Bewegungen zu den Wirkungs- und Winkelvariablen. In unserem Beispiel des schiefen Wurfes (aperiodischer Grenzfall = Parabel) können wir diesen Überlegungen mit der Unterstützung von Maple in der Art eines Designers nachgehen, der seine Modelle Schritt für Schritt entwickelt. Dazu lassen wir wieder wie beim senkrechten Wurf zwei Pakete gegen den Umkehrpunkt laufen (und darüber hinaus):

```
> y01:=ys+1/2*g*t^2*signum(t);
> y02:=ys-1/2*g*t^2*signum(t);
```

$$y01 := ys + \frac{1}{2} g t^2 \operatorname{signum}(t)$$

$$y02 := ys - \frac{1}{2} g t^2 \operatorname{signum}(t)$$

```
> ys:=(H-1/2*px^2/m)/m/g;
```

$$ys := \frac{H - \frac{1}{2}\frac{px^2}{m}}{m\,g}$$

```
> paket1:=exp(-((y-y01)^2+(x-px/m*t)^2)/s^2);
> paket2:=exp(-((y-y02)^2+(x-px/m*t)^2)/s^2):
```

$$paket1 := \exp\left(-\frac{\left(y - \frac{H - 1/2\frac{px^2}{m}}{mg} - 1/2gt^2 \operatorname{signum}(t)\right)^2 + \left(x - \frac{pxt}{m}\right)^2}{s^2}\right)$$

Für die Plots ist es günstig, wenn wir die Steigzeit und die Wurfweite zur Verfügung haben:

```
> ts:=sqrt(2*ys/g);
> xw:=abs(px)/m*ts;
```

$$ts := \sqrt{2}\sqrt{\frac{H - \frac{1}{2}\frac{px^2}{m}}{mg^2}}$$

$$xw := \frac{|px|\sqrt{2}\sqrt{\frac{H - \frac{1}{2}\frac{px^2}{m}}{mg^2}}}{m}$$

Nun noch die charakteristischen Funktionen für die Aufwärts- und Abwärtsbewegung

```
> wp:=w;
> wm:=conjugate(-w)+2*px*x;
```

$$wp := -\frac{1}{3}\frac{(2mH - 2m^2gy - px^2)^{3/2}}{m^2g} + pxx$$

$$wm := \operatorname{conjugate}\left(\frac{1}{3}\frac{(2mH - 2m^2gy - px^2)^{3/2}}{m^2g} - pxx\right) + 2pxx$$

und die Amplituden der Wirkungswellen

```
> rpsip:=evalc(Re(exp(I*wp)));
```

$$rpsip := \exp\left(1/3\frac{|\%1|^{3/2}\sin((3/4 - 3/4\operatorname{signum}(\%1))\pi)}{m^2g}\right)$$

$$\cos\left(-\frac{1}{3}\frac{|\%1|^{3/2}\cos\left(\left(\frac{3}{4} - \frac{3}{4}\operatorname{signum}(\%1)\right)\pi\right)}{m^2g} + pxx\right)$$

$$\%1 := 2mH - 2m^2gy - px^2$$

```
> rpsim:=evalc(Re(exp(I*wm)));
```

$$rpsim := \exp\left(1/3\frac{|\%1|^{3/2}\sin((3/4 - 3/4\operatorname{signum}(\%1))\pi)}{m^2g}\right)$$

5.2 *Klassische Beispiele der Mikrophysik*

$$\cos\left(\frac{1}{3}\frac{|\%1|^{3/2}\cos\left(\left(\frac{3}{4}-\frac{3}{4}\operatorname{signum}(\%1)\right)\pi\right)}{m^2 g}+px\,x\right)$$

$$\%1 := 2mH - 2m^2 gy - px^2$$

Als zeitabhängige Wirkungsfunktionen erhalten wir

```
> Sp:=wp-H*t;
> Sm:=wm-H*t;
```

$$Sp := -\frac{1}{3}\frac{(2mH - 2m^2 gy - px^2)^{3/2}}{m^2 g} + px\,x - Ht$$

$$Sm := \operatorname{conjugate}\left(\frac{1}{3}\frac{(2mH - 2m^2 gy - px^2)^{3/2}}{m^2 g} - px\,x\right) + 2px\,x - Ht$$

Nun können wir die Wirkungswellen zum auf- und absteigenden Ast zur Interferenz bringen

```
> wurf:=paket1*exp(I*Sp)+paket2*exp(I*Sm);
```

$$wurf := e^{\left(-\frac{\left(y-\frac{H-1/2\frac{px^2}{m}}{mg}-1/2\,g\,t^2\,\operatorname{signum}(t)\right)^2+\left(x-\frac{px\,t}{m}\right)^2}{s^2}\right)}$$
$$e^{\left(I\left(-1/3\frac{(2mH-2m^2 gy-px^2)^{3/2}}{m^2 g}+px\,x-Ht\right)\right)} +$$
$$e^{\left(-\frac{\left(y-\frac{H-1/2\frac{px^2}{m}}{mg}+1/2\,g\,t^2\,\operatorname{signum}(t)\right)^2+\left(x-\frac{px\,t}{m}\right)^2}{s^2}\right)}$$
$$e^{\left(I\left(\operatorname{conjugate}\left(1/3\frac{(2mH-2m^2 gy-px^2)^{3/2}}{m^2 g}-px\,x\right)+2px\,x-Ht\right)\right)}$$

Realteil

```
> Rwurf:=evalc(Re(wurf));
```

$$Rwurf := e^{\left(\frac{-\left(y-\frac{H}{mg}+1/2\frac{px^2}{m^2 g}-1/2\,g\,t^2\,\operatorname{signum}(t)\right)^2-\left(x-\frac{px\,t}{m}\right)^2}{s^2}\right)}$$
$$e^{\left(1/3\frac{|\%1|^{3/2}\sin(\%2)}{m^2 g}\right)} \cos\left(\frac{1}{3}\frac{|\%1|^{3/2}\cos(\%2)}{m^2 g} - px\,x + Ht\right)$$

$$+ \mathrm{e}^{\left(\dfrac{-\left(y - \frac{H}{m\,g} + 1/2\,\frac{px^2}{m^2\,g} + 1/2\,g\,t^2\,\mathrm{signum}(t)\right)^2 - \left(x - \frac{px\,t}{m}\right)^2}{s^2}\right)}$$

$$\mathrm{e}^{\left(1/3\,\dfrac{|\%1|^{3/2}\,\sin(\%2)}{m^2\,g}\right)} \cos\left(-\dfrac{1}{3}\,\dfrac{|\%1|^{3/2}\,\cos(\%2)}{m^2\,g} - px\,x + H\,t\right)$$

$$\%1 := 2\,m\,H - 2\,m^2\,g\,y - px^2$$

$$\%2 := \left(\dfrac{3}{4} - \dfrac{3}{4}\,\mathrm{signum}(\%1)\right)\pi$$

**Zahlenwerte**

```
> m:=1/2:g:=10:H:=50:
> px:=2:
> t:=-1/2*ts:s:=2:
```

Momentaufnahmen von oben bzw. von schräg oben zeigen, daß sich eine Animation lohnt:

```
> plot3d(Rwurf,x=-xw..xw,y=0..2*ys,axes=boxed,
>        grid=[50,50],orientation=[-90,0],
>        style=contour,contours=5);
> plot3d(Rwurf,x=-xw..xw,y=0..2*ys,axes=boxed,
>        grid=[50,20],orientation=[-40,2],
>        style=wireframe);
```

Parameter für die Animation

```
> n:=18:t:='t':s:=2:px:=1:
```

Bitte warten... oder kleineres n wählen:

```
> animate3d(10^10*Rwurf,x=-xw-s..xw+s,y=0..1.5*ys,
> t=-ts..ts,axes=boxed,orientation=[-90,0],
> grid=[50,50],frames=n,st
```

Abbildung 5.4 zeigt drei Momentaufnahmen des schiefen Wurfes eines Mikroteilchens. Im Worksheet können Sie mit einem 486er die Animation ohne weiteres mit 18 Bildern laufen lassen. Stellen Sie auf Vollbild, und genießen Sie das Schauspiel! Ein paar Gleichungen, ein CAS und die handelsübliche Hardware (von gestern) liefern uns ein Mikroskop in die Welt der elementaren Vorgänge, von dem wohl schon Heisenberg geträumt hat. Wenn man bedenkt, daß wir hier die Tür zu einer neuen Dimension im Umgang mit der Physik öffnen, so nimmt man gerne ein paar apparative Probleme in Kauf, das ist das Los der Pioniere: leider erzeugt Maple durch Interpolationsfehler bei linearer Darstellung ein Maschenmuster. Logarithmieren bzw. Quadrieren der Funktion beheben das, beseitigen aber auch die interessanten Wellenfronten $S = 0$, auf denen das Teilchen zu reiten scheint – mit stroboskopischen Effekten. Das Quadrat (oder eine gerade Hochzahl) hat einen unerwünschten Nebeneffekt im Scheitel, weil

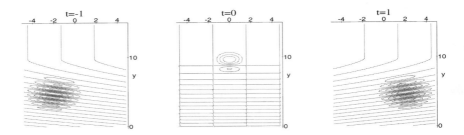

*Abb. 5.4: Schiefer Wurf, quantenmechanisch. Sogar Heisenberg würde hier sein Mikroskop scharf stellen... bis zu einem gewissen Quantum läßt Maple das auch zu.*

Maximum und Minimum dann gleich bewertet werden. Man kann aber mit $10^{10}$ multiplizieren (dann aber nicht 1:1 wählen), um die Interpolationskreuze zum Verschwinden zu bringen.

Für PostScript-Fans, die ihre .ps-files gerne am laufenden Band produzieren möchten, hier die zugehörigen Befehle:

```
t:='t':vxlab:='':
for t from -1 to 1 do
vtitle:='t='.t: 'Name':=p.(6+t).wiwurf.'.'.ps:pspl(Name):
plot3d(10^10*Rwurf,x=-xw-s..xw+s,y=0..1.5*ys,axes=framed,
orientation=[-90,0],grid=[100,100],style=contour,
shading=z,contours=5,opt3d);winpl():
od;
```

Zur Ergänzung noch die 3D-Animation

```
> n:=15:t:='t':
> animate3d(Rwurf,x=-xw-s..xw+s,y=0..1.5*ys,
> t=-ts..ts,axes=boxed,frames=n,grid=[20,20],
> orientation=[-40,55]);
```

Wir treiben die *Simulation* noch einen Schritt weiter und lassen das Teilchen entstehen und vergehen:

```
> s:=1+abs(t);
```

$$s := 1 + |t|$$

Bitte warten, bis das Teilchen entstanden ist...

```
> animate3d(10^10*Rwurf,x=-xw-2..xw+2,y=0..1.5*ys,
> t=-ts..ts,axes=boxed,orientation=[-90,0],
> grid=[50,50],frames=n);
```

Während das Elektron im Scheitel eine Schrödingersche Zitterbewegung macht, taucht unten Diracs See auf... verkehrte Welt?

Ein letzter Handgriff, dann sollte das Design stimmen: Amplitude[3] umgekehrt proportional zur Zeit

```
> n:=25:
> animate3d(Rwurf/s,x=-xw-2..xw+2,y=0..1.5*ys,
> t=-ts..ts,axes=boxed,frames=n,grid=[20,20],
> orientation=[-40,55]);
```

*wiwurf.ms*

Damit haben wir den Wurf quantenmechanisch behandelt, ohne komplizierte Formeln lösen zu müssen, denn mit dem Ansatz der Wirkungswellen und ihrer Interferenz konnten wir schon von Lösungen ausgehen, die wir nur der Situation anpassen mußten. Wir können uns nun *vorstellen*, wie sich ein Elektron oder Atom in einem homogenen Feld bewegt. Das ist nicht nur von akademischem Interesse, es kann auch im Realexperiment beobachtet werden! Die Schwierigkeit bei diesen Experimenten liegt aber nicht darin, ein Teilchen möglichst hoch zu werfen (wie etwa bei Sportwettkämpfen), vielmehr hat man Mühe, es so weit abzukühlen, daß seine Wellenlänge groß genug wird, um die Interferenz in der Nähe des Umkehrpunktes beobachten zu können. Die Kühlung von Atomen erreicht man, indem man sie in eine Falle von Laserstrahlen einschließt. Kennen Sie ein entsprechendes Experiment mit Elektronen? Aber spielen Sie doch noch ein bißchen mit den Computerteilchen – ohne jedes apparative Problem.

---

[3] „Korrekt" wäre Amplitudenquadrat, vgl. Feynman-Propagator.

## 5.2.2 Bewegung im Coulombfeld

Das nächste Beispiel führt uns schon mitten in die Atomphysik. Wir überlegen uns, welche Wirkungswellen zur Bewegung im Coulombfeld gehören, d.h., wir übersetzen das Bohrsche Atommodell in die Sprache der Wellenmechanik. Am Ende dieses Abschnittes werden wir in der Lage sein, eindrucksvolle Bilder von Wellen zu erzeugen, die man den gebundenen Zuständen eines Elektrons zuordnen kann. Neben diesen stationären Wellen gibt es aber auch die sogenannten Coulombwellen, die z.B. beim Stoß eines Elektrons mit einem Atom von Interesse sind: Die Verzerrung der Wellenfronten durch das Kernfeld kann die Wirkungsquerschnitte solcher Prozesse erheblich modifizieren (im Vergleich zu einer Berechnung mit ebenen Wellen) und ist nach wie vor ein interessanter Gegenstand der theoretischen und experimentellen Forschung [23].

Im $1/r$-Potential (pot. Energie $V = -k/r$) beschreibt ein Körper der Masse $m$, mit der Gesamtenergie $H$ und dem Drehimpuls $L$ die Bahn:

```
> restart:with(plots):
> bahnr:=p/(1+epsilon*cos(phi-alpha));
```

$$bahnr := \frac{p}{1 + \varepsilon \cos(-\phi + \alpha)}$$

Dabei gilt für die Exzentrizität $\varepsilon$

```
> epsilon:=sqrt(1+2*H*L^2/m/k^2);
```

$$\varepsilon := \sqrt{1 + 2\frac{H L^2}{m k^2}}$$

und für den Halbparameter $p$

```
> p:=L^2/m/k;
```

$$p := \frac{L^2}{m k}$$

Der maximale Drehimpuls ist bei negativer Gesamtenergie:

```
> Lm:=sqrt(-m*k^2/2/H);
```

$$Lm := \frac{1}{2}\sqrt{-2\frac{m k^2}{H}}$$

Bekanntlich beschreibt die Bahngleichung in Polarkoordinaten für $\varepsilon > 1$, ($H > 0$) Hyperbeln, für $\varepsilon = 1$, ($H = 0$) Parabeln und für $0 < \varepsilon < 1$, ($H < 0, L \leq Lm$) Ellipsen. Wir können die aufgestellten Beziehungen testen, indem wir zunächst die Darstellung konfokaler Ellipsen zu gegebenem $H$ und einer Reihe von Drehimpulsen erzeugen (Abb. 5.5 links):

```
> m:=1: k:=1: H:=-0.1: alpha:=0: epsilon; Lm;
```

$$\sqrt{1 - .2 L^2} \qquad 2.236067978$$

```
> polarplot({seq([bahnr,phi,phi=0..2*Pi],
> L=seq(i*(Lm-10^(-3))/5+10^(-3),i=0..5))},
> scaling=constrained,color=red,axes=boxed);
```

konfokal1  konfokal2

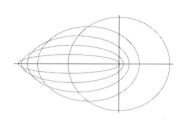
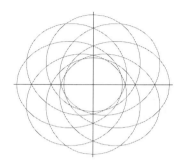

*Abb. 5.5: Konfokale Ellipsen zu gegebener Gesamtenergie H. Verschiedene Drehimpulse L (links), ein Drehimpuls aber verschiedene „Startpunkte" (rechts). Dieser Fall liefert uns die Wirkungswellen zu gegebenem H und L.*

Interessanter ist aber die Frage, welche Wirkungswellen zur Bewegung im Coulomb-Potential gehören. Das System wird durch $H$ und $L$ beschrieben, es bleibt also $\alpha$ frei, und damit entsteht eine Schar von Ellipsen, die um den gemeinsamen Brennpunkt gedreht sind (Abb. 5.5 rechts).

```
> alpha:='alpha':L:=2:
> elli:=polarplot({seq([bahnr,phi,phi=0..2*Pi],
> alpha=seq(i*Pi/4,i=0..7))},scaling=constrained,color=red):
> elli;
```

Das Ergebnis speichern wir für später unter dem Namen elli ab. Der Darstellung entnimmt man, daß die Bewegung innerhalb zweier Kreise (den Apsidenkreisen) stattfindet. Sie haben die Radien

```
> H:='H':L:='L':
> rad:=2*(H*r^2+r)-L^2:
> r12:=solve(rad,r):
> r1:=r12[1]; r2:=r12[2];#H<0
```

$$r1 := \frac{1}{4}\frac{-2+2\sqrt{1+2HL^2}}{H} \qquad r2 := \frac{1}{4}\frac{-2-2\sqrt{1+2HL^2}}{H}$$

5.2 *Klassische Beispiele der Mikrophysik*

Für $H > 0$ ist die Bewegung nicht gebunden. Es wäre aber nicht zweckmäßig, wegen dieser Fallunterscheidung ein neues Worksheet zu schreiben, also fahren wir im Folgenden zweigleisig. Zur Erzeugung einer Hyperbelschar kann man den zweiten Ast durch geeignete Wahl des Winkelbereichs unterdrücken (delta meidet die Asymptoten, Alternative: option discont=true), siehe Abb. 5.6.

```
> alpha:='alpha': H:='H': L:='L': ph1:=alpha
> -arccos(-1/epsilon); ph2:=alpha+arccos(-1/epsilon);
```

$$ph1 := \alpha - \pi + \arccos\left(\frac{1}{\sqrt{1 + 2\,H\,L^2}}\right)$$

$$ph2 := \alpha + \pi - \arccos\left(\frac{1}{\sqrt{1 + 2\,H\,L^2}}\right)$$

```
> H:=0.2: L:=2: m:=1: k:=1:delta:=1/10:
> polarplot({seq([bahnr,phi,phi=ph1+delta..ph2-delta],
> alpha=seq(i*Pi/4,i=0..7))},scaling=constrained,
> color=black,view=[-15..15,-15..15]);
```

nicht periodisch

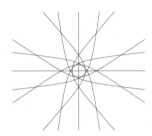

Abb. 5.6: *Hyperbelbahnen eines Elektrons oder eines Kometen, der von irgendwo kommt, dessen gesamte Energie und Drehimpuls aber bekannt sind. Zu diesen Trajektorien wollen wir die Fronten der Wirkungswellen konstruieren.*

Wir speichern zur späteren Verwendung von dem einen Hyperbelast nur die Hälfte (hyp) ab:

```
> hyp:=polarplot({seq([bahnr,phi,phi=alpha..ph2-delta],
> alpha=seq(i*Pi/4,i=0..7))},scaling=constrained,
> color=black,view=[-15..15,-15..15]):
> hyp;
```

Den Sonderfall der Parabel können wir später behandeln. Wir folgen dem Gedankengang „Mögliche Bahnen sind die Orthogonaltrajektorien zu den Wellenfronten der Wirkungswellen" und suchen also diese Wellenfronten. Die charakteristische Funktion $w$ läßt sich im Zentralfeld in einen radialen Anteil $wr$ und einen azimuthalen Anteil $wp$ zerlegen:

```
> w:=wr+wp;
```

$$w := wr + wp$$

Der azimuthale Anteil ist problemlos:
```
> L:='L':
> wp:=L*phi;
```
$$wp := L\,\phi$$

Der radiale Anteil lautet:
```
> H:='H': m:='m': k:='k':
> wr:=int(sqrt(2*m*(H+k/r)-L^2/r^2),r);
```
Und wird von MapleR3 nicht integriert (mit R2 klappt die Integration, der Fehler (bug) des Integrators von R3 soll in R4 nicht mehr vorkommen).

$$wr := \int \sqrt{2\,m\left(H + \frac{k}{r}\right) - \frac{L^2}{r^2}}\,dr$$

Wir können aber etwas nachhelfen, wenn wir den Integranden umformen (die Konstanten $m$ und $k$ werden mitgeführt, falls Sie später mit konkreten Zahlen arbeiten wollen):
```
> rad:=2*m*(H*r^2+k*r)-L^2;
```
$$rad := 2\,m\,(\,H\,r^2 + k\,r\,) - L^2$$

```
> wr:=int(sqrt(rad)/r,r);
```

$$wr := \sqrt{2\,m\,H\,r^2 + 2\,m\,k\,r - L^2} + \frac{1}{2}m\,k\,\sqrt{2}$$
$$\ln\left(\sqrt{2}\,\sqrt{m\,H}\,\left(r + \frac{1}{2}\frac{k}{H}\right) + \sqrt{2\,m\,H\,r^2 + 2\,m\,k\,r - L^2}\right)\Big/$$
$$\sqrt{m\,H} + \frac{L^2\,\mathrm{arctanh}\left(\dfrac{1}{2}\dfrac{-2\,L^2 + 2\,m\,k\,r}{\sqrt{-L^2}\,\sqrt{2\,m\,H\,r^2 + 2\,m\,k\,r - L^2}}\right)}{\sqrt{-L^2}}$$

Wir informieren uns über das Verhalten von $wr$ am Beispiel der Ellipsenbahnen:
```
> H:=-0.1: L:=2: m:=1: k:=1:
> plot({evalc(Re(wr)),evalc(Im(wr))},r=r1-2..r2+2);
```
Zwischen den Apsidenkreisen ist $wr$ reell (Re(wr) muß für den Plot dennoch angegeben werden). Für die Darstellung der Iso-W-Linien (Linien gleicher Wirkung) können wir die Gleichung $w = const$ nach $\phi$ auflösen
```
> L:='L': H:='H':
> const:='const':
> wc:=solve(w=const,phi);
```

5.2 *Klassische Beispiele der Mikrophysik*

$$wc := -\left( \sqrt{2Hr^2 + 2r - L^2} \right.$$

$$+ \frac{1}{2} \frac{\sqrt{2}\ln\left(\sqrt{2}\sqrt{H}\left(r + \frac{1}{2}\frac{1}{H}\right) + \sqrt{2Hr^2 + 2r - L^2}\right)}{\sqrt{H}}$$

$$\left. + \frac{L^2 \operatorname{arctanh}\left(\frac{1}{2}\frac{-2L^2 + 2r}{\sqrt{-L^2}\sqrt{2Hr^2 + 2r - L^2}}\right)}{\sqrt{-L^2}} - const \right) / L$$

und für die oben getroffene Wahl der Parameter darstellen:

```
> H:=-0.1: L:=2:
> welli:=polarplot({seq([r,evalc(Re(wc))],r=0..r2+1],
> const=seq(i*L*Pi/4,i=0..7))},scaling=constrained,
> color=black):
> welli;
```

Nun sollten die orthogonalen Kurvenscharen zu sehen sein, nämlich Wellenfronten, die senkrecht auf allen Ellipsenbahnen mit gleichem $L$ und $H$ stehen (Abb.5.7 links).

```
> display({elli,welli});
```

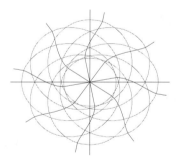 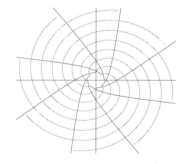

*Abb. 5.7: Fronten der Wirkungswellen zu Ellipsen- bzw. Hyperbelbahnen. Wie beim Wurf sind zunächst nur die Fronten zu einer Hälfte der Bewegung eingezeichnet (auf- oder absteigend). Bei den Ellipsenbahnen kann man sich am rechten Winkel orientieren.*

Es scheint zu funktionieren. Auch bei Hyperbeln? Ja, wenn man etwas länger wartet (Abb. 5.7 rechts).

```
> H:=0.2:
> whyp:=polarplot({seq([r,wc,r=r1..15],
> const=seq(i*L*Pi/4,i=0..7))},scaling=constrained,
> color=red,view=[-15..15,-15..15]):
> whyp;
> display({hyp,whyp});
```

Wir haben also die orthogonalen Kurvenscharen gefunden – diesmal direkt mit Hilfe der Wirkungsfunktion, also ohne DG – und können zur Darstellung der Wellen übergehen. Im ersten Schritt interessiert nur die räumliche Verteilung, die durch die charakteristische Funktion W bestimmt wird:

```
> H:='H':L:='L':
> psi:=exp(I*w);
```

$$\psi := e^{\left(I\left(\sqrt{2Hr^2+2r-L^2}+1/2\,\frac{\sqrt{2}\ln\left(\sqrt{2}\sqrt{H}\left(r+1/2\,\frac{1}{H}\right)+\sqrt{2Hr^2+2r-L^2}\right)}{\sqrt{H}}\right.\right.}$$
$$\left.\left.+\frac{L^2\,\mathrm{arctanh}\left(1/2\,\frac{-2L^2+2r}{\sqrt{-L^2}\sqrt{2Hr^2+2r-L^2}}\right)}{\sqrt{-L^2}}+L\,\phi\right)\right)}$$

Für die Plots stellen wir den Realteil und den Imaginärteil der Wellen parat:

```
> rpsi:=evalc(Re(psi)):
> ipsi:=evalc(Im(psi)):
```

Abbildung 5.8 zeigt die Wellen zu Hyperbelbahnen (für $H > 0$ wird $r_2 < 0$, deswegen ist in den nächsten Plots eine Konstante für die obere Grenze des Radius eingesetzt, Sie können aber auch mit abs(r2) arbeiten):

```
> H:=0.2:L:=1:phi:='phi':
> plot3d([r*cos(phi),r*sin(phi),rpsi],r=r1..30,phi=0..2*Pi,
> style=hidden,axes=boxed,orientation=[45,17]);
```

Zur Kontrolle können wir einen Contourplot der Iso-W-Linien erstellen (Abb. 5.8 rechts):

```
> wwhyp:=contourplot([r*cos(phi),r*sin(phi),rpsi],
> r=r1..15,phi=0..2*Pi,scaling=constrained,axes=boxed,
> numpoints=1000):
> wwhyp;
```

Nun können Sie experimentieren und sich folgende Fragen beantworten:

- Wie ändern sich die Wellen mit dem Bewegungstyp ($H > 0, H < 0$)?
- Was bewirkt eine Änderung des Drehimpulses?
- Gibt es Drehimpulse, die zu „besonderen Wirkungswellen" führen?
- Wie sehen die Wirkungswellen außerhalb der Apsidenkreise aus?

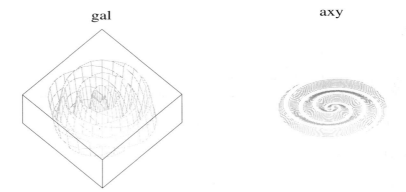

Abb. 5.8: *Wie eine Spiralgalaxie bewegen sich die Wirkungswellen, die zu Hyperbelbahnen gehören. Es wurde bewußt die schattierte Darstellung gewählt, um anzudeuten, daß wir es nur mit einem unscharfen Bild der Realität zu tun haben. Der Computer entschädigt Sie mit farbigen und bewegten Bildern und mit dem „Spiel mit Parametern".*

Hier noch eine Anregung zum Darstellungsstil `patchcontour`, den Sie auch im Plot ändern können (ohne Abb.):

```
> H:=-0.1: L:=3/2:
> # mit diesem L=3/2 scheint etwas nicht aufzugehen ...
> plot3d([r*cos(phi),r*sin(phi),rpsi],r=r1..r2+5,
> phi=0..2*Pi,style=patchcontour,axes=boxed,
> orientation=[45,10],grid=[50,50]);
```

Aber *was* wird hier dargestellt? Stimmt etwas nicht? Nein, es ist alles in Ordnung: nur für ganzzahlige $L$ schließt sich der Wellenzug. Aber diese *Quantisierungsregel* haben Sie sicher schon bei Ihren Experimenten gefunden! Und die Animation darf nicht fehlen (Abb. 5.9):

```
> H:='H': L:='L':
> psit:=psi*exp(-I*H*t);
> rpsit:=evalc(Re(psit)):
```

$$psit := e^{\left(I\left(\sqrt{2Hr^2+2r-L^2}+1/2\,\frac{\sqrt{2}\ln\left(\sqrt{2}\sqrt{H}\left(r+1/2\,\frac{1}{H}\right)+\sqrt{2Hr^2+2r-L^2}\right)}{\sqrt{H}}\right.\right.}$$
$$\left.\left.+\frac{L^2\,\text{arctanh}\left(1/2\,\frac{-2L^2+2r}{\sqrt{-L^2}\sqrt{2Hr^2+2r-L^2}}\right)}{\sqrt{-L^2}}+L\,\phi\right)\right)} e^{(-IHt)}$$

```
> n:=20: H:=-0.1: L:=2:
> animate3d([r*cos(phi),r*sin(phi),rpsit],
> r=r1..r2+5,phi=0..2*Pi,t=0..2*Pi/abs(H)*(1-1/n),
> style=wireframe,axes=boxed,frames=n,orientation=[30,7]);
```

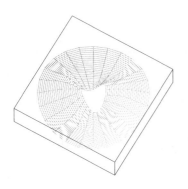

*Abb. 5.9: Die Verbindung vom Bohrschen Atommodell zu den H-Eigenfunktionen ist hergestellt. Im Buch ist nur ein schlichtes Schwarzweißbild zu sehen, aber die Animation läßt erahnen, was sich in einem Atom wirklich abspielt. Wenn Schrödinger das gesehen hätte... aber er hat es ja gesehen, auch ohne Maple... eben virtuell.*

## Interferenz

Wir gehen nach dem gleichen Motto wie schon beim Wurf vor: Die Wirkungswellen wären keine echten Wellen, wenn sie nicht interferieren könnten. Unabhängig vom Bahn- oder Wellentyp schneiden sich in jedem Punkt genau zwei Wellenfronten (bzw. in den klassisch erlaubten Bereichen zwei Bahnen), die zu einer aufsteigenden und einer absteigenden Bewegung gehören. Es müssen also die zugehörigen Wellen überlagert werden. Allerdings ist bei der Superposition von „aufsteigend" und „absteigend" darauf zu achten, daß es sich um Bewegungen mit einem festen Drehsinn handelt, der durch $L\phi - Ht$ festgelegt ist. Wir müssen also die Funktion $wpm = -wr + L\phi$ bilden und nicht $wpm = wr - L\phi$, denn für die letztere hätte man Interferenz von gegenläufigen Bahnen und damit radiale Unabhängigkeit, während das Amplitudenquadrat azimuthal abhängig wäre. Zunächst der Plot der Iso-W-Linien:

```
> H:='H':L:='L':
> wpm:=-wr+L*phi;
```

$$wpm := -\sqrt{2Hr^2 + 2r - L^2}$$
$$-\frac{1}{2}\frac{\sqrt{2}\ln\left(\sqrt{2}\sqrt{H}\left(r + \frac{1}{2}\frac{1}{H}\right) + \sqrt{2Hr^2 + 2r - L^2}\right)}{\sqrt{H}}$$
$$-\frac{L^2\operatorname{arctanh}\left(\frac{1}{2}\frac{-2L^2 + 2r}{\sqrt{-L^2}\sqrt{2Hr^2 + 2r - L^2}}\right)}{\sqrt{-L^2}} + L\phi$$

```
> const:='const':
> wppm:=solve(wpm=const,phi);
```

$$wppm := -\left(-\sqrt{2Hr^2+2r-L^2}\right.$$
$$-\frac{1}{2}\frac{\sqrt{2}\ln\left(\sqrt{2}\sqrt{H}\left(r+\frac{1}{2}\frac{1}{H}\right)+\sqrt{2Hr^2+2r-L^2}\right)}{\sqrt{H}}$$
$$\left.-\frac{L^2\operatorname{arctanh}\left(\frac{1}{2}\frac{-2L^2+2r}{\sqrt{-L^2}\sqrt{2Hr^2+2r-L^2}}\right)}{\sqrt{-L^2}}-const\right)/L$$

Wir kontrollieren wieder die zugehörigen Wellenfronten (Abb. 5.10).

*Fronten zu Ellipsenbahnen*

```
> H:=-0.1: L:=2:
> wellim:=polarplot({seq([r,evalc(Re(wppm))],r=0..r2+1],
> const=seq(i*L*Pi/4,i=0..7))},scaling=constrained,color=black
> wellim;
> display({welli,wellim,elli});
```

 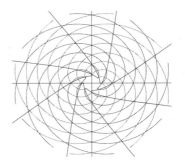

*Abb. 5.10: Zur Berechnung der Interferenz müssen die Wellen zur auf- und absteigenden Bewegung überlagert werden (von den Hyperbelbahnen ist nur eine Hälfte gezeichnet). Versuchen Sie, mit Hilfe der gezeichneten Wellenfronten die Maxima und Minima zu finden, wie es z.B. bei der Interferenz zweier Kreiswellensysteme (Doppelspalt) üblich ist.*

*Fronten zu Hyperbelbahnen*
```
> H:=0.2: L:=2:
> const:='const':
> wppmf:=evalf(wppm):
> whypm:=polarplot({seq([r,wppmf,r=r1..15],
> const=seq(i*L*Pi/4,i=0..7))},scaling=constrained,
> color=blue):
> whypm;
> display({whyp,whypm});
> display({whyp,whypm,hyp});
```
Nun können wir die zugehörigen Wellen überlagern. Nachdem die Ausdrücke für die Wirkungsfunktionen aber recht umfangreich sind, wollen wir Maple die Arbeit erleichtern. Die resultierende Welle hat die Form
```
> z:=exp(I*('wr+L*phi-H*t'))+exp(I*('-wr+L*phi-H*t'));
```
$$z := e^{(I(wr+L\,\phi-H\,t))} + e^{(I(-wr+L\,\phi-H\,t))}$$
oder
```
> z:=exp(I*(a+b))+exp(I*(-a+b));
```
$$z := e^{(I(a+b))} + e^{(I(-a+b))}$$

Wobei $a$ für den Radialteil der charakteristischen Funktion steht. Dann ist das Absolutquadrat:
```
> az:=z*conjugate(z);
```
$$az := (e^{(I(a+b))} + e^{(I(-a+b))})\,\mathrm{conjugate}(e^{(I(a+b))} + e^{(I(-a+b))})$$

Das läßt sich so vereinfachen:
```
> evalc(az);
```
$$\begin{aligned}&(\cos(a+b)+\cos(a-b))^2\\&-(\sin(a+b)-\sin(a-b))(-\sin(a+b)+\sin(a-b))\\&+I((\sin(a+b)-\sin(a-b))(\cos(a+b)+\cos(a-b))\\&+(\cos(a+b)+\cos(a-b))(-\sin(a+b)+\sin(a-b)))\end{aligned}$$

```
> expand(");
```
$$4\cos(a)^2\cos(b)^2 + 4\cos(a)^2\sin(b)^2$$

```
> simplify(");
```
$$4\cos(a)^2$$

Ein bemerkenswertes Ergebnis! Die azimuthale Abhängigkeit kommt im Amplitudenquadrat nicht mehr vor, und die Superposition der aufsteigenden und der absteigenden Wellen läßt sich einfach durch

```
> H:='H': L:='L':
> wres:=cos(evalc(Re(wr)))^2:
> wrf:=evalf(wres):
```

beschreiben. (Bei Ellipsenbahnen müssen wir Maple wieder mitteilen, daß $wr$ reell ist.)

```
> H:=-0.1: L:=0.01: r1;r2;Lm;
```

$$.00005000000000 \qquad 9.999950000 \qquad 2.236067978$$

```
> plot3d([r*cos(phi),r*sin(phi),wrf],r=r1..r2+2,
> phi=0..2*Pi,orientation=[45,17],axes=boxed);
```

s-Zustand

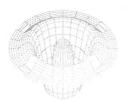

Abb. 5.11: *Die Interferenz der Wirkungswellen, die im Perihel und Aphel reflektiert werden, führt zu einem stationären Zustand, von dem hier das Absolutquadrat dargestellt ist*

Eine nähere Untersuchung dieses Ergebnisses kann man mit einem Schnitt in radialer Richtung erreichen (ohne Abb.):

```
> plot(wrf,r=0..r2+2);
```

In Abb. 5.11 ist also schon so etwas wie eine Radialverteilung zu sehen („s-Zustand" für $L = 0.01$), es fehlt nur noch die richtige Normierung, was man am Verlauf der Funktion wrf für $r > r2$ erkennt. Aber anstatt unsere „Atomphysik mit einfachen Mitteln" in quantitativer Hinsicht zu überfordern, wollen wir noch ein bißchen Heuristik treiben und die Wellen laufen lassen.

```
> H:='H':L:='L':
> wr;
```

$$\sqrt{2\,H\,r^2 + 2\,r - L^2}$$
$$+ \frac{1}{2} \frac{\sqrt{2}\ln\left(\sqrt{2}\sqrt{H}\left(r + \frac{1}{2}\frac{1}{H}\right) + \sqrt{2\,H\,r^2 + 2\,r - L^2}\right)}{\sqrt{H}}$$
$$+ \frac{L^2 \operatorname{arctanh}\left(\frac{1}{2}\frac{-2\,L^2 + 2\,r}{\sqrt{-L^2}\sqrt{2\,H\,r^2 + 2\,r - L^2}}\right)}{\sqrt{-L^2}}$$

Zunächst die Darstellung des Realteils von $wr$ für passendes $L$:

```
> L:=1:H:=-0.1:
> plot3d([r*cos(phi),r*sin(phi),cos(evalc(Re(wr)))*
> cos(L*phi)],r=r1..r2,phi=0..2*Pi,
> orientation=[45,17],axes=boxed);
```

Die Animation lohnt sich! Wir müssen nur die Zeitabhängigkeit mit $-Ht$ im azimuthalen Teil ergänzen (Abb. 5.12 links):

```
> n:=20:H:=-0.1:
> animate3d([r*cos(phi),r*sin(phi),cos(evalc(Re(wr)))*
> cos(L*phi-H*t)],r=r1..r2,phi=0..2*Pi,
> t=0..2*Pi/abs(H)*(1-1/n),style=wireframe,
> axes=boxed,frames=n,orientation=[30,7]);
```

Das macht also ein p-Elektron ($L = 1$). Wie ändert sich das Verhalten des Elektrons mit $L$ und $H$? Hier ist ein Beispiel zu positiver Gesamtenergie (Abb. 5.12 rechts):

p-Zustand 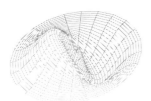 ungebunden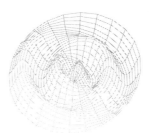

Abb. 5.12: *Animation des Realteils der Wirkungswellen im Coulombfeld. Negative Gesamtenergie (links) und positive Gesamtenergie (rechts). Sie sehen hier übrigens die Lösung der in Abb. 5.10 gestellten Aufgabe.*

```
> n:=20:H:=0.2:
> animate3d([r*cos(phi),r*sin(phi),cos(wr)*cos(L*phi-H*t)],
> r=r1..15,phi=0..2*Pi,t=0..2*Pi/abs(H)*(1-1/n),
> style=wireframe,axes=boxed,frames=n,orientation=[30,7]);
```

`wiwe2.ms`

5.2 *Klassische Beispiele der Mikrophysik*

Damit haben wir, ohne die Schrödingergleichung zu verwenden, die Bewegung im Zentralfeld behandelt. Das Verfahren, das uns das ermöglicht hat, ist elementar: Wenn ein Teilchen zwei oder mehr Möglichkeiten hat, einen Ort zu erreichen, so sind die zugehörigen Wirkungswellen zu überlagern – wie beim Doppelspalt. Der zweite Weg kommt bei der Bewegung im Feld dadurch zustande, daß das Teilchen umkehrt und sich so immer (zwei) Kurven der Trajektorien-Schar schneiden. Und die Schar selbst bedeutet, daß die Bewegung nur durch Erhaltungsgrößen bestimmt ist und nicht durch einen speziellen Startpunkt wie die eine klassische Bahn.

Abschließend sei noch auf die Möglichkeit hingewiesen, den Potentialtyp zu ändern und die zugehörigen Bewegungen und Wellen zu vergleichen. So kann man bekanntlich für große Abstände die Bewegung im Aphel mit der Wurfparabel vergleichen, also die Zunahme des $-1/r$-Potentials linear approximieren. Dann ist es nicht verwunderlich, daß die Wirkungswellen im Zentralfeld (oder im Atom) über die klassisch erlaubten Bereiche hinausreichen, wenn man an den „Tunneleffekt" beim Wurf denkt. Man kann aber auch mit einem abstoßenden Potential oder einem abgeschirmten Potential experimentieren oder – wie schon bei der Keplerbewegung – mit einem Phantasie-Potential (das dann nicht mehr zu geschlossenen Bahnen führt).

## 5.2.3 Rydberg-Atome

Als weiteres Beispiel der klassischen Mikrophysik *simulieren* wir die Bewegung eines Elektrons auf einer Kreisbahn, also etwa im Magnetfeld (Landau-Zustände) oder in einem hoch angeregten Atom. Im letzten Fall spricht man von Rydberg-atomen, und man hat sich gerade in letzter Zeit wieder eingehend mit diesen Riesenatomen beschäftigt ([24], [25]). Dabei handelt es sich wieder um eine Bewegung im Coulombfeld, die wir schon im letzten Abschnitt untersucht haben. Freilich sind wir noch ein ganzes Stück von „der richtigen Atomphysik" entfernt: Wir haben zwar starke Hinweise auf die Quantisierung gefunden, aber es fehlen noch so wichtige Komponenten wie die Normierung der Wellenfunktion, die Feinstruktur bzw. die Berücksichtigung relativistischer Effekte.

Anhand der Rydberg-Atome können wir noch auf einen weiteren wichtigen Aspekt der Quantenphysik zurückkommen, und zwar das Zerfließen von Wellenpaketen (materieller Teilchen), das uns schon in Abschnitt 3.2.1, S. 125 begegnet ist. Was wird aus der Unschärfe, wenn das Teilchen zumindest in einem in atomarem Maßstab großen Bereich lokalisiert ist? Wegen der hohen Quantenzahlen können wir dabei von einer klassischen Kreisbahn ausgehen, auf der das Elektron irgendwo zu finden sein muß, denn es kann ja nicht wie das freie Elektron einfach irgendwann vom Bildschirm verschwinden.

Wenn man nur an den Absolutbetrag der Wellenfunktion denkt, so sieht man vor seinem geistigen Auge ein Gaußpaket, das über einem Kreis aufgetragen ist, sich mit konstanter Geschwindigkeit bewegt und dabei zerfließt. D.h. man landet bei einer über dem Kreis konstanten Verteilung, bzw. das Elektron ist nach einiger Zeit längs des Kreises überall mit gleicher Wahrscheinlichkeit anzutreffen, von einer Bewegung ist nichts mehr zu sehen – genauso wie beim freien Teilchen. Dieser erste Gedanke ist aber falsch, denn wir haben es mit einem *Wellen*paket zu tun, also mit Interferenz. Auf eine Kreisbahn gezwungen, muß das Elektron mit sich selbst interferieren. Aber es hat nicht nur zwei mögliche Wege wie beim Doppelspalt oder der Bewegung auf Ellipsen- und Hyperbelbahnen, es hat beliebig viele. Wie soll man Ordnung in dieses Geschehen bringen?

*rydb.ms*

Wir müssen auf jeden Fall ein Gaußpaket mit komplexer Varianz ansetzen (vgl. z.B. [22])

```
> psi:=1/s*exp(-X/(2*a^2*s^2));
```

$$\psi := \frac{1}{s} \exp\left(-1/2 \frac{X}{a^2 s^2}\right) \qquad (5.2)$$

dabei ist (vgl. Worksheet *paket1.ms*)
```
> s:=sqrt(1+I*t/a^2);
```

$$s := \sqrt{1 + \frac{I\,t}{a^2}}$$

und
```
> X:=x^2-2*I*a^2*k*x+I*a^2*k^2*t;
```
$$X := x^2 - 2\,I\,a^2\,k\,x + I\,a^2\,k^2\,t$$

Das Betragsquadrat ist schnell berechnet:
```
> apsi:=simplify(evalc(abs(psi))^2);
```
$$apsi := \frac{e^{\left(-\frac{a^2(-x+k\,t)^2}{a^4+t^2}\right)}}{\sqrt{\frac{a^4+t^2}{a^4}}}$$

Der Realteil ist etwas umfangreicher:
```
> rpsi:=evalc(Re(psi));
```
$$rpsi := \frac{1}{2}\sqrt{2\sqrt{1+\frac{t^2}{a^4}}+2}\, e^{\left(-1/2\,\frac{x^2}{a^2\left(1+\frac{t^2}{a^4}\right)}+\frac{\%1\,t}{a^4\left(1+\frac{t^2}{a^4}\right)}\right)}$$

$$\cos\left(\frac{\%1}{a^2\left(1+\frac{t^2}{a^4}\right)}+\frac{1}{2}\,\frac{x^2\,t}{a^4\left(1+\frac{t^2}{a^4}\right)}\right)\Big/\left(\frac{1}{2}\sqrt{1+\frac{t^2}{a^4}}+\frac{1}{2}\right)$$

$$+\frac{1}{4}\operatorname{csgn}\left((-t+I\,a^2)\operatorname{conjugate}(a)^2\right)^2\left(2\sqrt{1+\frac{t^2}{a^4}}-2\right))$$

$$-\frac{1}{2}\operatorname{csgn}\left((-t+I\,a^2)\operatorname{conjugate}(a)^2\right)\sqrt{2\sqrt{1+\frac{t^2}{a^4}}-2}$$

$$e^{\left(-1/2\,\frac{x^2}{a^2\left(1+\frac{t^2}{a^4}\right)}+\frac{\%1\,t}{a^4\left(1+\frac{t^2}{a^4}\right)}\right)}$$

$$\sin\left(\frac{\%1}{a^2\left(1+\frac{t^2}{a^4}\right)}+\frac{1}{2}\,\frac{x^2\,t}{a^4\left(1+\frac{t^2}{a^4}\right)}\right)\Big/\left(\frac{1}{2}\sqrt{1+\frac{t^2}{a^4}}+\frac{1}{2}\right)$$

$$+\frac{1}{4}\operatorname{csgn}\left((-t+I\,a^2)\operatorname{conjugate}(a)^2\right)^2\left(2\sqrt{1+\frac{t^2}{a^4}}-2\right))$$

$$\%1 := a^2\,k\,x - \frac{1}{2}\,a^2\,k^2\,t$$

Dieser Term ist für die Weiterverarbeitung nicht besonders geeignet. Im Worksheet wird er vereinfacht (und die zugehörige Maple-Problematik angedeutet). Das wertvolle Ergebnis stecken wir in einen safe:

$$safe := -\frac{1}{2}\left(-\sqrt{2\sqrt{\frac{a^4+t^2}{a^4}}+2\cos\left(\frac{1}{2}\frac{-2a^4kx+a^4k^2t-x^2t}{a^4+t^2}\right)}+\right.$$

$$\left.\mathrm{csgn}(t-Ia^2)\sqrt{2\sqrt{\frac{a^4+t^2}{a^4}}-2}\right.$$

$$\left.\sin\left(\frac{1}{2}\frac{-2a^4kx+a^4k^2t-x^2t}{a^4+t^2}\right)\right)\mathrm{e}^{\left(-1/2\frac{a^2(-x+kt)^2}{a^4+t^2}\right)}\Big/$$

$$\sqrt{\frac{a^4+t^2}{a^4}}$$

Zur Kontrolle wird mit diesem Ergebnis noch einmal wie im Worksheet *paket1.ms* das Entstehen und Vergehen eines Elektronen-Pakets demonstriert. Für die Wiederholung solcher Demonstrationen kann man sich dabei Zeit sparen, wenn man die berechneten Bilder abspeichert (Anleitung dazu im Worksheet). Sie können sich (z.B. bei einem ersten Durchgang) auch die Berechnung ganz sparen, wenn Sie zum jeweiligen `read`-Befehl weitergehen und die `pakx.m`-files (mit der richtigen Pfadangabe) einlesen.

Wir wollen nun dieses zerfließende Paket auf eine Kreisbahn setzen. Dann wird früher oder später die Front das Ende einholen und überholen und dabei das Paket mit sich selbst interferieren. Aber wie bekommt man das mathematisch in den Griff? Die Transformation in das SPS (Schwerpunktsystem) des Pakets erleichtert das Vorgehen: Man muß sich nur vorstellen, daß z.B. die schneller laufende Front nicht nur nach vorne aus einem gewissen Bereich (dem halben Umfang) verschwindet, sondern von hinten wieder in diesen Bereich eintritt. Die Transformation in das SPS wird im Worksheet durchgeführt, und mit den Kontrollplots können Sie noch einmal schön studieren, wie die Anteile mit kurzer Wellenlänge die mit langer überholen. Nach diesen Kontrollen können wir die Überlappung behandeln.

*Interferenz durch Überlappung beim Zerfließen im SPS*

Wir müssen zuerst die Transformation in das SPS auch für $\Psi$ selbst (und nicht nur den Realteil) durchführen:

$$spsi := \frac{a\,\mathrm{e}^{\left(1/2\frac{I(Ix^2+2Iktx+Ik^2t^2+2a^2kx+a^2k^2t)}{a^2+It}\right)}}{\sqrt{a^2+It}}$$

Danach benötigen wir die „Partialwelle" zur $n$-ten Überlappung
> `part:=subs(x=x+2*n*x0,spsi);`

$$part := a\exp[1/2I\,(I\,(x+2nx0)^2+2Ikt\,(x+2nx0)+Ik^2t^2$$
$$+2a^2k\,(x+2nx0)+a^2k^2t)/(a^2+It)]/\sqrt{a^2+It}$$

Und weil sich das Ganze auf einem endlichen Stück (dem Umfang) abspielt, nehmen wir eine Blende zum Ausschneiden eines Bereichs von $-x_0$ bis $x_0$. Das bedeutet: Wenn Sie sich ein Wellenpaket auf einen Streifen Papier malen (eine Folie wäre besser), aus diesem Streifen einem Ring machen, dessen Enden sich überlappen, und den Ring dann plattdrücken, so sollten Sie etwa folgendes Bild sehen (das nicht aufgewickelte Paket ist mit eingezeichnet, Abb. 5.13):

```
> plot({sapsi,blende*sapsi,seq(blende*evalc(abs(part)),
>           n=-2..2)},x=-10..10,color=red);
```

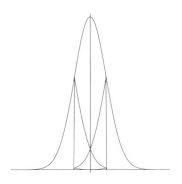

Abb. 5.13: Ein Wellenpaket (äußere Kurve), das auf einer Kreisbahn läuft, deren Umfang kleiner ist als die Paketbreite, interferiert in den Gebieten der Überlappung mit sich selbst

Nachdem die Einhüllende stimmt, können wir mit der Interferenz der Partialwellen fortfahren. Leider kann das vereinfachte rpsi von oben nicht für die zur Interferenz notwendige Summierung benützt werden, weil ja nicht nur die Realteile miteinander interferieren. Sie finden aber im Worksheet die entsprechenden Befehle:

```
> n:='n':t:='t':a:='a':k:='k':x0:='x0':
> sumpsi:=blende*sum(part,n=-2..2);
```

Es folgt die „Vereinfachung" der Summe und die zugehörige Ausgabe von safe3. Dieser Ausdruck geht nun über mehrere Seiten, wird aber wesentlich schneller abgearbeitet als die nicht vereinfachte Version. Im Vertrauen darauf, daß dieser Term auch stimmt, übernehmen wir ihn.

Bevor wir zur Tat schreiten, also die $\Psi$-Funktion darstellen, sollten wir uns aber Gedanken darüber machen, welches Ergebnis zu erwarten ist, und wie wir also die Parameter wählen sollten (man kann natürlich auch einfach erst einmal probieren). Wenn wir mit $k$ sowohl die Wellenzahl als auch die Geschwindigkeit identifizieren ($m = \hbar = 1$), dann können wir mit einer mittleren Wellenlänge $\lambda = 2\pi/k$ folgende Vermutung aufstellen:

Mit dem Umfang $U = 2x_0$ und der Umlaufdauer $T = 2x_0/k$ sollten Wiederholungen zu Vielfachen von $T$ auftreten, wenn man $x_0 = n\lambda$ wählt. Beziehungsweise man bekommt „stationäre" Zustände für $x_0 = n\pi/k$, wobei $n$ auch „ein geeigneter Bruch" sein darf. Die Wellenzahl $k$ kann man zweckmäßigerweise gleich $1/a$ setzen. Weil Impuls und Ortsunschärfe umgekehrt proportional sind, ist dann die Ortsunschärfe gerade zur „vollen Impulsunschärfe" gewählt.

Mit den so gewählten Parametern können Sie abschätzen, daß dann auch bei kleiner Anzahl $n$ der Partialwellen bei den ersten Umläufen nicht zu viel verlorengeht (bei der verwendeten Methode laufen ja die einzelnen Beiträge aus dem „Berechnungsfenster" heraus – aber das wird immer der Fall sein, solange man nicht von der Summation zur Integration übergeht). Die Abschätzung macht man zweckmäßigerweise mit der 3-$\sigma$-Regel, also $n = 3\sigma/x_0$ und $\sigma = a\sqrt{(1+t^2/a^4)}$.

Drei Parametersätze zur Auswahl

```
> #a:=2;k:=1/2;x0:=3*a; T:=2*x0/k;
> #a:=2;k:=1/2;x0:=1.1*Pi/k;T:=2*x0/k;
> a:=5;k:=1/a;x0:=2*Pi/k;T:=2*x0/k;
```

und nun die Animation (Abb. 5.14):

```
> animate(asumpsi,x=-x0-1..x0+1,t=0..2*T,
>         frames=20,color=red);
```

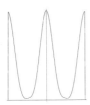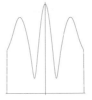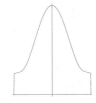

*Abb. 5.14: Die Wiedergeburt eines zerfließenden Pakets, das auf einer Kreisbahn eingeschlossen ist*

Das Paket zerfließt, aber es bildet sich durch Interferenz wieder. Zunächst an drei Stellen (Anfang = Ende des Kreises), dann an zwei Stellen, zwischenzeitlich an vielen Stellen und dann wieder „in der Mitte", d.h. im Schwerpunkt. Es empfiehlt sich eine Darstellung im Vollbild und ein nicht zu hohes Tempo. So kann man sich die Sache auch in Ruhe anschauen:

```
> plot3d(asumpsi,x=-x0-1..x0+1,t=0..4*T,style=wireframe);
```

Wenn man das Amplitudenquadrat in Polarkoordinaten darstellt, kann man sich schon recht gut vorstellen, wie das Elektron in seinem SPS vergeht und entsteht. (Für einen ersten Überblick können Sie wieder den abgespeicherten Plot verwenden, also bei `read 'pak3.m'` weitermachen. Aber dann werden

Sie sicher die Parameter ändern wollen). Man wird an Thomsons Atommodell erinnert, in dem die Elektronen wie Rosinen in einem Pudding schwimmen sollten, aber es ist wohl umgekehrt: die Elektronen sind der Pudding! Abb. 5.15 zeigt vier Momentaufnahmen der Animation in Polarkoordinaten.

```
> a:=5;k:=1/a;x0:=2*Pi/k;T:=2*x0/k;
> t:='t':
> paket3:=animate([asumpsi,Pi*x/x0,x=-x0..x0],t=0..4*T,
> frames=80,color=red,coords=polar,scaling=constrained):
> paket3;
```

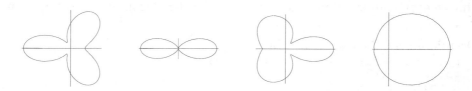

Abb. 5.15: *Das Elektron schwingt in seinem Schwerpunktsystem. Von der Animation sind nur die Zeiten wiedergegeben, zu denen bei den hier gewählten Parametern besonders ausgeprägte Formen erscheinen, nämlich* $t = 0.7T$, $T$, $1.4T$ *und* $4.1T$.

Nun transformieren wir zurück auf das Laborsystem, was durch die Wahl der Koordinaten im Plot-Befehl einfach zu erreichen ist (Abb. 5.16):

```
> a:=5;k:=1/a;x0:=2*Pi/k;T:=2*x0/k;
> t:='t':
> paket4:=animate([asumpsi,Pi*x/x0+Pi*k*t/x0,x=-x0..x0],
> t=0..4*T,frames=200,color=red,coords=polar,
> scaling=constrained):
> paket4;
```

Abb. 5.16: *Wie Abb. 5.15, nur im Laborsystem*

Man beachte bei der Animation die verschiedenen Charakteristiken und die höchst realistische Abstrahlung, d.h. den Verlust der vom Schwerpunkt zu weit abliegenden Partialwellen mit „zu hohen" und „zu niedrigen" Frequenzen.

Aber das ist alles noch nicht anschaulich genug? Wir tragen also das Absolutquadrat der „Wellenfunktion eines Elektrons auf einer Kreisbahn" über der Ebene der Kreisbahn auf. Das geht am besten in Zylinderkoordinaten.

```
> t:=0:
> plot3d([r,Pi*x/x0+Pi*k*t/x0,asumpsi],r=1..2,
> x=-x0..x0,coords=cylindrical,
> scaling=constrained,grid=[10,60]);
```

Wir wollen das Paket wieder laufen lassen, aber animate funktioniert nicht mit coords=cylindrical. Also müssen wir uns eine Plot-Sequence selbst schreiben und bauen bei dieser Gelegenheit noch eine künstliche radiale Unschärfe ein (Abb. 5.17):

```
> pls:='pls':
> t:='t':N:=40:
> pls:=seq(plot3d([r,Pi*x/x0+Pi*k*t/x0,
> exp(-2*(r-1.5)^2)*asumpsi],r=1..3,x=-x0..x0,
> coords=cylindrical,grid=[4,30]),
> t=seq(i*4*T/N,i=0..N)):
> paket5:=display([pls],insequence=true,orientation=[40,20]):
> paket5;
```

*rydb.ms*

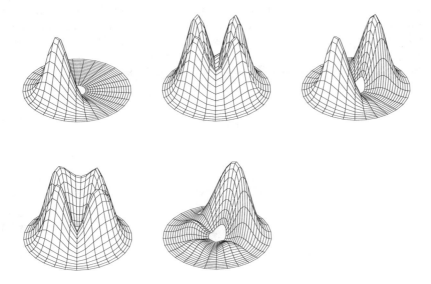

Abb. 5.17: *Das Elektron eines hochangeregten Atoms, das zur Zeit 0 lokalisiert ist (oben links), zerfließt. Durch Interferenz bildet sich nach der halben Umlaufsdauer (T/2) eine viergipflige Verteilung (oben Mitte), und zur Zeit T ist das Elektron an zwei Stellen zu finden. Nach einem weiteren Zwischenstadium (3/2T, unten links), formiert sich das Elektron wieder auf der gegenüberliegenden Seite (bei den hier gewählten Parametern). Dieser Vorgang läßt sich experimentell nachweisen [25]!*

### 5.2.4 H-Atome

Wir haben uns nun mit einer Reihe von Simulationen beschäftigt, und da stellt sich früher oder später die Frage: „Und wie sehen echte Atome aus?" Leider reicht der Platz in diesem Buch nicht, um die Theorie mit ihren Gleichungen zu entwickeln, und wäre es auch nur skizzenhaft. Aber wir können einen Sprung machen und die fertigen Ergebnisse der Theorie verwenden, z.B. die Wellenfunktionen eines H-Atoms. Dann haben wir die Möglichkeit, unsere Simulationen mit „der Realität" zu vergleichen.

Mit Maple reicht dazu ein kleines Worksheet (*hydrogen.ms*). Die benötigten Funktionen (Legendre- und Laguerre-Polynome) sind in der Maple-Library zu finden, können aber auch schnell aus einem Lehrbuch zur Atomphysik ([26], [14], [27], [28], [21], [29]) abgetippt werden – man muß dort wohl ohnehin wegen der Normierung nachsehen. Und dann kann man ins Volle greifen und Maple's Möglichkeiten zur graphischen Darstellung ausschöpfen. In *hydrogen.ms* finden Sie als Auswahl: Polarplots der Winkelverteilungen (2D und 3D), 3D-Plots und Contourplots der kombinierten Radial- und Winkelverteilungen, aber auch ganz normale Plots der Radialverteilung, die man zu quantitativen Untersuchungen verwenden kann. Dabei können Sie jeweils die entsprechenden Quantenzahlen $n$, $l$, und $m$ ändern und sich so Ihre private Orbital-Sammlung anlegen und abspeichern. Farbig, mit und ohne Beschriftung – der Phantasie sind keine Grenzen gesetzt.

*hydrogen.ms*

Als Appetithappen die Abbildungen 5.18 und 5.19.

lm = 31

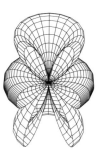

*Abb. 5.18: 3D-Winkelverteilung*

nlm = 400

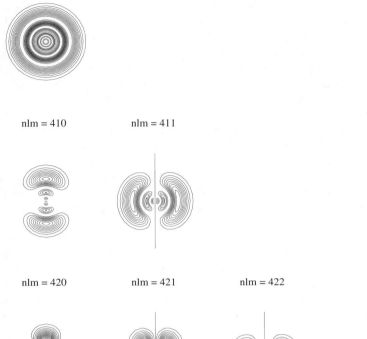

nlm = 410   nlm = 411

nlm = 420   nlm = 421   nlm = 422

nlm = 430   nlm = 431   nlm = 432   nlm = 433

*Abb. 5.19: Elektronendichten zu verschiedenen Quantenzahlen*

5.2   *Klassische Beispiele der Mikrophysik*

## 5.3 Theorie und Ausblick

Theoria war bei den alten Griechen zunächst das Anschauen und die Freude am Schauen, nichts Graues, Undurchsichtiges, Theoretisches, sondern etwas Klares und Reines und in den Wissenschaften die reine Schau schlechthin – aber eben gerade nicht die reine Show. Wenn sich alles zusammenfügt zu einem Ganzen, nicht zu einem konstruierten Gebäude oder gewollten Gebilde, sondern wenn man sieht, daß es stimmt, dann hat man eine Theorie. Wie überhaupt die Erkenntnis schon immer mit dem Gesichtssinn in Verbindung gebracht wurde, sei es als Idee (Urbild) oder Erleuchtung. Im Gegensatz zum Verstehen (akustisch und in zeitlicher Reihenfolge) ist das Erkennen ein spontaner Akt oder intuitiver Sprung (A.Einstein), der nur schwer verstehbar ist. Freilich ist dieser Sprung nicht möglich, wenn die Basis dazu fehlt. Wenn man die Voraussetzungen nicht verstanden hat, läuft man leicht Irrlichtern nach oder wird geblendet, und darin liegt die Dialektik dieses Sprungs. Es mag schon sein, daß unter gewissen Voraussetzungen Quantität in Qualität umschlägt, aber welche Art von Quantität muß vorhanden sein, um genügend Qualität zu erzeugen?

Ich habe versucht, das Buch so anzulegen, daß das Verständnis durch häufig wiederkehrende Elemente angebahnt wird und der Anschluß an die Theorie der Quantenphysik nicht zu einem salto mortale wird. Wir haben bis hierher noch keine „echte Quantenphysik" betrieben, jedenfalls nicht so, wie sie in den meisten Büchern steht. Dennoch liegt alles bereit für eine Zusammenschau, einen Rückblick, aber auch einen Ausblick auf wesentliche Aussagen der Quantentheorie.

Und damit sind wir noch einmal beim Stichwort Gesichtssinn: Im „Jahrzehnt des Bildes" (H.O.Peitgen) und mit einem CAS spielt die Visualisierung eine tragende Rolle. Was vor wenigen Jahren nicht so leicht einzusehen war, weil man nur die Formel lesen konnte und für ihr Verständnis die Phantasie eines Feynman benötigte, kann heute bildlich dargestellt werden, ohne viele Worte, es genügen wenige Maple-Befehle, und es wird evident, was gemeint ist.

Wir wollen also unser Werkzeug noch einmal zur Hand nehmen und damit drei zentrale Themen der Quantenphysik bearbeiten: den Feynman-Propagator, die Schrödingergleichung und Bohms Quantenpotential.

### 5.3.1 Der Propagator

Lassen Sie uns wie Feynman ein bißchen mit dem Begriff der Wirklichkeit spielen – anscheinend hat er viel mit dem Begriff der Wirkung zu tun. In der klassischen Physik wird die wirkliche Bahn durch das Prinzip der kleinsten Wirkung ausgewählt, und alle anderen bloß gedachten Bahnen werden verworfen. Daß dies aber nicht der Wirklichkeit entspricht, zeigt das Doppelspaltexperiment:

Die Bewegung eines Teilchens von $x_0$ nach $x_n$ wird nur richtig wiedergegeben, wenn man *alle* möglichen Bahnen berücksichtigt. Feynman [4] beschreibt das so, daß man zwischen der Quelle in $x_0$ und dem Ziel in $x_n$ zunächst einen Schirm aufstellt, in den man ein Loch bohrt, z.B. an der Stelle $x$. Die Bewegung verläuft dann nicht mehr gleichförmig, sondern stückweise gleichförmig von $x_0$ nach $x$ nach $x_n$. Alle möglichen Bahnen erhält man dann, wenn der Schirm vollständig weggebohrt ist.

Wir haben diese Situation im Worksheet *montew.ms* nachgestellt, indem wir zufällige Probebohrungen angebracht haben, die akzeptiert wurden, wenn sich dadurch die Wirkung verringert hat. Mit dieser linearen Approximation und dem Wirkungsprinzip haben wir brauchbare wirkliche Bahnen erhalten.

Wie geschieht nun die Bewertung einer Bahn in der Quantenphysik? Durch Interferenz! Jedem Pfad wird eine Wirkungswelle $\psi = e^{iS/\hbar}$ zugeordnet, wobei $S$ die Summe der Wirkungen von $x_0$ nach ... nach $x$ ... nach $x_n$ ist. Also läßt sich $\psi$ als ein Produkt der Form

$$\psi = e^{iS_0/\hbar}...e^{iS_x/\hbar}...e^{iS_n/\hbar}$$

schreiben. Wie bei der Berechnung von Wahrscheinlichkeiten in einem Baumdiagramm mit Hilfe der Pfadregel werden die einzelnen Beiträge multipliziert, wenn das Teilchen von $x_0$ über $x_1$ *und* $x_2$ *und* ... $x$ *und* ... nach $x_n$ läuft. Das ist noch keine Interferenz, denn wir haben bisher nur eine Welle, nur einen Pfad mit $n+1$ Stationen. Wo können diese Stationen liegen? Mit Ausnahme von Start und Ziel überall!

Wenn wir also zunächst wieder mit einer Zwischenstation $x$ beginnen, so kann sie bei $x$ oder $\bar{x}$ oder $\hat{x}$ oder $\tilde{x}$ liegen, d.h., das Teilchen kann über die Koordinate $x$ *oder* $\bar{x}$ *oder* $\hat{x}$ *oder* $\tilde{x}$ von $x_0$ nach $x_n$ laufen. Und nun kommt die Interferenz ins Spiel: Die zu den verschiedenen Pfaden gehörenden Wellen überlagern sich in $x_n$, ihre Amplituden müssen also addiert werden – wie die Wahrscheinlichkeiten der Pfade, die im Baumdiagramm zu einem Ereignis (Teilchen von $x_0$ nach $x_n$) führen.

Und hierin liegt der entscheidende Unterschied zum Wirkungsprinzip. Es wird nicht genau eine Bahn ausgesucht, es werden vielmehr alle Pfade bewertet. Das Wirkungs*prinzip* wird durch die Interferenz ersetzt, die Variationsrechnung erübrigt sich, nicht aber die Wirkungs*funktion*, die als Phase der Wellen die entscheidende Rolle spielt.

Der Ausdruck, der das Fortschreiten eines Teilchens von der Quelle zum Ziel beschreibt, heißt Propagator und muß sich nach unseren Überlegungen in folgender Form aufbauen lassen

*propa.ms*

$$K := \mathrm{f}(x_1, x_0)$$

$$K := \int \mathrm{f}(x_2, x_1)\, \mathrm{f}(x_1, x_0)\, dx_1$$

5.3 *Theorie und Ausblick*

$$K := \int f(x_3, x_2) \int f(x_2, x_1) f(x_1, x_0) \, dx_1 \, dx_2$$

$$K := \int f(x_4, x_3) \int f(x_3, x_2) \int f(x_2, x_1) f(x_1, x_0) \, dx_1 \, dx_2 \, dx_3$$

..................................................

Die Produkte der Funktionen $f(x_k, x_l)$ stehen für das *und*, die Integration für das *oder*, denn wir wollen ja wirklich alle Koordinaten berücksichtigen. Wir müssen aber auch wirklich alle Zwischenstationen berücksichtigen, deshalb denken wir uns den Grenzwert für $n \to \infty$ dazu, was durch „..." angedeutet ist. Aber wie kann man dieses unendlichdimensionale Integral berechnen? Wir können es mit einer Prozedur versuchen, die uns den Propagator aufbaut:

```
> K:=proc(n) local K,i;
> K:=f(x[1],x[0]);
> for i from 2 to n do
> K:=int(f(x[i],x[i-1])*K,x[i-1]=-infinity..infinity):
> od:
> end;
```

```
K := proc(n)
    local K,i;
        K := f(x[1],x[0]);
        for i from 2 to n do
            K := int(f(x[i],x[i-1])*K,x[i-1] =
                     -infinity .. infinity)
        od
    end
```

Die Wirkungswelle eines freien Teilchens hat die Form
```
> f:=(u,v)->exp(c*(u-v)^2);
```

$$f := (u, v) \to e^{(c(u-v)^2)}$$

wobei wir zunächst mit der Amplitude 1 rechnen und $c < 0$ annehmen, damit die Integration klappt. Ein Test
```
> seq(K(i),i=2..5);
```

$$\frac{1}{2} \frac{e^{(1/2 c^{\tilde{}} (x_2^2 + x_0^2 - 2 x_2 x_0))} \sqrt{2} \sqrt{\pi}}{\sqrt{-c^{\tilde{}}}}, \; -\frac{1}{3} \frac{e^{(1/3 c^{\tilde{}} (x_3^2 + x_0^2 - 2 x_3 x_0))} \pi \sqrt{3}}{c^{\tilde{}}},$$

$$-\frac{1}{2} \frac{\pi^{3/2} e^{(1/4 c^{\tilde{}} (x_4^2 + x_0^2 - 2 x_4 x_0))}}{\sqrt{-c^{\tilde{}}} \, c^{\tilde{}}},$$

$$\frac{1}{5} \frac{e^{(1/5 c^{\tilde{}} (x_5^2 + x_0^2 - 2 x_5 x_0))} \pi^2 \sqrt{5}}{c^{\tilde{}\, 2}}$$

zeigt uns, daß die Amplitude des provisorischen Propagators von Stufe zu Stufe um den Faktor $\sqrt{-\pi/c}$ zunimmt, also ist als Normierung von $f$ wohl $\sqrt{-c/\pi}$ angebracht[4]:

$$f := (u, v) \to \text{sqrt}\left(-\frac{c}{\pi}\right) e^{\left(c(u-v)^2\right)}$$

Damit bekommen wir eine neue Folge von Propagatoren
> seq(K(i),i=2..9);

$$-\frac{1}{2} \frac{e^{\left(1/2\, c\tilde{}\, \left(x_2{}^2+x_0{}^2-2\, x_2\, x_0\right)\right)} c\tilde{}\, \sqrt{2}}{\sqrt{\pi}\sqrt{-c\tilde{}}},$$

$$\frac{1}{3} \frac{e^{\left(1/3\, c\tilde{}\, \left(x_3{}^2+x_0{}^2-2\, x_3\, x_0\right)\right)} \sqrt{-c\tilde{}\, \pi}\, \sqrt{3}}{\pi},$$

$$\frac{1}{2} \frac{\sqrt{-c\tilde{}\, \pi}\, e^{\left(1/4\, c\tilde{}\, \left(x_4{}^2+x_0{}^2-2\, x_4\, x_0\right)\right)}}{\pi},$$

$$\frac{1}{5} \frac{\sqrt{-c\tilde{}\, \pi}\, e^{\left(1/5\, c\tilde{}\, \left(x_5{}^2+x_0{}^2-2\, x_5\, x_0\right)\right)} \sqrt{5}}{\pi},$$

$$\frac{1}{6} \frac{\sqrt{-c\tilde{}\, \pi}\, e^{\left(1/6\, c\tilde{}\, \left(x_6{}^2+x_0{}^2-2\, x_6\, x_0\right)\right)} \sqrt{6}}{\pi},$$

$$\frac{1}{7} \frac{\sqrt{-c\tilde{}\, \pi}\, e^{\left(1/7\, c\tilde{}\, \left(x_7{}^2+x_0{}^2-2\, x_7\, x_0\right)\right)} \sqrt{7}}{\pi},$$

$$\frac{1}{4} \frac{\sqrt{-c\tilde{}\, \pi}\, e^{\left(1/8\, c\tilde{}\, \left(x_8{}^2+x_0{}^2-2\, x_8\, x_0\right)\right)} \sqrt{2}}{\pi},$$

$$\frac{1}{3} \frac{\sqrt{-c\tilde{}\, \pi}\, e^{\left(1/9\, c\tilde{}\, \left(x_9{}^2+x_0{}^2-2\, x_9\, x_0\right)\right)}}{\pi}$$

aus der wir induktiv und vollständig schließen, daß der Propagator zu allgemeinem $n$ lautet:
> Kn:=subs(7=n,K(7));

$$Kn := \frac{1}{n} \frac{\sqrt{-c\tilde{}\, \pi}\, e^{\left(1/n\, c\tilde{}\, \left(x_n{}^2+x_0{}^2-2\, x_n\, x_0\right)\right)} \sqrt{n}}{\pi}$$

Formal läßt sich also die unendlichdimensionale Integration durchführen, es fehlt nur noch die Physik. Wir denken uns die Bewegung von $x_0$ nach $x_n$, die in der Zeit $t$ abläuft, in $n$ Schritte der Dauer $\epsilon = t/n$ unterteilt. Die Wirkung eines

---

[4] Natürlich gibt es auch physikalische Argumente für diese Normierung, die auch noch von der Anzahl der Dimensionen abhängt, siehe [4],[14],[8]. Sie reichen von allgemeinen Erörterungen der Eigenschaften des Propagators bis in die Atomphysik und führen alle zum gleichen Ergebnis, nämlich dem einfachsten.

Teilchens, das sich in der Zeit $\epsilon$ von $x_i$ nach $x_{i+1}$ gleichförmig bewegt, ist

$$\frac{m}{2\epsilon}(x_{i+1} - x_i)^2$$

Der Faktor $c$ ist also

$$c = \frac{im}{2\hbar\epsilon}$$

und das führt mit $a = m/2\hbar$ schließlich auf

$$K := \frac{(-1)^{3/4} e^{\left(\frac{I\,a\,(x_0 - x_n)^2}{t}\right)} \sqrt{a}}{\sqrt{\pi}\sqrt{t}}$$

Damit sind wir am Ziel angelangt[5].

Aber wo ist der Grenzübergang $n \to \infty$ geblieben? Er hat sich erübrigt, weil $n$ aus der Rechnung herausgefallen ist. Im Falle eines freien Teilchens kommt man also mit nur einem Zwischenpunkt aus. Das ist auch einzusehen, wenn Sie sich an das Worksheet *wirf1a.ms* erinnern und dort insbesondere an Abb.4.6, S.163. Bei nur einer Zwischenstation sind die Kurven gleicher Wirkung (= Phase) Ellipsen. Alle Pfade mit dem Zwischenpunkt auf einer solchen Ellipse tragen mit der gleichen Amplitude (und Phase) zur Interferenz bei. Wegen der Periodizität der Wirkungswelle eines freien Teilchens reicht es also, wenn der Zwischenpunkt einmal alle Ellipsen durchläuft, die, verglichen mit der wirklichen Bahn, eine Phasendifferenz von $\leq 2\pi$ haben oder eine Wirkungsdifferenz von $\leq h$ oder einen Gangunterschied, der kleiner ist als eine Wellenlänge $\lambda$. Was darauf hinausläuft, daß zur Interferenz in erster Linie nur die Pfade beitragen, die nicht weiter als $\lambda$ von der wirklichen Bahn entfernt sind. Immer vorausgesetzt, daß auch wirklich alle anderen Pfade möglich sind, denn wenn wir ein Loch mit dem Durchmesser $\lambda$ gebohrt hätten, so hätten wir nicht von $-\infty$ bis $\infty$ integrieren können.

Das Wirkungsprinzip wird aber durch die Interferenz nicht nur ersetzt, sondern auch bestätigt, wenn man bedenkt, daß die Wirkung in der Nähe der wirklichen Bahn ein Minimum durchläuft und damit „die Phase (dort) stationär ist" (siehe z.B. [29]), während sie sich weiter ab von der wirklichen Bahn stark ändert – gemessen in Vielfachen von $h$. Und weil $h$ so klein ist, hat es „so lange" gedauert, bis das Prinzip der kleinsten Wirkung vom Prinzip der interferierenden Wirkungswellen abgelöst wurde.

Aber wir wollen noch ein wenig mit dem Propagator arbeiten. Zur Vereinfachung vernachlässigen wir die Phase $(-1)^{3/4}$ und setzen $x_0 = 0$ und $x_n = x$.

---

[5] Im Gegensatz zu Feynman [4] steht in unserem Vorfaktor nicht $i^{-1/2}$, sondern $(-1)^{3/4}$. Das bedeutet aber nur einen Phasenunterschied von $\pi$.

$$Kw := \frac{\exp\left(\frac{I\,a\,x^2}{t}\right)\sqrt{a}}{\sqrt{\pi}\,\sqrt{t}} \tag{5.3}$$

Nur mit etwas Überredungskunst können wir Maple zur Darstellung des Realteils bewegen:

```
> assume(t>0,a>0);
> RK:=evalc(Re(Kw));
```

$$RK := \frac{\cos\left(\frac{\tilde{a}\,x^2}{\tilde{t}}\right)\sqrt{\tilde{a}}}{\sqrt{\pi}\,\sqrt{\tilde{t}}}$$

```
> RK:=subs(t=th,a=ah,RK):
> t:='t':a:='a':
> RK:=subs(th=t,ah=a,RK);
```

$$RK := \frac{\cos\left(\frac{a\,x^2}{t}\right)\sqrt{a}}{\sqrt{\pi}\,\sqrt{t}}$$

```
> t:=Pi:a:=1:
> pl1:=plot(RK,x=-10..10):pl1;
```

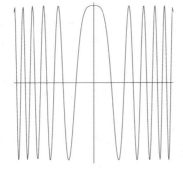

Abb. 5.20: Realteil des Propagators (Animation im Worksheet)

Dafür wird man aber mit einer Animation belohnt, die schön das Zerfließen des Propagators zeigt (Abb. 5.20):

```
> with(plots):
> animate(RK,x=-5..5,t=0.2..2,numpoints=500,frames=15);
```

*Aufgabe:* Stellen Sie den Propagator als Funktion der Zeit dar (mit dem Ort als Parameter) und interpretieren Sie $K(x,t)$.

Leider ist der für kleine $t$ und große $x$ stark oszillierende Propagator keine plot-freundliche Funktion und die Moiré-Muster in der dreidimensionalen Darstellung
```
> plot3d(RK,x=0..10,t=.2..0.5,style=wireframe,grid=[50,50]);
```
sollten nicht als eine physikalische Erscheinung gewertet werden, denn im $x$-$t$-Diagramm sind die „Orte" gleicher Phase nichts anderes als die Parabeln $t = const\, x^2$. Mit dem Imaginärteil können wir genauso verfahren wie mit dem Realteil:
```
> a:='a':t:='t':
> assume(t>0,a>0);
> IK:=evalc(Im(Kw));
```

$$IK := \frac{\sin\left(\frac{\tilde{a}\, x^2}{\tilde{t}}\right)\sqrt{\tilde{a}}}{\sqrt{\pi}\sqrt{\tilde{t}}}$$

```
> IK:=subs(t=th,a=ah,IK):
> t:='t':a:='a':
> IK:=subs(th=t,ah=a,IK);
```

$$IK := \frac{\sin\left(\frac{a\, x^2}{t}\right)\sqrt{a}}{\sqrt{\pi}\sqrt{t}}$$

Real- und Imaginärteil des Propagators lassen sich nun z.B. als Funktion des Ortes als Raumkurve gemeinsam darstellen. Hier ist eine Momentaufnahme (Abb. 5.21):

Propagator

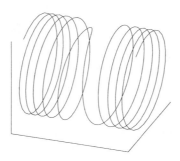

*Abb. 5.21: Momentaufnahme des Propagators eines freien Teilchens. Nach rechts ist der Ort abgetragen, nach oben der Realteil und nach hinten der Imaginärteil. Setzen Sie den Propagator in Bewegung! Wenn Feynman das gesehen hätte... dann hätte er sicher auf Vollbild geschaltet, aber er war auch ohne Maple voll im Bild.*

```
> t:=2:a:=1:
> pl2:=spacecurve([IK,x,RK],x=-8..8,numpoints=500,
> axes=framed,color=black,orientation=[20,65]):pl2;
```

Aber natürlich läßt sich das auch animieren:

```
> t:='t':
> display([seq(spacecurve([IK,x,RK],x=-5..5,numpoints=400),
> t=seq(1+0.2*i,i=1..14))],insequence=true,
> tickmarks=[0,0,0],axes=normal,orientation=[70,70],
> scaling=constrained);
```

*propa.ms*

*Aufgabe:* Zeigen Sie, daß der Propagator das Integral der ebenen Wirkungswelle über alle Impulse ist. Wovon ist also der Propagator die Fouriertransformierte?

*Aufgabe:* Interpretieren Sie die Fouriertransformierte in der Sprache der Pfadintegrale.

*Aufgabe:* Zeigen Sie, daß der Propagator der Grenzwert des Gauß-Schrödinger-Pakets (Gl. 5.2, S.213) ist, wenn die Ortsunschärfe $a$ unendlich klein wird.

## 5.3.2 Schrödingergleichung

Die Schrödingergleichung ist die Bewegungsgleichung der nicht relativistischen Quantenphysik. Wir haben bei der Behandlung der Wellengleichung mehr spielerisch die Schrödingergleichung für ein freies Teilchen (Potential $V = 0$) „gefunden" und wollen nun etwas näher untersuchen, wie diese deterministische Gleichung interpretiert werden kann. Wir stellen zunächst die Gleichung auf[6]:

`schroe.ms`

```
> sgl:=I*h*diff(psi(x,t),t)=-h^2/(2*m)*diff(psi(x,t),x$2);
```

$$sgl := I\,h\,\left(\frac{\partial}{\partial t}\,\psi(x,t)\right) = -\frac{1}{2}\,\frac{h^2\,\left(\frac{\partial^2}{\partial x^2}\,\psi(x,t)\right)}{m}$$

Was passiert, wenn wir außerdem eine möglichst allgemein formulierte Wellenfunktion aufstellen

```
> u:=A(x,t)*exp(I/h*S(x,t));
```

$$u := \mathrm{A}(x,t)\,\mathrm{e}^{\left(\frac{I\,S(x,t)}{h}\right)}$$

und einsetzen?

```
> psi:=(x,t)->u;
```

$$\psi := (x,t) \to u$$

```
> sgl;
```

$$I\,h\,\left(\left(\frac{\partial}{\partial t}\,\mathrm{A}(x,t)\right)\mathrm{e}^{\left(\frac{I\,S(x,t)}{h}\right)} + \frac{I\,\mathrm{A}(x,t)\,\left(\frac{\partial}{\partial t}\,\mathrm{S}(x,t)\right)\mathrm{e}^{\left(\frac{I\,S(x,t)}{h}\right)}}{h}\right)$$

$$= -\frac{1}{2}h^2\left(\left(\frac{\partial^2}{\partial x^2}\,\mathrm{A}(x,t)\right)\mathrm{e}^{\left(\frac{I\,S(x,t)}{h}\right)}\right.$$

$$+ 2\,\frac{I\,\left(\frac{\partial}{\partial x}\,\mathrm{A}(x,t)\right)\,\left(\frac{\partial}{\partial x}\,\mathrm{S}(x,t)\right)\mathrm{e}^{\left(\frac{I\,S(x,t)}{h}\right)}}{h}$$

$$+ \frac{I\,\mathrm{A}(x,t)\,\left(\frac{\partial^2}{\partial x^2}\,\mathrm{S}(x,t)\right)\mathrm{e}^{\left(\frac{I\,S(x,t)}{h}\right)}}{h}$$

$$\left. - \frac{\mathrm{A}(x,t)\,\left(\frac{\partial}{\partial x}\,\mathrm{S}(x,t)\right)^2\mathrm{e}^{\left(\frac{I\,S(x,t)}{h}\right)}}{h^2}\right)/m$$

Wir können zunächst durch $u$ dividieren, dann mit `simplify` weiter vereinfachen und mit `expand` ausmultiplizieren. Man muß Maple ein bißchen helfen, damit „naheliegende" Umformungen auch wirklich durchgeführt werden:

---

[6] Vereinfachte Maple-Notation: $h$ statt $\hbar$

```
> gl:=sgl/u;
```

$$I\,h\left(\left(\frac{\partial}{\partial t}\mathrm{A}(x,t)\right)\mathrm{e}^{\left(\frac{I\,S(x,t)}{h}\right)}+\frac{I\,\mathrm{A}(x,t)\left(\frac{\partial}{\partial t}\mathrm{S}(x,t)\right)\mathrm{e}^{\left(\frac{I\,S(x,t)}{h}\right)}}{h}\right)\bigg/\left(\mathrm{A}(x,t)\,\mathrm{e}^{\left(\frac{I\,S(x,t)}{h}\right)}\right)=-\frac{1}{2}h^2\left(\left(\frac{\partial^2}{\partial x^2}\mathrm{A}(x,t)\right)\mathrm{e}^{\left(\frac{I\,S(x,t)}{h}\right)}\right.$$

$$+2\frac{I\left(\frac{\partial}{\partial x}\mathrm{A}(x,t)\right)\left(\frac{\partial}{\partial x}\mathrm{S}(x,t)\right)\mathrm{e}^{\left(\frac{I\,S(x,t)}{h}\right)}}{h}$$

$$+\frac{I\,\mathrm{A}(x,t)\left(\frac{\partial^2}{\partial x^2}\mathrm{S}(x,t)\right)\mathrm{e}^{\left(\frac{I\,S(x,t)}{h}\right)}}{h}$$

$$\left.-\frac{\mathrm{A}(x,t)\left(\frac{\partial}{\partial x}\mathrm{S}(x,t)\right)^2\mathrm{e}^{\left(\frac{I\,S(x,t)}{h}\right)}}{h^2}\right)\bigg/\left(\mathrm{A}(x,t)\,\mathrm{e}^{\left(\frac{I\,S(x,t)}{h}\right)}m\right)$$

```
> gl:=simplify(gl);
```

$$gl:=\frac{I\left(\left(\frac{\partial}{\partial t}\mathrm{A}(x,t)\right)h+I\,\mathrm{A}(x,t)\left(\frac{\partial}{\partial t}\mathrm{S}(x,t)\right)\right)}{\mathrm{A}(x,t)}=-\frac{1}{2}\bigg(\left(\frac{\partial^2}{\partial x^2}\mathrm{A}(x,t)\right)h^2+2\,I\left(\frac{\partial}{\partial x}\mathrm{A}(x,t)\right)\left(\frac{\partial}{\partial x}\mathrm{S}(x,t)\right)h+I\,\mathrm{A}(x,t)\left(\frac{\partial^2}{\partial x^2}\mathrm{S}(x,t)\right)h-\mathrm{A}(x,t)\left(\frac{\partial}{\partial x}\mathrm{S}(x,t)\right)^2\bigg)\bigg/(\mathrm{A}(x,t)\,m)$$

```
> gl:=expand(gl);
```

$$gl:=\frac{I\left(\frac{\partial}{\partial t}\mathrm{A}(x,t)\right)h}{\mathrm{A}(x,t)}-\left(\frac{\partial}{\partial t}\mathrm{S}(x,t)\right)=-\frac{1}{2}\frac{\left(\frac{\partial^2}{\partial x^2}\mathrm{A}(x,t)\right)h^2}{\mathrm{A}(x,t)\,m}$$
$$-\frac{I\left(\frac{\partial}{\partial x}\mathrm{A}(x,t)\right)\left(\frac{\partial}{\partial x}\mathrm{S}(x,t)\right)h}{\mathrm{A}(x,t)\,m}-\frac{1}{2}\frac{I\left(\frac{\partial^2}{\partial x^2}\mathrm{S}(x,t)\right)h}{m}$$
$$+\frac{1}{2}\frac{\left(\frac{\partial}{\partial x}\mathrm{S}(x,t)\right)^2}{m}$$

Wenn diese Gleichung erfüllt sein soll, so muß sie für den Realteil und den Imaginärteil erfüllt sein. Wir isolieren also zunächst den Realteil:

5.3  *Theorie und Ausblick*

```
> rgl:=evalc(Re(lhs(gl)))=evalc(Re(rhs(gl)));
```

$$rgl := -\left(\frac{\partial}{\partial t} S(x,t)\right) = -\frac{1}{2} \frac{\left(\frac{\partial^2}{\partial x^2} A(x,t)\right) h^2}{A(x,t)\,m} + \frac{1}{2} \frac{\left(\frac{\partial}{\partial x} S(x,t)\right)^2}{m}$$

oder:
```
> "*(-1);
```

$$\frac{\partial}{\partial t} S(x,t) = \frac{1}{2} \frac{\left(\frac{\partial^2}{\partial x^2} A(x,t)\right) h^2}{A(x,t)\,m} - \frac{1}{2} \frac{\left(\frac{\partial}{\partial x} S(x,t)\right)^2}{m} \qquad (5.4)$$

Das ist bis auf den Term mit $h^2$ die Hamilton-Jacobi-Gleichung

$$\frac{\partial}{\partial t} S(x,t) = -V - T$$

Wir haben also ein Potential erhalten, ohne eines anzusetzen. Weil dieses Potential charakteristisch für die Quantenphysik ist ($h \neq 0$), nennt Bohm es Quantenpotential ([30], [6]). Wir kommen auf diese Interpretation im nächsten Abschnitt zurück.

Der Imaginärteil der Schrödingergleichung kann nach dem gleichen Muster untersucht werden, indem man ihn zunächst isoliert und dann mit zwei Befehlen umformt:
```
> igl:=evalc(Im(lhs(gl)))=evalc(Im(rhs(gl)));
```

$$igl := \frac{\left(\frac{\partial}{\partial t} A(x,t)\right) h}{A(x,t)} =$$

$$- \frac{\left(\frac{\partial}{\partial x} A(x,t)\right) \left(\frac{\partial}{\partial x} S(x,t)\right) h}{A(x,t)\,m} - \frac{1}{2} \frac{\left(\frac{\partial^2}{\partial x^2} S(x,t)\right) h}{m}$$

```
> igl:=igl*A(x,t)/h;
```

$$igl := \frac{\partial}{\partial t} A(x,t) = A(x,t) \left( -\frac{\left(\frac{\partial}{\partial x} A(x,t)\right) \left(\frac{\partial}{\partial x} S(x,t)\right) h}{A(x,t)\,m} - \frac{1}{2} \frac{\left(\frac{\partial^2}{\partial x^2} S(x,t)\right) h}{m} \right) / h$$

```
> igl:=expand(igl);
```

$$igl := \frac{\partial}{\partial t} A(x,t) =$$

$$- \frac{\left(\frac{\partial}{\partial x} A(x,t)\right) \left(\frac{\partial}{\partial x} S(x,t)\right)}{m} - \frac{1}{2} \frac{A(x,t) \left(\frac{\partial^2}{\partial x^2} S(x,t)\right)}{m}$$

Nachdem $\frac{\partial}{\partial x} S(x,t)/m$ die Geschwindigkeit $v$ des Teilchens ist, wird man an die Kontinuitätsgleichung

$$\frac{\partial \rho}{\partial t} = -\frac{\partial \rho}{\partial x} v - \rho \frac{\partial v}{\partial x}$$

erinnert – bis auf den Faktor $1/2$, der dort auftaucht, wo $A(x,t)$ nicht abgeleitet wird. Weil aber die Ableitung einer Wurzelfunktion einen Faktor $1/2$ liefert, kann man es mit folgendem Ansatz versuchen:

```
> subs(A(x,t)=sqrt(rho(x,t)),ig1);
```

$$\frac{\partial}{\partial t}\sqrt{\rho(x,t)} = -\frac{\left(\frac{\partial}{\partial x}\sqrt{\rho(x,t)}\right)\left(\frac{\partial}{\partial x}S(x,t)\right)}{m}$$
$$-\frac{1}{2}\frac{\sqrt{\rho(x,t)}\left(\frac{\partial^2}{\partial x^2}S(x,t)\right)}{m}$$

```
> eval(");
```

$$\frac{1}{2}\frac{\frac{\partial}{\partial t}\rho(x,t)}{\sqrt{\rho(x,t)}} = -\frac{1}{2}\frac{\left(\frac{\partial}{\partial x}\rho(x,t)\right)\left(\frac{\partial}{\partial x}S(x,t)\right)}{m\sqrt{\rho(x,t)}}$$
$$-\frac{1}{2}\frac{\sqrt{\rho(x,t)}\left(\frac{\partial^2}{\partial x^2}S(x,t)\right)}{m}$$

```
> "*2*sqrt(rho(x,t));
```

$$\frac{\partial}{\partial t}\rho(x,t) = 2\sqrt{\rho(x,t)}\left(-\frac{1}{2}\frac{\left(\frac{\partial}{\partial x}\rho(x,t)\right)\left(\frac{\partial}{\partial x}S(x,t)\right)}{m\sqrt{\rho(x,t)}}\right.$$
$$\left.-\frac{1}{2}\frac{\sqrt{\rho(x,t)}\left(\frac{\partial^2}{\partial x^2}S(x,t)\right)}{m}\right)$$

```
> cont:=expand(");
```

$$cont := \frac{\partial}{\partial t}\rho(x,t) =$$
$$-\frac{\left(\frac{\partial}{\partial x}\rho(x,t)\right)\left(\frac{\partial}{\partial x}S(x,t)\right)}{m} - \frac{\rho(x,t)\left(\frac{\partial^2}{\partial x^2}S(x,t)\right)}{m}$$

Und das ist tatsächlich die Kontinuitätsgleichung. Wenn man also das Amplitudenquadrat (genauer Betragsquadrat) der Wellenfunktion mit der Dichte einer Strömung identifiziert, kommt man zur statistischen Interpretation der Quantenmechanik.

schroe.ms

5.3  *Theorie und Ausblick*

### 5.3.3 Quantenpotential

Wie jede Interpretation, so ist auch die statistische Interpretation der Quantenphysik nicht zwingend, und es gibt immer wieder Versuche, die deterministische[7] Schrödingergleichung auch deterministisch zu interpretieren. Zu den namhaftesten Vertretern dieser Richtung gehört wohl D.Bohm [6], der das in Gleichung 5.4, Seite 232, auftretende Quantenpotential dem normalen Potential gleichstellt, aus ihm durch Gradientenbildung eine Kraft ableitet und diese in Newtons Bewegungsgleichung einsetzt, d.h. damit Bahnen berechnet.

Wir können diesen Gedankengang am Beispiel des Doppelspaltes nachvollziehen, indem wir zunächst zwei Wirkungswellen bereitstellen ($W1$ und $W2$ sind die nur vom Ort abhängigen charakteristischen Funktionen):

`qpot.ms`

```
> psi1:=A1*exp(2*Pi*I/h*W1);
> psi2:=A2*exp(2*Pi*I/h*W2);
```

$$\psi 1 := A1\,\mathrm{e}^{\left(2\,\frac{I\pi\,\mathrm{W1}}{h}\right)}$$

$$\psi 2 := A2\,\mathrm{e}^{\left(2\,\frac{I\pi\,\mathrm{W2}}{h}\right)}$$

Für die Interferenz müssen wir den Absolutbetrag ihrer Summe berechnen:
```
> A:=evalc(abs(psi1+psi2));
```

$$A := \left(\left(A1\cos\left(2\,\frac{\pi\,\mathrm{W1}}{h}\right) + A2\cos\left(2\,\frac{\pi\,\mathrm{W2}}{h}\right)\right)^2 \right.$$
$$\left. + \left(A1\sin\left(2\,\frac{\pi\,\mathrm{W1}}{h}\right) + A2\sin\left(2\,\frac{\pi\,\mathrm{W2}}{h}\right)\right)^2\right)^{1/2}$$

Um einigermaßen realistische Verhältnisse zu bekommen, setzen wir Kugelwellen (bzw. in der Ebene Kreiswellen) an, deren Amplitude mit $1/r$ abnimmt. Der Parameter $d$ verhindert nur die Divergenz für $r \to 0$, im Worksheet *qpot.ms* haben Sie auch noch die Option einer Gaußverteilung bzw. können eigene Amplitudenfunktionen kreieren.
```
> A1:=1/(r1+d); A2:=1/(r2+d);
> W1:=p*r1; W2:=p*r2;
```

$$A1 := \frac{1}{r1+d} \qquad A2 := \frac{1}{r2+d}$$

$$W1 := p\,r1 \qquad W2 := p\,r2$$

Wir legen die Zentren nach $\pm x0$:
```
> r1:=sqrt((x-x0)^2+y^2);
> r2:=sqrt((x+x0)^2+y^2);
```

---
[7] nicht die kausale im Sinne der Newtonschen Dynamik

$$r1 := \sqrt{x^2 - 2\,x\,x_0 + x_0^2 + y^2}$$

$$r2 := \sqrt{x^2 + 2\,x\,x_0 + x_0^2 + y^2}$$

Kontrolle:
> A;

$$\left(\left(\frac{\cos\left(2\,\dfrac{\pi\,p\,\sqrt{\%2}}{h}\right)}{\sqrt{\%2}+d} + \frac{\cos\left(2\,\dfrac{\pi\,p\,\sqrt{\%1}}{h}\right)}{\sqrt{\%1}+d}\right)^2 + \left(\frac{\sin\left(2\,\dfrac{\pi\,p\,\sqrt{\%2}}{h}\right)}{\sqrt{\%2}+d} + \frac{\sin\left(2\,\dfrac{\pi\,p\,\sqrt{\%1}}{h}\right)}{\sqrt{\%1}+d}\right)^2\right)^{1/2}$$

$$\%1 := x^2 + 2\,x\,x_0 + x_0^2 + y^2$$
$$\%2 := x^2 - 2\,x\,x_0 + x_0^2 + y^2$$

Damit erhalten wir zunächst die vertrauten Interferenzhyperbeln des Doppelspaltes (Abb. 5.22).

**Doppelspalt**

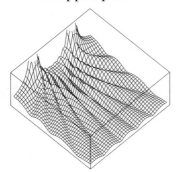

*Abb. 5.22: Interferenz zweier Kreiswellen, deren Amplitude mit $1/r$ abklingt. Dargestellt ist der Absolutbetrag der Amplitude.*

```
> h:=1:p:=0.5: x0:=5:d:=0.01:
> pl1:=plot3d(A,x=-10..10,y=0..20,grid=[40,40],
> view=0..1,style=wireframe,orientation=[45,20]):pl1;
```

5.3 *Theorie und Ausblick*

Nun können wir mit Hilfe des Befehls `laplacian()` im package `linalg` das Quantenpotential berechnen:

```
> with(linalg):
Warning: new definition for    norm
Warning: new definition for    trace

> d:='d':p:='p':y:='y':
> qpot:=laplacian(A,[x,y])/A;
```

$$qpot := \left(-\frac{1}{4}\left(2\%8\left(-\frac{1}{2}\frac{\%7(2x-10)}{\left(\sqrt{\%3}+d\right)^2\sqrt{\%3}} - \frac{\%4\pi p(2x-10)}{\left(\sqrt{\%3}+d\right)\sqrt{\%3}}\right.\right.\right.$$

$$\left.-\frac{1}{2}\frac{\%6(2x+10)}{\left(\sqrt{\%1}+d\right)^2\sqrt{\%1}} - \frac{\%2\pi p(2x+10)}{\left(\sqrt{\%1}+d\right)\sqrt{\%1}}\right) + 2\%5\left(\right.$$

$$\left.-\frac{1}{2}\frac{\%4(2x-10)}{\left(\sqrt{\%3}+d\right)^2\sqrt{\%3}} + \frac{\%7\pi p(2x-10)}{\left(\sqrt{\%3}+d\right)\sqrt{\%3}}\right.$$

$$\left.\left.-\frac{1}{2}\frac{\%2(2x+10)}{\left(\sqrt{\%1}+d\right)^2\sqrt{\%1}} + \frac{\%6\pi p(2x+10)}{\left(\sqrt{\%1}+d\right)\sqrt{\%1}}\right)\right)^2 /$$

$$(\%8^2 + \%5^2)^{3/2} + \frac{1}{2}\left(2\left(-\frac{1}{2}\frac{\%7(2x-10)}{\left(\sqrt{\%3}+d\right)^2\sqrt{\%3}}\right.\right.$$

$$\left.-\frac{\%4\pi p(2x-10)}{\left(\sqrt{\%3}+d\right)\sqrt{\%3}} - \frac{1}{2}\frac{\%6(2x+10)}{\left(\sqrt{\%1}+d\right)^2\sqrt{\%1}}\right.$$

$$\left.\left.-\frac{\%2\pi p(2x+10)}{\left(\sqrt{\%1}+d\right)\sqrt{\%1}}\right)^2 + 2\%8\left(\frac{1}{2}\frac{\%7(2x-10)^2}{\left(\sqrt{\%3}+d\right)^3\%3}\right.\right.$$

$$+\frac{\%4\pi p(2x-10)^2}{\left(\sqrt{\%3}+d\right)^2\%3} + \frac{1}{4}\frac{\%7(2x-10)^2}{\left(\sqrt{\%3}+d\right)^2\%3^{3/2}}$$

$$-\frac{\%7}{\left(\sqrt{\%3}+d\right)^2\sqrt{\%3}} - \frac{\%7\pi^2 p^2(2x-10)^2}{\left(\sqrt{\%3}+d\right)\%3}$$

$$+\frac{1}{2}\frac{\%4\pi p(2x-10)^2}{\left(\sqrt{\%3}+d\right)\%3^{3/2}} - 2\frac{\%4\pi p}{\left(\sqrt{\%3}+d\right)\sqrt{\%3}}$$

$$+\frac{1}{2}\frac{\%6(2x+10)^2}{\left(\sqrt{\%1}+d\right)^3\%1} + \frac{\%2\pi p(2x+10)^2}{\left(\sqrt{\%1}+d\right)^2\%1}$$

$$+\frac{1}{4}\frac{\%6\,(2\,x+10\,)^2}{\left(\sqrt{\%1}+d\right)^2\%1^{3/2}}-\frac{\%6}{\left(\sqrt{\%1}+d\right)^2\sqrt{\%1}}$$

$$-\frac{\%6\,\pi^2\,p^2\,(2\,x+10\,)^2}{\left(\sqrt{\%1}+d\right)\%1}+\frac{1}{2}\frac{\%2\,\pi\,p\,(2\,x+10\,)^2}{\left(\sqrt{\%1}+d\right)\%1^{3/2}}$$

$$-\,2\,\frac{\%2\,\pi\,p}{\left(\sqrt{\%1}+d\right)\sqrt{\%1}}\bigg)+2\,\bigg(-\frac{1}{2}\frac{\%4\,(2\,x-10\,)}{\left(\sqrt{\%3}+d\right)^2\sqrt{\%3}}$$

$$+\frac{\%7\,\pi\,p\,(2\,x-10\,)}{\left(\sqrt{\%3}+d\right)\sqrt{\%3}}-\frac{1}{2}\frac{\%2\,(2\,x+10\,)}{\left(\sqrt{\%1}+d\right)^2\sqrt{\%1}}$$

$$+\frac{\%6\,\pi\,p\,(2\,x+10\,)}{\left(\sqrt{\%1}+d\right)\sqrt{\%1}}\bigg)^2+2\%5\,\bigg(\frac{1}{2}\frac{\%4\,(2\,x-10\,)^2}{\left(\sqrt{\%3}+d\right)^3\%3}$$

$$-\frac{\%7\,\pi\,p\,(2\,x-10\,)^2}{\left(\sqrt{\%3}+d\right)^2\%3}+\frac{1}{4}\frac{\%4\,(2\,x-10\,)^2}{\left(\sqrt{\%3}+d\right)^2\%3^{3/2}}$$

$$-\frac{\%4}{\left(\sqrt{\%3}+d\right)^2\sqrt{\%3}}-\frac{\%4\,\pi^2\,p^2\,(2\,x-10\,)^2}{\left(\sqrt{\%3}+d\right)\%3}$$

$$-\frac{1}{2}\frac{\%7\,\pi\,p\,(2\,x-10\,)^2}{\left(\sqrt{\%3}+d\right)\%3^{3/2}}+2\,\frac{\%7\,\pi\,p}{\left(\sqrt{\%3}+d\right)\sqrt{\%3}}$$

$$+\frac{1}{2}\frac{\%2\,(2\,x+10\,)^2}{\left(\sqrt{\%1}+d\right)^3\%1}-\frac{\%6\,\pi\,p\,(2\,x+10\,)^2}{\left(\sqrt{\%1}+d\right)^2\%1}$$

$$+\frac{1}{4}\frac{\%2\,(2\,x+10\,)^2}{\left(\sqrt{\%1}+d\right)^2\%1^{3/2}}-\frac{\%2}{\left(\sqrt{\%1}+d\right)^2\sqrt{\%1}}$$

$$-\frac{\%2\,\pi^2\,p^2\,(2\,x+10\,)^2}{\left(\sqrt{\%1}+d\right)\%1}-\frac{1}{2}\frac{\%6\,\pi\,p\,(2\,x+10\,)^2}{\left(\sqrt{\%1}+d\right)\%1^{3/2}}$$

$$+2\,\frac{\%6\,\pi\,p}{\left(\sqrt{\%1}+d\right)\sqrt{\%1}}\bigg)\bigg)/\sqrt{\%8^2+\%5^2}-\frac{1}{4}\,\bigg(2\%8\,\bigg($$

$$-\frac{\%7\,y}{\left(\sqrt{\%3}+d\right)^2\sqrt{\%3}}-2\,\frac{\%4\,\pi\,p\,y}{\left(\sqrt{\%3}+d\right)\sqrt{\%3}}$$

$$-\frac{\%6\,y}{\left(\sqrt{\%1}+d\right)^2\sqrt{\%1}}-2\,\frac{\%2\,\pi\,p\,y}{\left(\sqrt{\%1}+d\right)\sqrt{\%1}}\bigg)+2\%5\,\bigg($$

$$-\frac{\%4\,y}{\left(\sqrt{\%3}+d\right)^2\sqrt{\%3}}+2\frac{\%7\,\pi\,p\,y}{\left(\sqrt{\%3}+d\right)\sqrt{\%3}}$$

$$-\frac{\%2\,y}{\left(\sqrt{\%1}+d\right)^2\sqrt{\%1}}+2\frac{\%6\,\pi\,p\,y}{\left(\sqrt{\%1}+d\right)\sqrt{\%1}}\bigg)\bigg)^2\bigg/$$

$$(\%8^2+\%5^2)^{3/2}+\frac{1}{2}\bigg(2\bigg(-\frac{\%7\,y}{\left(\sqrt{\%3}+d\right)^2\sqrt{\%3}}$$

$$-2\frac{\%4\,\pi\,p\,y}{\left(\sqrt{\%3}+d\right)\sqrt{\%3}}-\frac{\%6\,y}{\left(\sqrt{\%1}+d\right)^2\sqrt{\%1}}$$

$$-2\frac{\%2\,\pi\,p\,y}{\left(\sqrt{\%1}+d\right)\sqrt{\%1}}\bigg)^2+2\%8\bigg(2\frac{\%7\,y^2}{\left(\sqrt{\%3}+d\right)^3\%3}$$

$$+4\frac{\%4\,\pi\,p\,y^2}{\left(\sqrt{\%3}+d\right)^2\%3}+\frac{\%7\,y^2}{\left(\sqrt{\%3}+d\right)^2\%3^{3/2}}$$

$$-\frac{\%7}{\left(\sqrt{\%3}+d\right)^2\sqrt{\%3}}-4\frac{\%7\,\pi^2\,p^2\,y^2}{\left(\sqrt{\%3}+d\right)\%3}$$

$$+2\frac{\%4\,\pi\,p\,y^2}{\left(\sqrt{\%3}+d\right)\%3^{3/2}}-2\frac{\%4\,\pi\,p}{\left(\sqrt{\%3}+d\right)\sqrt{\%3}}$$

$$+2\frac{\%6\,y^2}{\left(\sqrt{\%1}+d\right)^3\%1}+4\frac{\%2\,\pi\,p\,y^2}{\left(\sqrt{\%1}+d\right)^2\%1}$$

$$+\frac{\%6\,y^2}{\left(\sqrt{\%1}+d\right)^2\%1^{3/2}}-\frac{\%6}{\left(\sqrt{\%1}+d\right)^2\sqrt{\%1}}$$

$$-4\frac{\%6\,\pi^2\,p^2\,y^2}{\left(\sqrt{\%1}+d\right)\%1}+2\frac{\%2\,\pi\,p\,y^2}{\left(\sqrt{\%1}+d\right)\%1^{3/2}}$$

$$-2\frac{\%2\,\pi\,p}{\left(\sqrt{\%1}+d\right)\sqrt{\%1}}\bigg)+2\bigg(-\frac{\%4\,y}{\left(\sqrt{\%3}+d\right)^2\sqrt{\%3}}$$

$$+2\frac{\%7\,\pi\,p\,y}{\left(\sqrt{\%3}+d\right)\sqrt{\%3}}-\frac{\%2\,y}{\left(\sqrt{\%1}+d\right)^2\sqrt{\%1}}$$

$$+2\frac{\%6\,\pi\,p\,y}{\left(\sqrt{\%1}+d\right)\sqrt{\%1}}\bigg)^2+2\%5\bigg(2\frac{\%4\,y^2}{\left(\sqrt{\%3}+d\right)^3\%3}$$

$$-4\frac{\%7\,\pi\,p\,y^2}{\left(\sqrt{\%3}+d\right)^2\%3}+\frac{\%4\,y^2}{\left(\sqrt{\%3}+d\right)^2\%3^{3/2}}$$

$$-\frac{\%4}{\left(\sqrt{\%3}+d\right)^2\sqrt{\%3}}-4\frac{\%4\,\pi^2\,p^2\,y^2}{\left(\sqrt{\%3}+d\right)\%3}$$

$$-2\frac{\%7\,\pi\,p\,y^2}{\left(\sqrt{\%3}+d\right)\%3^{3/2}}+2\frac{\%7\,\pi\,p}{\left(\sqrt{\%3}+d\right)\sqrt{\%3}}$$

$$+2\frac{\%2\,y^2}{\left(\sqrt{\%1}+d\right)^3\%1}-4\frac{\%6\,\pi\,p\,y^2}{\left(\sqrt{\%1}+d\right)^2\%1}$$

$$+\frac{\%2\,y^2}{\left(\sqrt{\%1}+d\right)^2\%1^{3/2}}-\frac{\%2}{\left(\sqrt{\%1}+d\right)^2\sqrt{\%1}}$$

$$-4\frac{\%2\,\pi^2\,p^2\,y^2}{\left(\sqrt{\%1}+d\right)\%1}-2\frac{\%6\,\pi\,p\,y^2}{\left(\sqrt{\%1}+d\right)\%1^{3/2}}$$

$$+2\frac{\%6\,\pi\,p}{\left(\sqrt{\%1}+d\right)\sqrt{\%1}}\bigg)\bigg)/\sqrt{\%8^2+\%5^2}\bigg)/\sqrt{\%8^2+\%5^2}$$

$\%1 := x^2 + 10\,x + 25 + y^2$

$\%2 := \sin\left(2\,\pi\,p\,\sqrt{\%1}\right)$

$\%3 := x^2 - 10\,x + 25 + y^2$

$\%4 := \sin\left(2\,\pi\,p\,\sqrt{\%3}\right)$

$\%5 := \dfrac{\%4}{\sqrt{\%3}+d} + \dfrac{\%2}{\sqrt{\%1}+d}$

$\%6 := \cos\left(2\,\pi\,p\,\sqrt{\%1}\right)$

$\%7 := \cos\left(2\,\pi\,p\,\sqrt{\%3}\right)$

$\%8 := \dfrac{\%7}{\sqrt{\%3}+d} + \dfrac{\%6}{\sqrt{\%1}+d}$

Ich weiß, daß einige solche Seiten nicht gerne sehen, zumal das Layout (das von Maple geliefert wird) nicht gerade ansprechend ist. Trotzdem halte ich aus einer Reihe von Gründen die gedruckte Wiedergabe der Formel für durchaus sinnvoll: Mit einem einzigen Befehl kann aus einem relativ harmlosen Term ein Ausdruck entstehen, dessen Berechnung von Hand Tage oder Wochen in Anspruch nehmen würde. Dabei besteht aber die Möglichkeit, daß der vom CAS gelieferte Ausdruck gar nicht „zweckmäßig" aufgebaut ist und viel kürzer formuliert werden könnte. Andererseits läßt er sich mit eben diesem CAS auch nicht vereinfachen, und das wäre dringend nötig, wenn man z.B. noch den Gradienten zur Berechnung der Kraft bilden will. D.h. man ist dem CAS ausgeliefert, eventuelle Fehler können auch nicht gefunden werden – wie man eben an der Länge des ausgedruckten Terms und seinen Schachtelungen sieht. Und am Bildschirm kann man damit ohnehin nicht arbeiten, weil man immer nur einen kleinen Ausschnitt sieht. Man könnte diese Problematik wohl kaum mit der schlichten Bemerkung „Es folgt eine drei Seiten lange Formel" vermitteln.

Doch nun zur Darstellung des Quantenpotentials (Abb. 5.23).

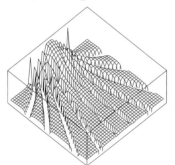

*Abb. 5.23: Das Bohmsche Quantenpotential zeigt bei den Interferenzminima (vgl. Abb. 5.22) tiefe Täler, die in der nach unten abgeschnittenen Darstellung als Lücken zu erkennen sind. In der Bohmschen Interpretation durchläuft das Teilchen diese Täler mit so hoher Geschwindigkeit, daß es dort nur sehr selten beobachtet wird. Die Formel für das Quantenpotential finden Sie auf den Seiten 236-239.*

```
> h:=1:p:=0.5: x0:=5:d:=1:
> pl2:=plot3d(-qpot,x=-10..10,y=0..20,
> view=-1..10,grid=[40,40],style=wireframe):pl2;
> y:=0:d:=1:
> pl3:=plot(-qpot,x=0..7):pl3;
```

qpot.ms

Man sieht die Lage der beiden Zentren an den zwei Spitzen im Hintergrund. Durch einen Vergleich mit den Interferenzhyperbeln kann man feststellen, daß das Quantenpotential in der Nähe der Interferenzminima Rinnen aufweist. Wenn Sie die Darstellung am Bildschirm betrachten, werden Sie sehen, daß diese Rinnen sehr tief sind (ändern Sie dazu die Option view sinngemäß). D.h. (mit Bohm) das Teilchen fällt mit hoher Geschwindigkeit hinein, weil dort auch der Gradient des Quantenpotentials sehr groß ist. Mit anderen Worten werden also die Interferenzminima in extrem kurzer Zeit vom Teilchen durchlaufen, und deshalb ist das Teilchen dort weniger häufig anzutreffen als in den Maxima, also den „Bergrücken"des Quantenpotentials.

Es gibt kein statistisches Verhalten mehr, es gibt (nach Bohm) nur die Unkenntnis, wo das Teilchen den Doppelspalt passiert, denn hier können schon geringfügige Unterschiede in den Anfangsbedingungen bewirken, daß es durch das in der Nahzone stark oszillierende Quantenpotential in ein anderes Maximum sortiert wird.

Wir haben nun den Bohmschen Gedankengang an einem vereinfachten Beispiel (Wirkungswellen statt Lösung der Schrödingergleichung) nachvollzogen. Wenn Sie dieses Thema weiter interessiert, so können Sie das „echte Quantenpotential" im Worksheet *bohm.ms* studieren. Dort wird nach einem Artikel von Philippidis et al. [31] der Feynmansche Propagator zur Berechnung des Quantenpotentials verwendet. Sie finden dort aber auch weitere Untersuchungen zum Impuls und zur Bahn des Teilchens, wobei man allerdings bei der Berechnung der Bahn an die Grenzen des CAS stößt (die Ausdrücke werden einfach zu umfangreich und müßten numerisch bzw. mit compilierten Programmen berechnet werden). Das wird aber durch die unzähligen Möglichkeiten der graphischen Darstellung, mit denen man das Problem von allen Seiten beleuchten kann, mehr als aufgehoben. Ich möchte Sie deshalb ermuntern, sich an der gerade wieder auflebenden Diskussion um die Interpretation der Quantenphysik zu beteiligen und in der im Worksheet angedeuteten Richtung weiterzuforschen. Eine interessante Fortführung wäre z.B. die Untersuchung des Aharonov-Bohm-Effekts, vgl.[32].

# A

## Gewöhnliche Differentialgleichungen

Vorweg ein paar technische Anmerkungen:

1. *Packages und Rücksetzen von Variablen:* Bei einmaligem Durchgang durch die Worksheets wäre die Wiederholung der with-Befehle überflüssig. In der Regel wird ein Worksheet aber mehrmals und mit nicht voraussehbaren Sprüngen abgearbeitet. In diesem Fall können dann (etwa nach restart) die package-Befehle nicht mehr bekannt bzw. Variable unzulässig belegt sein. Dagegen bieten die Wiederholungen der with-Befehle und unassignments eine gewisse Sicherheit. (Es taucht die Frage auf, ob das Package-Konzept nicht zu umständlich ist. Wünschenswert wäre eine kleine Prozedur, die selbständig nach packages sucht.)

2. *Integrationskonstanten:* Die Nummer der von Maple vergebenen Namen _C1, _C2... für Integrationskonstanten hängt von der Vorgeschichte ab. Das muß ggf. berücksichtigt werden, wenn in Befehlen auf diese Variablen Bezug genommen wird.

3. *Lösungsmengen:* Die Reihenfolge von Lösungen ist ebenfalls nicht stabil, wenn Lösungs*mengen* berechnet werden. Insbesondere ist der Bezug mit (") mit Vorsicht zu gebrauchen.

4. *Schreibweise:* In diesem Abschnitt steht DG immer für gewöhnliche Differentialgleichung (eine unabhängige Variable).

## A.1 DG-Werkzeuge

Eine DG der Ordnung $r$ kann (explizit) so notiert werden:

$$y^{(r)}(x) = f[x, y(x), y'(x), ..., y^{(r-1)}(x)]$$

> madg1.ms

Das ist eine Funktionalgleichung, in der neben der unabhängigen Variablen noch die gesuchte Funktion und ihre ($r$) Ableitungen vorkommen. In der Literatur zu DGn werden die Methoden zur Lösung nach steigendem Schwierigkeitsgrad geordnet behandelt. Das bedeutet in der Regel eine Einteilung in die zwei großen Abschnitte DG 1.Ordnung und DG höherer Ordnung, die dann weiter unterteilt werden in lineare und nicht-lineare Gleichungen, spezielle Typen von Gleichungen und Gleichungssysteme. Da wir mit unserem CAS ein elektronisches Handbuch zur Verfügung haben, müssen wir uns nicht so sehr um den Schwierigkeitsgrad oder gar die Theorie der Lösungsmethoden kümmern – das erledigt Maple für uns. Wir können vielmehr die für den Physiker und experimentellen Mathematiker interessanten Zusammenhänge in den Vordergrund stellen (soweit sie in diesem kurzen Anhang Platz haben) und uns im wahrsten Sinne des Wortes ein Bild davon machen, wie zum Beispiel der Typ der DG den Typ der Lösungsfunktion bestimmt und umgekehrt. Deshalb beginnt dieser Abschnitt mit den mehr „handwerklichen" Aspekten, die zur Veranschaulichung der Lösungen einer DG dienen: Scharen von Lösungskurven, Richtungsfelder, Isoklinen, Trajektorien, Phasenportraits (man könnte noch ergänzen: Cauchy-Streckenzug und Picard-Lindelöf-Näherung). Wir beginnen mit der zentralen Fragestellung:

*Bestimmung und Darstellung von Lösungskurven:*

Mit dem einfachen Befehl `dsolve(Gleichung,Funktion)` kann man schon eine große Zahl von Differentialgleichungen lösen. Dabei ist es zweckmäßig, die Gleichung nicht direkt in das Argument von `dsolve` zu schreiben, sondern sie zu benennen:

```
> gl:=diff(y(x),x)=0;
> dsolve(gl,y(x));
```

$$gl := \frac{\partial}{\partial x} y(x) = 0$$

$$y(x) = \_C1$$

(Wir können ja auch mit Maple mit einer einfachen Gleichung beginnen.)

Oder etwas anspruchsvoller:

```
> gl:=diff(y(x),x$3)=0;
> dsolve(gl,y(x));
```

$$gl := \frac{\partial^3}{\partial x^3} y(x) = 0$$

$$y(x) = \_C1 + \_C2\,x + \_C3\,x^2$$

Jetzt haben wir schon drei Scharparameter, nämlich die drei Integrationskonstanten $\_C1$, $\_C2$ und $\_C3$. Verwendet man die Option `laplace`, so setzt Maple die Anfangsbedingungen ein:

```
> dsolve(gl,y(x),laplace);
```

$$y(x) = y(0) + D(y)(0)\,x + \frac{1}{2} D^{(2)}(y)(0)\,x^2$$

Wir bleiben zunächst bei der Lösung mit den Integrationskonstanten und geben ihr einen Namen:

```
> sol:=rhs(dsolve(gl,y(x)));
```

$$sol := \_C1 + \_C2\,x + \_C3\,x^2$$

Kurvenscharen werden in der Regel mit dem Befehl `seq` dargestellt (Abb. A.1 links):

```
> _C1:=1:_C2:=2:_C3:='_C3':
> plot({seq(sol,_C3=seq(-3+0.5*i,i=0..15))},x=-1..1,
>           -2..2,scaling=constrained);
```

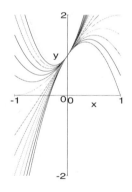
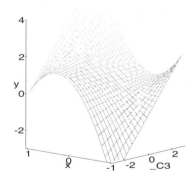

Abb. A.1: Zwei- und dreidimensionale Darstellung der Lösungen einer DG

Oder dreidimensional (Abb. A.1 rechts):

```
> _C3:='_C3':
> plot3d(sol,_C3=-3..3,x=-1..1,view=-3..4,
>        style=wireframe,orientation=[-140,80],axes=frame);
```

A.1  DG-Werkzeuge

Nun können Sie im Prinzip schon jede DG lösen, die Maple geschlossen lösen kann, und sich ein Bild von der Lösung machen. Wie wäre es mit folgender Fragestellung:

„Wie sieht die Lösung einer DG 1.Ordnung aus, in der ein Polynom in y vorkommt?"

Das Primitivpolynom $y(x) = 0$ hatten wir schon oben. Der nächste Schwierigkeitsgrad wäre dann $y(x)$:

```
> gl:=diff(y(x),x)=y(x);dsolve(gl,y(x));
```

$$gl := \frac{\partial}{\partial x} y(x) = y(x)$$

$$y(x) = e^x \_C3$$

Diese wohlbekannte Lösung erscheint in neuem Licht, wenn wir zu $y(x)^n$ fortschreiten:

```
> gl:=diff(y(x),x)=y(x)^n;dsolve(gl,y(x));
```

$$gl := \frac{\partial}{\partial x} y(x) = y(x)^n$$

$$\frac{y(x)}{(-1+n)y(x)^n} + x = \_C3$$

Bei einem „echten Polynom" wird es noch schwieriger

```
> gl:=diff(y(x),x)=a*y(x)^3+b*y(x)^2+c*y(x);
> dsolve(gl,y(x));
```

$$gl := \frac{\partial}{\partial x} y(x) = a\,y(x)^3 + b\,y(x)^2 + c\,y(x)$$

und die Lösung lautet (implizit):

$$-\frac{\ln(y(x))}{c} + \frac{1}{2}\frac{\ln\left(a\,y(x)^2 + b\,y(x) + c\right)}{c} + \frac{b\arctan\left(\frac{2a\,y(x)+b}{\sqrt{4ca-b^2}}\right)}{c\sqrt{4ca-b^2}} + x = \_C3$$

Im Worksheet finden Sie noch ein Beispiel für gebrochen rationale Funktionen in $y$. (Rechnen Sie mit einem längeren Ausdruck!)

Nach diesem ersten Ausflug in das abwechslungsreiche Land der Differentialgleichungen können wir unsere mathematischen Experimente zum Zusammenhang DG – Integralkurven mit der Frage nach der Eindeutigkeit des Kurventyps fortsetzen. Man kann sich z.B. vorstellen, daß man experimentell einen funktionalen Zusammenhang zwischen zwei Größen bestimmt hat und nun die

Bewegungsgleichung (im verallgemeinerten Sinn) sucht. Mit dieser Fragestellung können wir gleichzeitig testen, welche Lösungsmethoden Maple einsetzt. Wir wählen uns die leicht überschaubare Funktion $y = x^2$ als „experimentell gefundenes Gesetz" und konstruieren dazu fünf DGn.

$$dg1 := y(x) + \left(\frac{\partial}{\partial x} y(x)\right) = x^2 + 2x$$

$$dg2 := y(x) \left(\frac{\partial}{\partial x} y(x)\right) = 2x^3$$

$$dg3 := \frac{y(x)}{\frac{\partial}{\partial x} y(x)} = \frac{1}{2} x$$

$$dg4 := \frac{\frac{\partial}{\partial x} y(x)}{y(x)} = 2\frac{1}{x}$$

$$dg5 := y(x) = \frac{1}{4} \left(\frac{\partial}{\partial x} y(x)\right)^2$$

die wir automatisiert lösen lassen:
```
> for i to 5 do dsolve(dg.i, y(x)) od;
```

$$y(x) = x^2 + e^{(-x)} \_C3$$

$$y(x)^2 = x^4 + \_C3$$

$$2\frac{y(x)}{x} = \frac{\_C3}{\sqrt{y(x)}}$$

$$y(x) = \_C3\, x^2$$

$$2\sqrt{y(x)} = 2x + \_C3,\, -2\sqrt{y(x)} = 2x + \_C3$$

Nur mit der vierten DG erhalten wir wieder den einfachen angesetzten Funktionstyp, weil in dieser Gleichung die Variablen schon getrennt sind. Die zweite, dritte und fünfte Gleichung führen zu implizit gegebenen Lösungen, die sich aber mit der Option `explicit` im Argument von `dsolve` vermeiden lassen, z.B.:
```
> dsolve(dg2,y(x),explicit);
```

$$y(x) = \sqrt{x^4 + \_C3},\, y(x) = -\sqrt{x^4 + \_C3}$$

*A.1 DG-Werkzeuge*

Bei der dritten Gleichung kommen dann zwei konjugiert komplexe Lösungen hinzu. Soweit die ersten Befehle zur Lösung. Wie sehen die Lösungen aus?

## Richtungsfelder

Ein wichtiges Hilfsmittel zur Veranschaulichung der Lösungsmenge einer DG ist das Richtungsfeld (also $y'$ als Funktion von $x$ und $y$), das man im Falle der DG 1.Ordnung einfach durch Auflösen der DG nach $y'$ erhält. Maple hat dafür den Befehl `dfieldplot` im package `DEtools`. Wir können uns die fünf Richtungsfelder zusammen mit der einfachsten Lösungskurve zeigen lassen (Abb. A.2).

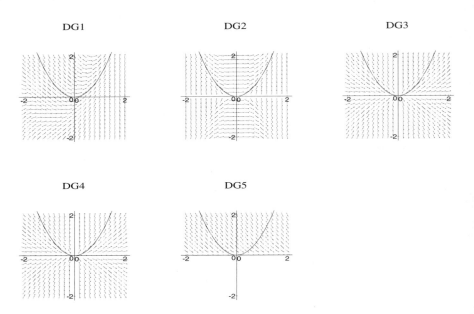

Abb. A.2: *Richtungsfelder von fünf Differentialgleichungen, die* $y = x^2$ *als Lösung haben*

Zu einer Funktion haben wir also fünf DGn, und zu vier dieser DGn haben wir jeweils eine weitere Lösung bekommen. Natürlich gibt es zu einer bestimmten Lösungskurve in der Regel unendlich viele DGn; in der Praxis müßte man also weitere Auswahlkriterien zur Verfügung haben, um zu einem Ergebnis zu kommen. Doch schon die wenigen Richtungsfelder zeigen den großen heuristischen Wert eines CAS: Man kann nicht nur mühelos *eine* Lösungsschar erzeugen, man kann (in einer einfachen Schleife) ganze Klassen von Lösungsscharen erzeugen und visualisieren.

Das bedeutet aber umgekehrt auch, daß man sich sorgfältig überlegen muß, in welcher Form man Maple eine DG vorlegt, denn man bekommt in (diesen) vier von fünf Fällen nicht die einfachste Lösung. Leider muß man aber auch darauf gefaßt sein, daß das Richtungsfeld nicht zur vorgeschlagenen Lösung paßt. Vielleicht haben Sie es schon bemerkt – die explizite Lösung von dg3 lautet:

$$y(x) = \left(-\frac{1}{4}2^{2/3}(\_C3\,x)^{1/3} - \frac{1}{4}I\sqrt{3}\,2^{2/3}(\_C3\,x)^{1/3}\right)^2,$$

$$y(x) = \left(-\frac{1}{4}2^{2/3}(\_C3\,x)^{1/3} + \frac{1}{4}I\sqrt{3}\,2^{2/3}(\_C3\,x)^{1/3}\right)^2,$$

$$y(x) = \frac{1}{2}2^{1/3}(\_C3\,x)^{2/3}$$

Im Worksheet wird gezeigt, daß die von MapleVR3 vorgeschlagene Lösung falsch ist, während das Richtungsfeld stimmt. Offensichtlich wird zur Darstellung des Richtungsfeldes die DG intern nach $y'$ aufgelöst, so daß man diesen Fehler nicht bemerken würde, wenn man nur mit dem Richtungsfeld arbeitet. Während man als Maple-User keinen direkten Einfluß auf die Korrektheit der Lösung hat und nur auf die nächste Release warten kann, kann man Maple immerhin dazu benutzen, die Richtungsfelder selbst zu bestimmen:

```
> for i to 4 do ys.i:=subs(y(x)=y,solve(dg.i,diff(y(x),x)))
>    od; ys5:=subs(y(x)=y,{solve(dg5,diff(y(x),x))});
```

$$ys1 := x^2 + 2x - y$$

$$ys2 := 2\frac{x^3}{y}$$

$$ys3 := 2\frac{y}{x}$$

$$ys4 := 2\frac{y}{x}$$

$$ys5 := \{2\sqrt{y}, -2\sqrt{y}\}$$

Die dritte und vierte DG haben also dasselbe Richtungsfeld, was ja auch so sein muß. Man sieht aber an diesem einfachen Beispiel, daß die Verläßlichkeit (engl.: reliability) eines CAS eine ziemliche Herausforderung an die Programmierer solcher Systeme darstellt, die ohne die Rückmeldung der Anwender wohl kaum zu bewältigen ist.

Neben dem Richtungsfeld gibt es noch ein zweites Hilfsmittel zur Untersuchung der Lösungsfunktionen von DGn:

## Isoklinen

Es gibt mit Maple einen einfachen Trick, sich ohne viel Mathematik ein Bild von den Kurven gleicher Steigung zu verschaffen. Man stellt die Steigung ($y'$) als Funktion von $x$ und $y$ dreidimensional dar (zu diesem Zweck wurde oben $y(x)$ durch $y$ substituiert, weil $y(x)$ nicht in der Bereichsangabe akzeptiert wird). Diese Darstellung bekommt noch mehr Aussagekraft, wenn man im Plot die Option style=contour wählt und den Plot von oben betrachtet, dann sieht man die Isoklinen, ohne eine Gleichung dafür angeben zu müssen:

```
> plot3d(ys3,x=-2..2,y=-2..2,view=-4..4);
```

Als es noch keine CASe gab, mußte man die Isoklinen von Hand zeichnen und sie dann „mit Linienelementen bespicken". Mit Maple benötigen wir dazu nur zwei Befehle (es wäre zu aufwendig, an dieser Stelle die Linienelemente genau auf die Isoklinen zu setzen, deshalb begnügen wir uns mit der zweidimensionalen Darstellung der Isoklinen zusammen mit dem Richtungsfeld, Abb. A.3):

```
> iso:=solve(ys1=a,y);
```

$$iso := x^2 + 2x - a$$

```
> display({plot({seq(iso,a=-3..3)},x=-2..2),
> dfieldplot(dg1,y(x),-2..2,-2..2,scaling=constrained)});
```

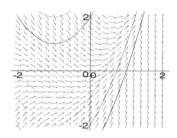

Abb. A.3: *Die Isoklinen einer DG 1.Ordnung erhält man, wenn man die Kurvenschar $y' = const$ bildet und zu verschiedenen Werten des Scharparameters zeichnet*

Das dritte Hilsmittel bei der Untersuchung von DGn sind die Trajektorien.

## Trajektorien

In der Physik benötigt man oft die Gleichung und Darstellung einer Kurvenschar, deren Kurven mit den Kurven einer gegebenen Schar einen bestimmten Winkel bilden (z.B. Feld – Potential, Wellenfront – Strahl). Diese Aufgabe läßt sich leicht bewerkstelligen, wenn man die DG (1.Ordnung) der gegebenen Schar hat. Zu der Schar mit $y' = f(x)$ lautet die DG der Trajektorien: $y'_t = (1 + cf)/(c - f)$, mit $c$ als Cotangens des eingeschlossenen Winkels.

$$dg := \frac{\partial}{\partial x} y(x) = f$$

$$dgt := \frac{\partial}{\partial x} y(x) = \frac{1 + cf}{c - f}$$

Wählen wir als einfaches Beispiel für Trajektorien (oder bei umgekehrter Problemstellung Äquipotentiallinien) Strahlen, d.h. Ursprungsgeraden,

$$f := \frac{y(x)}{x}$$

so erhalten wir die Gleichung der logarithmischen Spirale in etwas ungewohnter Form:

> dsolve(dgt,y(x));

$$x = \frac{\_C3\, x\, e^{\left(c \arctan\left(\frac{y(x)}{x}\right)\right)}}{\sqrt{y(x)^2 + x^2}}$$

Das Richtungsfeld kann ohne weiteres gezeichnet werden (siehe Worksheet *madg1.ms*). Wir ergänzen es noch durch eine Spirale in Parameterform

$$r := .2\, e^{(.1\,t)}$$

und begnügen uns mit den Achsen als Strahlen (Abb. A.4).

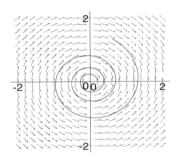

*Abb. A.4: Eine häufige Problemstellung der Wellenphysik: Welche Kurvenschar bildet mit einer gegebenen Schar überall den gleichen Winkel?*

*Aufgabe:* Ergänzen Sie den vorangehenden Plot durch die Darstellung mehrerer Strahlen.

*Aufgabe:* Bestimmen Sie die Orthogonaltrajektorien zu einer Schar ähnlicher Ellipsen mit gleichem Mittelpunkt.

A.1  *DG-Werkzeuge*

Zur Lösung der zweiten Aufgabe stellen wir die DGn der Kurvenscharen auf:

```
> restart; with(DEtools):with(plots):
> dg:=diff(y(x),x)=f:
> dgt:=diff(y(x),x)=(1+c*f)/(c-f):
```

Ellipsengleichungen (z.B. Verhältnis der Halbachsen $n = a/b$, denn wir benötigen ja nur *einen* Scharparameter)

```
> el:=x^2/a^2+y(x)^2/b^2=1; b:=a/n;
```

$$el := \frac{x^2}{a^2} + \frac{y(x)^2}{b^2} = 1$$

$$b := \frac{a}{n}$$

Elimination des Scharparameters

```
> asol:=solve(el,a);
```

$$asol := -\sqrt{x^2 + y(x)^2 n^2}, \sqrt{x^2 + y(x)^2 n^2}$$

DG der Ellipsenschar

```
> dgl:=subs(a=asol[1],diff(el,x));
```

$$dgl := 2\frac{x}{x^2 + y(x)^2 n^2} + 2\frac{y(x) n^2 \left(\frac{\partial}{\partial x} y(x)\right)}{x^2 + y(x)^2 n^2} = 0$$

Also ist die rechte Seite der DG 1.Ordnung

```
> f:=solve(dgl,diff(y(x),x));
```

$$f := -\frac{x}{y(x) n^2}$$

Probe (bei Wiederholung mit anderem $n$ hier wieder einsteigen)

```
> n:=sqrt(3):
> probe:=dsolve(dg,y(x),explicit);
```

$$probe := y(x) = -\frac{1}{3}\sqrt{-3x^2 + 9\_C1}, y(x) = \frac{1}{3}\sqrt{-3x^2 + 9\_C1}$$

Eine ganze Ellipse als Liste zweier halber Ellipsen:

```
> sol:=rhs(probe[1]),rhs(probe[2]):
> pel:=plot({seq(sol,_C1=seq(0.2*i,i=1..5))},x=-2..2,
>         color=blue,scaling=constrained):
> pel;
```

Aber nun kommt die eigentliche Arbeit, also die Bestimmung der Orthogonaltrajektorien:

```
> c:=0:
> solt:=rhs(dsolve(dgt,y(x),explicit));
```

$$solt := x^3 \_C2$$

Als Lösungskurven erhält man also ganz normale Potenzfunktionen:

```
> ptra:=plot({seq(solt,_C2=seq(0.2*i,i=-5..5))},x=-2..2,
>             color=black,scaling=constrained):
> ptra;
```

Und stehen die auch wirklich senkrecht auf den Ellipsen (Abb. A.5)?

```
> with(plots): with(DEtools):
> display({dfieldplot(dgt,y(x),-2..2,-2..2),
>          dfieldplot(dg,y(x),-2..2,-2..2),pel,ptra});
```

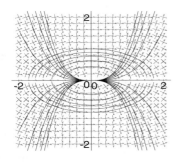

Abb. A.5: Orthogonaltrajektorien zu einer Schar ähnlicher Ellipsen mit gleichem Mittelpunkt

Sie können nun oben ein anderes $n$ einsetzen und so Ellipsenscharen verschiedener Exzentrizität erzeugen (bitte dabei auf die Numerierung der $\_C$'s achten. Und für die Spezialisten: Was ergibt sich für imaginäres $n$? Aber Spezialisten wissen das natürlich! Doch hatten sie (die Spezialisten) schon jemals ein Werkzeug, mit dem man das so mühelos zeigen konnte?

## Weitere Beispiele:

DG vom Riccati-Typ (im Worksheet bedeutet $dg$ weiterhin $y' = f$, und $f$ kann als Funktion $y$ und $x$ gesetzt werden):

```
> f:=x^2+y(x)^2; z:=rhs(dsolve(dg,y(x)));
```

$$f := x^2 + y(x)^2$$

$$z := -\frac{x\left(\_C1\,\mathrm{BesselY}\left(\frac{-3}{4},\frac{1}{2}\,x^2\right) + \mathrm{BesselJ}\left(\frac{-3}{4},\frac{1}{2}\,x^2\right)\right)}{\_C1\,\mathrm{BesselY}\left(\frac{1}{4},\frac{1}{2}\,x^2\right) + \mathrm{BesselJ}\left(\frac{1}{4},\frac{1}{2}\,x^2\right)}$$

Maple weiß uns also auch hier zu helfen, wenn wir etwas Geduld aufbringen. Im Worksheet finden Sie nun eine kurze Befehlsfolge, mit der die Darstellung des Richtungsfeldes und der Isoklinen erreicht wird. Natürlich läßt sich wieder die Funktion $f$ verändern. Wir verwenden das letzte Beispiel zu einer weiteren Demonstration der DEtools, nämlich der Phasenportraits.

## *Phasenportraits*

Integralkurven einer expliziten DG 1.Ordnung können auch mit dem Befehl phaseportrait (in DEtools) dargestellt werden, d.h., die Berechnung des Phasenportraits wird hier als Näherungsmethode eingesetzt. Die zur Verfügung stehenden Integrationsmethoden sind in DEtools[options] beschrieben (Euler-Cauchy-Streckenzug, Runge-Kutta...):

```
> f:=y(x)^2+x^2;
```

$$f := x^2 + \mathrm{y}(\,x\,)^2$$

```
> phaseportrait(dg,[x,y],-1..1,{[1,0],[1,.2],
>                  [1,.4],[1,.7],[1,1.2]});
> display({",dfieldplot(dg,y(x),-2..2)});
```

Mit dieser Methode bekommt man allerdings bei singulären Punkten Schwierigkeiten. Es kann vorkommen, daß die Kurven nur auf einer Seite der Singularität gezeichnet werden oder das von Maple verwendete Verfahren auf eine andere Lösungskurve springt. Manchmal ist mit der Option stepsize eine Korrektur möglich. Näheres dazu und Befehle zum Experimentieren finden Sie im Worksheet.

*madg1.ms*

## A.2 Lineare Differentialgleichungen

Die linearen Differentialgleichungen mit konstanten Koeffizienten gehören wohl zum wichtigsten Gleichungstyp der Physik. Sie erscheinen in weiten Bereichen als der Prototyp der Bewegungsgleichung einer deterministisch aufgefaßten Natur. Das reicht vom Zerfall und vom Wachstum über periodische Vorgänge, aber auch Diffusionsprozesse, bis in die Quantenphysik. Es scheint einfach natürlich zu sein, daß zwischen der Änderung einer Größe und ihrem Momentanwert Proportionalitäten bestehen. Solche Zusammenhänge werden durch die Exponentialfunktion beschrieben, aber nur dann in voller Allgemeinheit, wenn man komplexe Argumente zuläßt, was in den folgenden Abschnitten verdeutlicht werden soll. Wie schon im vorangehenden Abschnitt wird nicht beabsichtigt, eine komplette Theorie darzustellen, vielmehr werden die Möglichkeiten eines CAS ausgenützt, um einen kleinen Streifzug durch die Welt der Exponentialfunktion zu machen. Die dabei geknüpften Assoziationen reichen von der Lösung der DGn über Differenzengleichungen und die geometrische Reihe bis hin zu Eigenwerten und Eigenvektoren. Sie können vom (inter-)aktiven Leser weiter verfolgt werden, indem er Parameter ändert, Darstellungsmöglichkeiten auslotet, einzelne Teile der Worksheets umordnet und neu kombiniert.

### A.2.1 DG 1.Ordnung mit konstanten Koeffizienten

Weil wir es mit „Bewegungen" zu tun haben, wählen wir die Zeit $t$ als unabhängige Variable (und den „Ort" $x$ als abhängige Variable).

$\boxed{mld1g1.ms}$

Der Standard-Zugang zur linearen DG („mit konstanten Koeffizienten" wird im Folgenden weggelassen) sieht gewöhnlich so aus. Die homogene DG $ax'+bx = 0$ kann auch geschrieben werden als

```
> restart; with(DEtools): with(plots):
> dg:=diff(x(t),t)+k*x(t)=0;
```

$$dg := \frac{\partial}{\partial t}\mathrm{x}(t) + k\,\mathrm{x}(t) = 0$$

und hat die Lösung

```
> dsolve(dg,x(t));
```

$$\mathrm{x}(t) = \mathrm{e}^{(-k\,t)}\_C1$$

Je nach Vorzeichen von $k$ liegt also exponentieller Zerfall oder exponentielles Wachstum vor. Das ist allgemein bekannt, und man benötigt dafür kein CAS. Aber schon wenn man etwa den Zerfall einer radioaktiven Substanz eine Generation weiter verfolgen will, hat man wohl mit den herkömmlichen Methoden die Lösung nicht so schnell parat wie Maple:

```
> dgln:=diff(A(t),t)=-ka*A(t),
>        diff(B(t),t)= ka*A(t)-kb*B(t);
> sol:=dsolve({dgln},{A(t),B(t)},laplace);
```

$$dgln := \frac{\partial}{\partial t} A(t) = -ka\, A(t), \frac{\partial}{\partial t} B(t) = ka\, A(t) - kb\, B(t)$$

$$sol := \left\{ A(t) = A(0)\,e^{(-ka\,t)}, B(t) = \right.$$
$$\left. -\frac{ka\,A(0)\,e^{(-kb\,t)}}{-ka+kb} - \frac{B(0)\,ka\,e^{(-kb\,t)}}{-ka+kb} + \frac{B(0)\,kb\,e^{(-kb\,t)}}{-ka+kb} + \frac{ka\,A(0)\,e^{(-ka\,t)}}{-ka+kb} \right\}$$

Mit dem Befehl phaseportrait kann man sich einen schnellen Überblick über die Lösung verschaffen. Bei nicht autonomen Gleichungen (wenn die Zeit explizit vorkommt), erhält man eine 3D-Darstellung, die man mit der Maus so drehen kann, daß $A(t)$, $B(t)$ oder $B(A)$ (sowie die Umkehrfunktionen – ein Würfel hat sechs Seiten) zweidimensional dargestellt werden. Die 2D-Darstellung kann aber auch durch die Option scene erreicht werden bzw. durch Weglassen von $t$ bei der Angabe der Funktionsnamen (eigentliches Phasenportrait $B(A)$). Die 3D-Darstellung ist jedoch sehr nützlich, weil sie eben die ganze Information enthält.

```
> ka:=1: kb:=2:
> phaseportrait([dgln],[t,A,B],0..10,{[0,2,0]},stepsize=0.1);
```

Das Phasenportrait läßt eine quadratische Abhängigkeit von $B$ von $A$ vermuten. Muß das immer so sein? Aber wozu haben wir ein CAS? Nach der Zuweisung mit assign können die Lösungen auch „von Hand" weiterverarbeitet werden:

```
> ka:='ka': kb:='kb':
> assign(sol);
> tt:=solve(A(t)=A,t);
> subs(t=tt,B(t));
> expand(");
> simplify(",power);
```

$$\frac{B(0)\,kb\,A^{(\frac{kb}{ka})}\,A(0)^{(-\frac{kb}{ka})}}{kb-ka} - \frac{B(0)\,ka\,A^{(\frac{kb}{ka})}\,A(0)^{(-\frac{kb}{ka})}}{kb-ka} - \frac{ka\,A(0)^{(1-\frac{kb}{ka})}\,A^{(\frac{kb}{ka})}}{kb-ka}$$
$$+ \frac{ka\,A}{kb-ka}$$

Es ergibt sich also nur für $kb/ka = 2$ eine quadratische Abhängigkeit von $B$ von $A$. Und ganz nebenbei läßt sich gleich auch noch die Frage klären, was für $kb = ka$ passiert:

```
> limit(",kb=ka);
```

$$\frac{B(0)\,A - A\ln(A)\,A(0) + A\ln(A(0))\,A(0)}{A(0)}$$

Sie können nun im Worksheet mit wenigen Plot-Befehlen die Aktivitäten für verschiedene Werte der Zerfallskonstanten untersuchen. Insbesondere sieht man bei der 3D-Darstellung auf einen Blick die verschiedenen Gleichgewichtstypen (ideal: $dB/dt = 0$ – vgl. die zweite DG –, fortschreitend: $kb > ka$ und sekulär: $kb \gg ka$). Und natürlich läßt sich – einmal mehr – die Fragestellung leicht umkehren und beanworten: Für welche Wertepaare der Zerfallskonstanten bekommt man zu einem vorgegebenem Zeitpunkt die gleiche Gesamtaktivität, und wann ist sie am größten? Wie hängt das Maximum vom Zeitpunkt ab? Hier erweist sich der Contourplot als hilfreich, mit dem man die Aktivitäten als Funktionen der Parameter darstellen kann (siehe Worksheet).

Wem zwei Differentialgleichungen nicht genug sind, der kann den Zerfall leicht ein paar Generationen weiter verfolgen:

```
> readlib(unassign):unassign('A','B','C','t');
> dgln:=diff(A(t),t)=-ka*A(t),
>        diff(B(t),t)= ka*A(t)-kb*B(t),
>        diff(C(t),t)=         kb*B(t)-kc*C(t);
> #      diff(X(t),t)=                 kc*C(t)-kx*X(t);
> sol:=dsolve({dgln},{A(t),B(t),C(t)},laplace);
```

$$B(t) = \frac{B(0)\,kb\,e^{(-kb\,t)}}{kb-1} - \frac{B(0)\,e^{(-kb\,t)}}{kb-1} - \frac{A(0)\,e^{(-kb\,t)}}{kb-1} + \frac{A(0)\,e^{(-t)}}{kb-1},$$

$$\begin{aligned}C(t) = & -\frac{kb^2\,e^{(-kb\,t)}\,B(0)}{kb^2-kb-kb\,kc+kc} + \frac{kb\,e^{(-kb\,t)}\,B(0)}{kb^2-kb-kb\,kc+kc} + \frac{kb\,e^{(-kb\,t)}\,A(0)}{kb^2-kb-kb\,kc+kc} \\ & -\frac{B(0)\,kb\,e^{(-kc\,t)}}{\%1} - \frac{kb\,A(0)\,e^{(-kc\,t)}}{\%1} - \frac{C(0)\,kb\,e^{(-kc\,t)}}{\%1} \\ & +\frac{kc\,C(0)\,e^{(-kc\,t)}}{\%1} + \frac{kc\,C(0)\,kb\,e^{(-kc\,t)}}{\%1} - \frac{kc^2\,C(0)\,e^{(-kc\,t)}}{\%1} \\ & +\frac{kc\,kb\,B(0)\,e^{(-kc\,t)}}{\%1} + \frac{kb\,A(0)\,e^{(-t)}}{-kb+1+kb\,kc-kc},\end{aligned}$$

$$A(t) = A(0)\,e^{(-t)} \qquad \%1 := kb\,kc - kb + kc - kc^2$$

Spätestens hier lohnt sich der Einsatz eines CAS! Aber es läßt sich mit Maple mehr machen, als lange Formeln zu produzieren. Wir können bei dieser Gelegenheit die algebraische Behandlung von DG-Systemen untersuchen (1.Ordnung, linear mit konstanten Koeffizienten), weil dies ein wichtiges Hilfsmittel für die Lösung von DGn höherer Ordnung ist. Ein solches (homogenes) System hat immer die Form $y' = My$, wobei $M$ eine Matrix ist und $y'$ und $y$ Vektoren. Wäre $M$ ein Skalar, so könnten wir die Lösung auch ohne Maple sofort hinschreiben, nämlich $y = y(0)\exp(Mt)$. Aber es ist ja denkbar, daß es bestimmte Vektoren $y_0$ und Skalare $k$ gibt, für die gilt:

$$My_0 = ky_0 \qquad (A.1)$$

*A.2 Lineare Differentialgleichungen*

Versuchen wir es am übersichtlichen Beispiel von zwei Gleichungen (zwei radioaktiven Substanzen). Die Matrix für das Gleichungssystem lautet:

```
> M:=matrix(2,2,[-ka,0,ka,-kb]);
```

$$M := \begin{bmatrix} -ka & 0 \\ ka & -kb \end{bmatrix}$$

Wenn Gleichung A.1 gelten soll, dann muß die Determinante von

```
> Md:=matrix(2,2,[-ka-k,0,ka,-kb-k]);
```

$$Md := \begin{bmatrix} -ka - k & 0 \\ ka & -kb - k \end{bmatrix}$$

verschwinden. Man kann dazu den det()-Befehl benutzen

```
> det(Md);
```

$$(-ka - k)(-kb - k)$$

oder das charakteristische Polynom aufstellen

```
> charpoly(M,k);
```

$$(k + ka)(k + kb)$$

am schnellsten geht es aber mit der Berechnung der Eigenwerte von $M$:

```
> eigenvals(M);
```

$$-ka, -kb$$

Wir benötigen noch die passenden Vektoren ($y_0 = (y1, y2)$) zu den beiden Eigenwerten:

```
> with(student): # fuer equate
> sys:=equate(evalm(M*[y1,y2]),evalm(-ka*[y1,y2]));
```

$$sys := \{-ka\,y1 = -ka\,y1, ka\,y1 - kb\,y2 = -ka\,y2\}$$

```
> solve(sys,{y1,y2});
```

$$\left\{ y1 = \frac{(-ka + kb)\,y2}{ka}, y2 = y2 \right\}$$

```
> sys:=equate(evalm(M*[y1,y2]),evalm(-kb*[y1,y2]));
> solve(sys,{y1,y2});
```

$$sys := \{-ka\,y1 = -kb\,y1, ka\,y1 - kb\,y2 = -kb\,y2\}$$

$$\{y2 = y2, y1 = 0\}$$

Aber es genügt auch hier wieder ein einziger Maple-Befehl:

```
> eigenvects(M);
```

$$[-kb, 1, \{[0\ 1]\}], \left[-ka, 1, \left\{\left[\frac{-ka+kb}{ka}\ 1\right]\right\}\right]$$

Dabei steht an erster Stelle der Eigenwert, dann seine Vielfachheit und in {} der Eigenvektor. Nun können wir unser DG-System einfacher schreiben: $y_0' = ky_0$, mit $k = -ka$ oder $-kb$ und den zugehörigen Eigenvektoren $y_0$. Damit diese Eigenvektoren das DG-System lösen, müssen sie die Form haben: $y_0 = (y1, y2)\exp(kt)$. Damit löst aber auch jede Linearkombination der beiden Lösungen das System, insbesondere erhält man nach Multiplikation obiger Vektoren mit $ka/(kb-ka)A(0)$ die schon mit dsolve erzeugte Lösung $A(t)$ und $B(t)$.

## *Die Rolle der Exponentialfunktion*

Wir haben bisher die Proportionalität der Exponentialfunktion zu ihrer eigenen Ableitung rein formal verwendet. Aber es gibt einen elementaren Zugang zu diesem Sachverhalt. Zu diesem Zweck gehen wir einen Schritt „zurück", nämlich von der Differential- zur Differenzengleichung. Dann wird aus $y'$: $\Delta y/\Delta t = (y(t+\Delta t) - y(t))/\Delta t$, und wenn wir das Zeitintervall gleich 1 wählen, können wir die aufeinanderfolgenden $y$-Werte numerieren:

```
> dg:=y(n+1)-y(n)=k*y(n);
```

$$dg := y(n+1) - y(n) = k\,y(n)$$

Diese rekursive Beziehung hat bekanntlich die Lösung

```
> sol:=rsolve(dg,y);
```

$$sol := y(0)(1+k)^n$$

also eine geometrische Folge mit $q = 1 + k$. Wir können zu beliebiger Basis $q$ Punkteplots dieser Folgen erstellen – auch zu negativer Basis. Dann wird Wachstum und Zerfall gemischt, und wir bekommen Schwingungen: gedämpfte, anwachsende und für $q = -1$ etwas, was wie eine reine Sinusschwingung aussieht. Und das, obwohl wir „nur" eine DG bzw. Differenzengleichung 1.Ordnung haben!

```
> q:=4/5:
> plot([seq([n,q^n],n=0..10)],style=point,color=red);
```

Aber warum ist der Plot-Befehl so umständlich formuliert? Weil Maple für

```
> n:='n':
> plot((-1)^n,n=0..10);
```

nur ein leeres Koordinatensystem zeigt. Woran liegt das? Maple versucht z.B. auch, $(-1)^{1/2}$ zu berechnen, und das ist nicht mehr reell. Also hilft wohl

```
> plot(Re((-1)^n),n=0..10);
```
Mit `evalc` können wir Maple in die Karten schauen:
```
> q:='q':
> evalc(q^t);
```

$$e^{(t\ln(|q|))}\cos\left(t\left(\frac{1}{2}-\frac{1}{2}\operatorname{signum}(q)\right)\pi\right)$$

$$+I\,e^{(t\ln(|q|))}\sin\left(t\left(\frac{1}{2}-\frac{1}{2}\operatorname{signum}(q)\right)\pi\right)$$

Aber es gilt ja

$$e^{(I\pi)}=-1$$

Man muß es nur rückwärts lesen. Negative Basis bedeutet im allgemeinen Fall ein komplexes Argument der Exponentialfunktion ($q<0$):

$$q^t=(-|q|)^t=e^{(I\pi t)}e^{(t\ln(|q|))}=e^{((I\pi+\ln(|q|))t)}$$

Wenn wir nun von der Differenzengleichung und der geometrischen Folge zur DG $y'=ky$ zurückkehren, bedeutet das komplexe Eigenwerte $k$. Ist das nur eine Spielerei? Nein, diese Zusammenhänge reichen wie gesagt bis in die Quantenphysik: Würde man bei reellen Exponenten (Eigenwerten) bleiben, käme man nie vom Zerfall oder Wachstum zur Schwingung, nicht von der aperiodischen und inkohärenten Diffusion zur periodischen und kohärenten Welle und auch nicht zur Schrödingergleichung, die ja in der Zeit eine DG 1.Ordnung ist. Die „imaginäre Einheit" scheint eine tieferliegende Wirklichkeit zu beschreiben. (Die Darstellung der Exponentialfunktion zu komplexem Argument finden Sie im Worksheet.) Es fehlt uns noch die Inhomogenität.

*Inhomogene Differentialgleichung*
```
> sol:=dsolve({diff(y(t),t)=y(t)*k+a0},y(t),laplace);
```

$$sol:=y(t)=-\frac{a0}{k}+y(0)e^{(kt)}+\frac{a0\,e^{(kt)}}{k}$$

Ihr entspricht die Differenzengleichung für die geometrische Reihe (für $k=q-1$):
```
> q:='q':a0:='a0':
> rsolve(s(n+1)=q*s(n)+a0,s);
```

$$s(0)q^n+\frac{a0\,q^n}{-1+q}-\frac{a0}{-1+q}$$

Die Lösungen können Sie wie bei den obigen Funktionen leicht darstellen (incl. $q < 0$ und komplexem $k$).

Hier noch ein kleiner Trick zur Darstellung des $s_{n+1}$-$s_n$-Diagramms: Differenzengleichung als Funktion geschrieben

```
> f := sn -> a0+q*sn;
```
$$f := sn \longrightarrow a0 + q\,sn$$

Die $n$-te Iterierte

```
> fn := (sn,n) -> (f@@n)(sn) ;
```
$$fn := (\,sn,n\,) \longrightarrow f^{(\,n\,)}(\,sn\,)$$

Polygonzug zur Darstellung der Iteration (Abb. A.6):

```
> j:='j': a:='a': c:='c':
> stufe:=(a,c)->[c(a,j),c(a,j),c(a,j),c(a,j+1),
>                 c(a,j+1),c(a,j+1)];
> n:='n': s0:='s0':
> treppe:=stufe(s0,fn) $ j=0..n;
```

$$stufe := (\,a,c\,) \longrightarrow [\,c(\,a,j\,), c(\,a,j\,), c(\,a,j\,), c(\,a,j+1\,), c(\,a,j+1\,), c(\,a,j+1\,)\,]$$

$$treppe := [\,f^{(j)}(\,s0\,), f^{(j)}(\,s0\,), f^{(j)}(\,s0\,), f^{(j+1)}(\,s0\,),$$

$$f^{(j+1)}(\,s0\,), f^{(j+1)}(\,s0\,)\,]\,\$\,(\,j = 0..n\,)$$

```
> n:=20:q:=-4/5:
> a0:=5: s0:=0:
> plot({treppe,sn,f(sn)},sn=0..5,color=red);
```

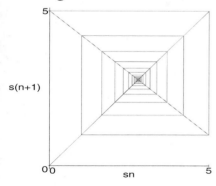

**geometrische Reihe**

s(n+1)

sn

Abb. A.6: Das $s_{n+1}$-$s_n$-Diagramm der geometrischen Reihe zu $a_0 = 5$, $q = -4/5$ entspricht dem Phasendiagramm einer gedämpften Schwingung

$\boxed{mld1g1.ms}$

A.2 *Lineare Differentialgleichungen*

## A.2.2 DG 2.Ordnung mit konstanten Koeffizienten

Für die Schwingungsgleichung (ohne Dämpfung) bekommt man drei Varianten der Lösung angeboten, je nachdem, wie man sie schreibt und ob man die Option `laplace` verwendet (Maple scheint intern Annahmen über das Vorzeichen von $k$ zu machen):

`mld2g1.ms`

```
> restart; with(DEtools):with(plots):
> dg:=diff(y(t),t$2)+k*y(t)=0;
> sol:=dsolve(dg,y(t));
```

$$dg := \left(\frac{\partial^2}{\partial t^2} \mathrm{y}(t)\right) + k\,\mathrm{y}(t) = 0$$

$$sol := \mathrm{y}(t) = \_C1\,\mathrm{e}^{(\sqrt{-k}\,t)} + \_C2\,\mathrm{e}^{(-\sqrt{-k}\,t)}$$

```
> dg:=diff(y(t),t$2)=-k*y(t);
> sol:=dsolve(dg,y(t),laplace);
> convert(",exp);
```

$$dg := \frac{\partial^2}{\partial t^2}\mathrm{y}(t) = -k\,\mathrm{y}(t)$$

$$sol := \mathrm{y}(t) = \mathrm{y}(0)\cos\left(\sqrt{k}\,t\right) + \frac{\mathrm{D}(y)(0)\sin\left(\sqrt{k}\,t\right)}{\sqrt{k}}$$

$$\mathrm{y}(t) = \mathrm{y}(0)\left(\frac{1}{2}\mathrm{e}^{(I\sqrt{k}\,t)} + \frac{1}{2}\frac{1}{\mathrm{e}^{(I\sqrt{k}\,t)}}\right)$$

$$-\frac{1}{2}\frac{I\,\mathrm{D}(y)(0)\left(\mathrm{e}^{(I\sqrt{k}\,t)} - \frac{1}{\mathrm{e}^{(I\sqrt{k}\,t)}}\right)}{\sqrt{k}}$$

```
> dg:=diff(y(t),t$2)=k*y(t);
> sol:=dsolve(dg,y(t),laplace);
> convert(",exp);
```

$$dg := \frac{\partial^2}{\partial t^2}\mathrm{y}(t) = k\,\mathrm{y}(t)$$

$$sol := \mathrm{y}(t) = \mathrm{y}(0)\cosh\left(\sqrt{k}\,t\right) + \frac{\mathrm{D}(y)(0)\sinh\left(\sqrt{k}\,t\right)}{\sqrt{k}}$$

$$\mathrm{y}(t) = \mathrm{y}(0)\left(\frac{1}{2}\mathrm{e}^{(\sqrt{k}\,t)} + \frac{1}{2}\frac{1}{\mathrm{e}^{(\sqrt{k}\,t)}}\right) + \frac{\mathrm{D}(y)(0)\left(\frac{1}{2}\mathrm{e}^{(\sqrt{k}\,t)} - \frac{1}{2}\frac{1}{\mathrm{e}^{(\sqrt{k}\,t)}}\right)}{\sqrt{k}}$$

Wie bereits erwähnt, kann die DG zweiter Ordnung in ein System erster Ordnung überführt werden. Wir setzen $y_1 = y$ und $y_2 = y_1'$, dann gilt:

```
> sys:=diff(y1(t),t)=    y2(t),
>       diff(y2(t),t)=-k*y1(t);
> dsolve({sys},{y1(t),y2(t)});
```

$$sys := \frac{\partial}{\partial t}\,y1(t) = y2(t), \frac{\partial}{\partial t}\,y2(t) = -k\,y1(t)$$

$$\left\{ y2(t) = \_C1\,\sqrt{-k}\,e^{(\sqrt{-k}\,t)} + \_C2\,e^{(-\sqrt{-k}\,t)}, \right.$$

$$\left. y1(t) = \_C1\,e^{(\sqrt{-k}\,t)} + \frac{\_C2\,\sqrt{-k}\,e^{(-\sqrt{-k}\,t)}}{k} \right\}$$

Die Berechnung der Lösung des Systems dauert etwas länger, und die Lösungen werden nicht immer in gleicher Reihenfolge angegeben. Außerdem erscheint noch ein Faktor $\sqrt{-k}$. Alles Dinge, die vom „internen Zustand" von Maple abhängen, insbesondere davon, wieviel Speicher vorher schon verbraucht wurde. Aber diese kleinen „Instabilitäten" sind hier nicht so wichtig, wir wollen uns vielmehr wieder die Eigenwerte und -vektoren ansehen:

```
> with(linalg):
> M:=matrix(2,2,[0,1,-k,0]);
```

$$M := \begin{bmatrix} 0 & 1 \\ -k & 0 \end{bmatrix}$$

```
> eigenvects(M);
```

$$\left[ \text{RootOf}(k + \_Z^2), 1, \left\{ \left[ -\frac{\text{RootOf}(k + \_Z^2)}{k}, 1 \right] \right\} \right]$$

```
> allvalues(");
```

$$\left[\sqrt{-k}, 1, \left\{\left[-\frac{\sqrt{-k}}{k}, 1\right]\right\}\right], \left[\sqrt{-k}, 1, \left\{\left[\frac{\sqrt{-k}}{k}, 1\right]\right\}\right],$$

$$\left[-\sqrt{-k}, 1, \left\{\left[-\frac{\sqrt{-k}}{k}, 1\right]\right\}\right], \left[-\sqrt{-k}, 1, \left\{\left[\frac{\sqrt{-k}}{k}, 1\right]\right\}\right]$$

Mit einem etwas überdimensionierten Angebot an Eigenvektoren, das wohl von dem RootOf-Platzhalter herrührt. Man kann die Eigenvektoren auch hier wieder von Hand berechnen. Diesmal mit dem Befehl linsolve, das erspart das Aufstellen eines Gleichungssystems mit equate:

```
> ew:=eigenvals(M);
```

$$ew := \sqrt{-k}, -\sqrt{-k}$$

```
> ME:=matrix(2,2,[0-ew[1],1,-k,0-ew[1]]);
```

$$ME := \begin{bmatrix} -\sqrt{-k} & 1 \\ -k & -\sqrt{-k} \end{bmatrix}$$

```
> linsolve(ME,[0,0]);
```

$$\begin{bmatrix} -t_1\sqrt{-k} & -t_1 \end{bmatrix}$$

Bevor wir zur graphischen Darstellung der Lösung übergehen, nehmen wir noch die Dämpfung hinzu und untersuchen also die allgemeine lineare (homogene) DG 2.Ordnung mit konstanten Koeffizienten.

```
> dg:=diff(y(t),t$2)+p*diff(y(t),t)+q*y(t)=0;
> sol:=dsolve(dg,y(t));
```

$$dg := \left(\frac{\partial^2}{\partial t^2} y(t)\right) + p\left(\frac{\partial}{\partial t} y(t)\right) + q\,y(t) = 0$$

$$sol := y(t) = \_C1\,e^{\left(-1/2\left(p-\sqrt{p^2-4q}\right)t\right)} + \_C2\,e^{\left(-1/2\left(p+\sqrt{p^2-4q}\right)t\right)}$$

Oder mit der Option `laplace`:

```
> dg:=diff(y(t),t$2)+p*diff(y(t),t)+q*y(t)=0;
> sol:=dsolve(dg,y(t),laplace);
```

$$dg := \left(\frac{\partial^2}{\partial t^2} y(t)\right) + p\left(\frac{\partial}{\partial t} y(t)\right) + q\,y(t) = 0$$

$$sol := y(t) = \frac{p\,y(0)\,e^{(-1/2pt)} \sin\left(\frac{1}{2}\sqrt{-p^2+4q}\,t\right)}{\sqrt{-p^2+4q}}$$
$$+ y(0)\,e^{(-1/2pt)} \cos\left(\frac{1}{2}\sqrt{-p^2+4q}\,t\right)$$
$$+ 2\,\frac{D(y)(0)\,e^{(-1/2pt)} \sin\left(\frac{1}{2}\sqrt{-p^2+4q}\,t\right)}{\sqrt{-p^2+4q}}$$

Das Lösen des Systems dauert nun erheblich länger, kann aber wieder mit der Option `laplace` beschleunigt werden:

```
> sys:=diff(y1(t),t)=          y2(t),
>       diff(y2(t),t)=-q*y1(t) - p*y2(t);
> dsolve({sys},{y1(t),y2(t)});
```

$$sys := \frac{\partial}{\partial t} y1(t) = y2(t),\; \frac{\partial}{\partial t} y2(t) = -q\,y1(t) - p\,y2(t)$$

$$\left\{ y2(t) = -\frac{1}{2} \frac{\_C1 \left(p\sqrt{p^2-4q} - p^2 + 4q\right) e^{\left(-1/2\left(p-\sqrt{p^2-4q}\right)t\right)}}{\sqrt{p^2-4q}} \right.$$

$$-\frac{1}{2} \frac{\_C2 \left(p^2 + p\sqrt{p^2-4q} - 4q\right) e^{\left(-1/2\left(p+\sqrt{p^2-4q}\right)t\right)}}{\sqrt{p^2-4q}},$$

$$\left. y1(t) = \_C1\, e^{\left(-1/2\left(p-\sqrt{p^2-4q}\right)t\right)} + \_C2\, e^{\left(-1/2\left(p+\sqrt{p^2-4q}\right)t\right)} \right\}$$

Wir haben nun die zwei Parameter $p$ und $q$ für die „Dämpfung" und die „rückstellende Kraft" und wollen untersuchen, wie sich die Lösung mit diesen Parametern ändert. Dazu besorgen wir uns die Koeffizienten von $t$ in der Exponentialfunktion, also die Eigenwerte:

```
> q:='q':p:='p':
> M:=matrix(2,2,[0,1,-q,-p]);
```

$$M := \begin{bmatrix} 0 & 1 \\ -q & -p \end{bmatrix}$$

```
> ew:=eigenvals(M);
```

$$ew := -\frac{1}{2}p + \frac{1}{2}\sqrt{p^2-4q},\, -\frac{1}{2}p - \frac{1}{2}\sqrt{p^2-4q}$$

Schwingung tritt nur ein, wenn der Radikand negativ ist, also für:

```
> solve(p^2-4*q<0,p);
Error, (in unknown) unable to order boundaries of equation
```

Wir helfen ein wenig nach, für $q < 0$ kann der Radikand ohnehin nicht negativ werden:

```
> assume(q>0):solve(p^2-4*q<0,p); q:='q':
```

$$\left\{ -2\sqrt{q\tilde{\ }} < p,\, p < 2\sqrt{q\tilde{\ }} \right\}$$

Das hat man natürlich auch schnell im Kopf gerechnet – die letzten beiden Befehle sollten nur eine kleine Demonstration zum Umgang mit Ungleichungen sein. Viel aussagekräftiger sind aber Plots, d.h., wir stellen den Imaginärteil und Realteil der Eigenwerte dar. Die folgende Abkürzung beschleunigt den Plot (vor allem bei der 3D-Darstellung):

```
> ie1:=evalc(Im(ew[1])):ie2:=evalc(Im(ew[2])):
> re1:=evalc(Re(ew[1])):re2:=evalc(Re(ew[2])):
```

Wir halten zunächst $q$ fest und variieren $p$ (Abb. A.7):

```
> p:='p':q:=1:
> p1:=plot({ie1,ie2},p=-5..5,scaling=constrained): p1;
> p2:=plot({re1,re2},p=-5..5,scaling=constrained): p2;
> display({p1,p2});
```

Eigenwerte

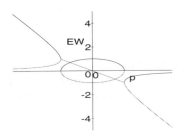

Abb. A.7: *Die Eigenwerte der linearen DG 2.Ordnung als Funktion der Dämpfung (p) bei konstanter rückstellender Kraft (q). Die Ellipse gibt den Imaginärteil wieder (und damit indirekt die Frequenz der Schwingung), das Geradenstück und die Hyperbeln den Realteil.*

Dem Plot kann man für $q > 0$ schon alle Typen der Bewegung entnehmen: Im Bereich der Ellipse (konjugiert komplexe Eigenwerte) liegt eine exponentiell gedämpfte oder anwachsende Schwingung vor, mit einer Frequenz, die immer kleiner ist als im ungedämpften Fall. Für $p = \pm 2\sqrt{q}$ wird die Frequenz Null, wir haben den aperiodischen Grenzfall mit nur einem Eigenwert. Es schließt sich für positive $p$ die aperiodische Kriechbewegung an und für negative $p$ exponentielles Wachstum, wobei für betragsmäßig große $p$ die Hyperbeln durch ihre Asymptoten ersetzt werden können, also die Eigenwerte 0 oder $-p$.

Den vollständigen Überblick über die Änderung der Eigenwerte mit $p$ und $q$ kann man sich mit 3D-Plots verschaffen:

```
> p:='p':q:='q':
> pim:=plot3d({ie1,ie2},p=-5..5,q=-1..5,axes=boxed,
>             color=yellow): pim;
> pre:=plot3d({re1,re2},p=-5..5,q=-1..5,axes=boxed,
>             color=blue,style=line): pre;
> display({pim,pre});
```

Es lohnt sich, den aperiodischen Grenzfall ($p = 2\sqrt{q}$) näher zu untersuchen, denn hier müßte ein zweifacher Eigenwert auftauchen:

```
> dg:=diff(y(t),t$2)+2*sqrt(q)*diff(y(t),t)+q*y(t)=0;
> sol:=dsolve(dg,y(t));
```

$$dg := \left(\frac{\partial^2}{\partial t^2} y(t)\right) + 2\sqrt{q}\left(\frac{\partial}{\partial t} y(t)\right) + q\, y(t) = 0$$

```
Error, (in factors) argument must be a polynomial over
an algebraic number field
```

Also mit $k = \sqrt{q}$:

```
> p:='p':q:='q':
> dgr:=diff(y(t),t$2)+2*k*diff(y(t),t)+k^2*y(t)=0;
> solgr:=dsolve(dgr,y(t),laplace);
```

$$dgr := \left(\frac{\partial^2}{\partial t^2} y(t)\right) + 2k\left(\frac{\partial}{\partial t} y(t)\right) + k^2 y(t) = 0$$

$$solgr := y(t) = t\,e^{(-kt)} D(y)(0) + t\,e^{(-kt)} k\,y(0) + y(0)\,e^{(-kt)}$$

Für den zweifachen Eigenwert kommt also die partikuläre Lösung $t\exp(-kt)$ hinzu:

```
> M:=matrix(2,2,[0,1,-k^2,-2*k]);
```

$$M := \begin{bmatrix} 0 & 1 \\ -k^2 & -2k \end{bmatrix}$$

```
> eigenvects(M);
```

$$[-k, 2, \{[1 - k]\}]$$

Für die Darstellung der Bewegung eignet sich am besten die mit der Laplace-Methode erzeugte Lösung, weil sie die Anfangsbedingungen enthält und deshalb am leichtesten zu interpretieren ist.

```
> p:='p':q:='q':y(0):='y(0)': D(y)(0):='D(y)(0)':
> dg:=diff(y(t),t$2)+p*diff(y(t),t)+q*y(t)=0:
> sol:=dsolve(dg,y(t),laplace);
```

$$sol := y(t) = \frac{p\,y(0)\,e^{(-1/2\,p\,t)} \sin\left(\frac{1}{2}\sqrt{-p^2 + 4q}\,t\right)}{\sqrt{-p^2 + 4q}}$$
$$+ y(0)\,e^{(-1/2\,p\,t)} \cos\left(\frac{1}{2}\sqrt{-p^2 + 4q}\,t\right)$$
$$+ 2\,\frac{D(y)(0)\,e^{(-1/2\,p\,t)} \sin\left(\frac{1}{2}\sqrt{-p^2 + 4q}\,t\right)}{\sqrt{-p^2 + 4q}}$$

Wir können wieder versuchen, ein Maximum an Information zu erhalten, indem wir nicht nur eine bestimmte Bewegung darstellen, sondern z.B. den Parameter $p$ ebenfalls verändern. (Falls Sie sich über den Laufbereich von $p$ wundern: Mit obiger Lösung läßt Maple u.U. eine Lücke beim aperiodischen Grenzfall – z.B. für $p = 0..3$.)

A.2  *Lineare Differentialgleichungen*

```
> y(0):=5: D(y)(0):=-2:
> p:='p': q:=1:
> plot3d(rhs(sol),t=0..10,p=0..3.1,axes=boxed);
```

Den Übergang von periodischer Bewegung zu aperiodischer Bewegung kann man noch besser darstellen, wenn man im 3D-Plot Höhenlinien wählt oder einen Konturplot macht (Abb. A.8):

```
> contourplot(rhs(sol),t=0..10,p=0..4.1,axes=boxed,
>                numpoints=1000);
```

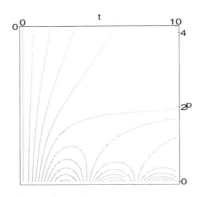

Abb. A.8: Wenn man die Lösungen der DG 2.Ordnung über der Zeit $t$ und der Dämpfung $p$ aufträgt, zeigen die Linien gleicher Amplitude den Übergang von der ungedämpften Schwingung ($p = 0$) zur aperiodischen Bewegung ($p \geq 2$)

Man sieht hier wieder die Abnahme der Frequenz mit wachsender Dämpfung $p$, aber auch – und das ist für die praktische Anwendung wichtig –, daß ein schwingungsfähiges System am schnellsten zur Ruhe kommt, wenn man $p = 2\sqrt{q}$ wählt (Meßgeräte, Stoßdämpfer... war da nicht noch etwas mit dem Tunneleffekt?).

mld2g1.ms

## Richtungsfeld und Phasenportrait

Natürlich darf das Richtungsfeld und das Phasenportrait nicht fehlen. Man erzeugt beides am bequemsten mit der Matrix M des zugehörigen Systems erster Ordnung.

`mld2g2.ms`

```
> restart; with(DEtools):with(plots):with(linalg):
> q:='q':p:='p':
> M:=matrix(2,2,[0,1,-q,-p]);
```

$$M := \begin{bmatrix} 0 & 1 \\ -q & -p \end{bmatrix}$$

```
> q:=1:p:=1/4:
> df:=dfieldplot(M,[y1,y2],t=-1..1,scaling=constrained):
> ph:=phaseportrait(M,[a,b],0..10,{seq([0,i/2,0],i=-2..2)},
>                   stepsize=.2):
> display({df,ph});
```

Anmerkungen (MapleVR3):

In `dfieldplot` muß der Laufbereich von $t$ nur angegeben werden, damit kein Syntaxfehler gemeldet wird, die Werte haben keine Auswirkung auf die Darstellung. Umgekehrt ist bei einer Angabe von $t$ als Variable (in $[t, y1, y2]$) das Ende der Rechnung nicht abzuwarten!

In `phaseportrait` können in diesem Fall beliebige Variablennamen in [] angegeben werden.

Man kann die Phasengleichung auch selbst aufstellen, indem man die Zeit aus den beiden Gleichungen eliminiert ($dy_2/dy_1 = \frac{dy_2}{dt} \frac{dt}{dy_1}$). Das führt auf die autonome (skleronome) DG 1.Ordnung.

```
> p:='p': q:='q':
> pg:=diff(y2(y1),y1)=-p-q*y1/y2(y1);
```

$$pg := \frac{\partial}{\partial y1} \text{y2}(y1) = -p - \frac{q\, y1}{\text{y2}(y1)}$$

Allerdings haben nun die Pfeile in der unteren Hälfte des Richtungsfeldes die falsche Richtung:

```
> q:=1: p:=1/4:
> dfieldplot(pg,y2(y1),-1..1,-1..1,scaling=constrained);
```

Früher (vor CAS) mußte man die Phasengleichung so wie oben aufstellen – und hatte dann noch nicht einmal die Lösung. Mit Maple sieht man wenigstens, daß die Lösung der Phasengleichung nicht ganz einfach ist... (sie wird wieder wie die logarithmische Spirale implizit mit einem überflüssigen $y_1$ angegeben). Vielleicht wollen Sie damit weiterarbeiten?

A.2 Lineare Differentialgleichungen

```
> q:='q': p:='p':
> sol:=dsolve(pg,y2(y1));
```

$$sol := y1 = \frac{\_C1\ y1\ \exp\left(-\dfrac{p\ \operatorname{arctanh}\left(\dfrac{2\,y2(\mathit{y1})+\mathit{y1}\,p}{\mathit{y1}\,\sqrt{-4\,q+p^2}}\right)}{\sqrt{-4q+p^2}}\right)}{\sqrt{y2(\mathit{y1})^2 + \mathit{y1}\,p\,y2(\mathit{y1}) + \mathit{y1}^2\,q}}$$

## Reduktion der Ordnung

In Vor-CAS-Zeiten war noch eine weitere Lösungsmethode beliebt, nämlich die Reduktion der Ordnung einer DG. Wir wollen die Reduktion hier kurz streifen, nicht als Lösungsmethode, sondern zum Vergleich mit der DG 1.Ordnung. Für die lineare DG mit konstanten Koeffizienten hat die Lösung ja die Eigenschaft $y'' = ky' = k^2 y$, wenn man nur einen Eigenwert verwendet, der im allgemeinen Fall aber komplex ist. Damit läßt sich $y'$ oder $y''$ eliminieren. Wir versuchen es mit der Eliminierung von $y''$:

```
> dg:=k^2*y(t)+p*diff(y(t),t)+q*y(t)=0;
```

$$dg := k^2\,\mathrm{y}(t) + p\left(\frac{\partial}{\partial t}\mathrm{y}(t)\right) + q\,\mathrm{y}(t) = 0$$

```
> sol:=dsolve(dg,y(t));
```

$$sol := \mathrm{y}(t) = e^{\left(-\frac{t(k^2+q)}{p}\right)}\ \_C1$$

Probe:

```
> ew:=eigenvals(M);
```

$$ew := -\frac{1}{2}p + \frac{1}{2}\sqrt{-4q+p^2},\ -\frac{1}{2}p - \frac{1}{2}\sqrt{-4q+p^2}$$

```
> assign(sol):
> simplify(subs(k=ew[1],y(t)));
```

$$e^{\left(1/2\,t\left(-p+\sqrt{-4q+p^2}\right)\right)}\ \_C1$$

Bitte nachrechnen, am einfachsten mit dem charakteristischen Polynom. Die DG 1.Ordnung

```
> y(t):='y(t)':
> diff(y(t),t)=k*y(t);
```

$$\frac{\partial}{\partial t}\mathrm{y}(t) = k\,\mathrm{y}(t)$$

mit dem (ggf.) komplexen Koeffizienten (Eigenwert)
```
>   'k'=ew;
```
$$k = \left(-\frac{1}{2}p + \frac{1}{2}\sqrt{-4q+p^2}, -\frac{1}{2}p - \frac{1}{2}\sqrt{-4q+p^2}\right)$$

ist also gleichwertig mit „der Schwingungsgleichung", und man sieht jetzt auch den Zusammenhang zwischen $\Re(k)$, $\Im(k)$ und $p$ und $q$.

## Differenzengleichung

Wir wollen nun – wie schon bei der DG 1.Ordng. – die Differentialgleichung mit der Differenzengleichung vergleichen. Das ist diesmal die verallgemeinerte Fibonacci-Gleichung:
```
>   gl:=y(n+2)+p*y(n+1)+q*y(n)=0;
```
$$gl := y(n+2) + p\,y(n+1) + q\,y(n) = 0$$

Mit der Lösung
```
>   sol:=rsolve(gl,y);
```
$$sol := -\left(\sqrt{-4q+p^2}\,p\,y(0) + \sqrt{-4q+p^2}\,y(1) - p^2\,y(0)\right.$$
$$\left. - p\,y(1) + 2q\,y(0)\right)\left(2\frac{q}{-p+\sqrt{-4q+p^2}}\right)^n / \Big($$
$$\sqrt{-4q+p^2}\left(-p+\sqrt{-4q+p^2}\right)\Big) + \left(p^2\,y(0) + p\,y(1)\right.$$
$$\left. + \sqrt{-4q+p^2}\,p\,y(0) + \sqrt{-4q+p^2}\,y(1) - 2q\,y(0)\right)$$
$$\left(-2\frac{q}{p+\sqrt{-4q+p^2}}\right)^n / \left(\sqrt{-4q+p^2}\left(p+\sqrt{-4q+p^2}\right)\right)$$

also einer Linearkombination zweier geometrischer Folgen mit den Eigenwerten als Basen. So sieht man es besser:
```
>   y(0):=0: y(1):=1:
>   simplify(sol);
```
$$\frac{-2^n\left(\dfrac{q}{-p+\sqrt{-4q+p^2}}\right)^n + \left(-2\dfrac{q}{p+\sqrt{-4q+p^2}}\right)^n}{\sqrt{-4q+p^2}}$$

Und nach Vieta gilt:
```
>   ew[1]*ew[2]=expand(ew[1]*ew[2]);
```
$$\left(-\frac{1}{2}p + \frac{1}{2}\sqrt{-4q+p^2}\right)\left(-\frac{1}{2}p - \frac{1}{2}\sqrt{-4q+p^2}\right) = q$$

Wie sieht die Lösung der Fibonacci-Gleichung aus? Im Worksheet können Sie
es erfahren und damit experimentieren.

```
> isol:=evalc(Im(sol)): rsol:=evalc(Re(sol)):
> asol:=evalc(abs(sol)):
> q:=-2: p:=-0.1: plot(asol,n=0..20);
```

Das ist eine Anregung, die Fibonacci-Gleichung mit Maple ein wenig zu erforschen... man kann sich schlecht gegen die Eigendynamik dieses CAS wehren. Der 3D-Plot liefert je nach dem Wert von $p$ wieder gedämpfte Schwingungen unterschiedlicher Frequenz.

```
> q:=1/2: p:='p': plot3d(asol,n=0..10,p=-1..1,axes=boxed);
```

Im Unterschied zur Differentialgleichung steht aber in der Lösung der Differenzengleichung der Logarithmus der Eigenwerte in der Exponentialfunktion (wenn man zur Basis $e$ übergeht), und das hat beträchtliche Auswirkungen auf die Bewegung (Lösung):

```
> p:='p': q:=2:
> plot({Im(ln(ew[1])),Im(ln(ew[2])),Re(ln(ew[1])),
>       Re(ln(ew[2]))},p=-5..5);
```

Für $-2\sqrt{q} < p < 2\sqrt{q}$ bekommt man wieder Schwingungen, aber mit einer Frequenz, die $\pi$ nicht überschreitet, und die „Dämpfung" ist $\ln(\mathrm{abs}(q))$ (wieder mit Vieta ist mit den konjugiert komplexen Eigenwerten das Betragsquadrat eines Eigenwertes $q$). Dort, wo bei der DG der aperiodische Grenzfall lag, beginnt nun ein Gebiet, in dem mit wachsendem $p$ eine „gedämpfte" Schwingung mit der festen Freqenz $\pi$ stattfindet. Nur für $p < -2\sqrt{q}$ stimmt der Charakter der Lösungen von DG und Differenzengleichung insofern überein, als keine Schwingung möglich ist, aber bei der Differenzengleichung ist immer noch exponentielle Abnahme möglich (Abb. A.9).

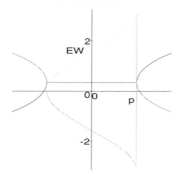

Abb. A.9: *Die Eigenwerte der verallgemeinerten Fibonacci-Gleichung zeigen charakteristische Unterschiede zu denen der DG 2.Ordnung. Die Diskretisierung der Bewegung hat u.a. zur Folge, daß bei starker Dämpfung nicht etwa Aperiodizität eintritt, sondern die Frequenz von der Dämpfung unabhängig wird.*

Im Worksheet folgen weitere Plots, mit denen Sie diese Zusammenhänge untersuchen können. Dabei handelt es sich um Zusammenhänge, die auf fundamentale Fragestellungen führen: Wie läßt sich die Diskretisierung in das Kontinuum einbetten? Laufen natürliche Vorgänge überhaupt kontinuierlich ab? Gibt es gar eine Theorie hinter der Chaostheorie und der Quantentheorie?

Es bleiben aber noch zwei praktische Themen, die Physiker besonders interessieren, wenn sie es mit „der Schwingungsgleichung" zu tun haben: die Laplace-Transformation und der Umgang mit partikulären Lösungen bzw. die Rolle der Inhomogenität.

## *Laplace-Transformation*

Wir können nun die schon so oft verwendete laplace-Option am Beispiel der inhomogenen DG 2.Ordnung erläutern. Mit Hilfe der Laplace-Transformation

```
> F(s)=Int(exp(-s*t)*f(t),t=0..infinity);
```

$$F(s) = \int_0^\infty e^{(-st)} f(t)\, dt$$

lassen sich Differentialgleichungen algebraisieren. Das liegt an folgender Eigenschaft der Laplace-Transformation:

```
> laplace(diff(f(t),t),t,s);
```

$$\mathrm{laplace}(f(t),t,s)\,s - f(0)$$

D.h. die Laplace-Transformierte der Ableitung einer Funktion ist im wesentlichen die Laplace-Transformierte der Funktion mal $s$. Angewandt auf die DG 2.Ordnung führt dies zu

```
> q:='q': p:='p':y:='y':Y:='Y':r:='r':
> ladg:=laplace(diff(y(t),t$2)+p*diff(y(t),t)+q*y(t)
>                =r(t),t,s);
```

$$\begin{aligned}ladg := &\,(\mathrm{laplace}(y(t),t,s)\,s - y(0))\,s - \mathrm{D}(y)(0) \\ &+ p\,(\mathrm{laplace}(y(t),t,s)\,s - y(0)) + q\,\mathrm{laplace}(y(t),t,s) \\ =&\, \mathrm{laplace}(r(t),t,s)\end{aligned}$$

Die Ableitungen sind verschwunden, und wir können der Transformierten zur besseren Handhabung einen Namen ($Y$) geben:

```
> subs(laplace(y(t),t,s)=Y,ladg);
```

$$(Y\,s - y(0))\,s - \mathrm{D}(y)(0) + p\,(Y\,s - y(0)) + q\,Y = \mathrm{laplace}(r(t),t,s)$$

Die Transformierte $Y$ ist gesucht, also:
```
> Y:=solve(",Y);
```
$$Y := -\frac{-s\,\mathrm{y}(0) - \mathrm{D}(y)(0) - p\,\mathrm{y}(0) - \mathrm{laplace}(\mathrm{r}(t),t,s)}{s^2 + p\,s + q}$$

Wir machen die Probe für die homogene DG:
```
> r(t):=0: Y;
```
$$-\frac{-s\,\mathrm{y}(0) - \mathrm{D}(y)(0) - p\,\mathrm{y}(0)}{s^2 + p\,s + q}$$

Die Lösung der homogenen DG ist nun die Rücktransformierte:
```
> invlaplace(Y,s,t);
```

$$\frac{p\,\mathrm{y}(0)\,\mathrm{e}^{(-1/2\,p\,t)} \sin\left(\frac{1}{2}\sqrt{4q-p^2}\,t\right)}{\sqrt{4q-p^2}}$$
$$+ \mathrm{y}(0)\,\mathrm{e}^{(-1/2\,p\,t)} \cos\left(\frac{1}{2}\sqrt{4q-p^2}\,t\right)$$
$$+ 2\,\frac{\mathrm{D}(y)(0)\,\mathrm{e}^{(-1/2\,p\,t)} \sin\left(\frac{1}{2}\sqrt{4q-p^2}\,t\right)}{\sqrt{4q-p^2}}$$

Das läuft also hinter den Kulissen ab, wenn wir in `dsolve` die Option `laplace` angeben. Der wichtigste Fall der inhomogenen DG ist die erzwungene Schwingung:
```
> r(t):=A*sin(omega*t);
```
$$\mathrm{r}(t) := A\sin(\omega\,t)$$

```
> Y;
```
$$-\frac{-s\,\mathrm{y}(0) - \mathrm{D}(y)(0) - p\,\mathrm{y}(0) - \dfrac{A\,\omega}{s^2+\omega^2}}{s^2 + p\,s + q}$$

```
> z:=simplify(invlaplace(Y,s,t));
```

Im Worksheet können Sie den langen Term studieren, vereinfachen und mit der mit `dsolve` erzeugten Lösung vergleichen. Wir kommen zum letzten Thema dieses Worksheets:

## *Inhomogenität*

Wenn wir uns mehr für die Struktur der Lösung interessieren, können wir auch so vorgehen:

Homogene DG:

```
> dglh:=diff(diff(y(t),t),t)+p*diff(y(t),t)+q*y(t)=0;
```

$$dglh := \left(\frac{\partial^2}{\partial t^2} y(t)\right) + p \left(\frac{\partial}{\partial t} y(t)\right) + q\, y(t) = 0$$

Inhomogene DG:

```
> r:='r':
> dgli:=diff(diff(y(t),t),t)+p*diff(y(t),t)+q*y(t)=r(t);
```

$$dgli := \left(\frac{\partial^2}{\partial t^2} y(t)\right) + p \left(\frac{\partial}{\partial t} y(t)\right) + q\, y(t) = \mathrm{r}(t)$$

Lösung der homogenen DG:

```
> solh:=rhs(dsolve(dglh,y(t)));
```

$$solh := \_C1\, e^{\left(-1/2\, t\, \left(p - \sqrt{-4q+p^2}\right)\right)} + \_C2\, e^{\left(-1/2\, \left(\sqrt{-4q+p^2}+p\right)\, t\right)}$$

Lösung der inhomogenen DG:

```
> soli:=rhs(dsolve(dgli,y(t)));
```

$$soli := \left(\int \mathrm{r}(t)\, e^{\left(-1/2\, t\, \left(-p+\sqrt{-4q+p^2}\right)\right)} dt\, e^{\left(1/2\, t\, \left(-p+\sqrt{-4q+p^2}\right)\right)}\right.$$
$$\left. - \int \mathrm{r}(t)\, e^{\left(1/2\, \left(\sqrt{-4q+p^2}+p\right)\, t\right)} dt\, e^{\left(-1/2\, \left(\sqrt{-4q+p^2}+p\right)\, t\right)}\right) /$$
$$\sqrt{-4q+p^2} + \_C1\, e^{\left(-1/2\, t\, \left(p-\sqrt{-4q+p^2}\right)\right)}$$
$$+ \_C2\, e^{\left(-1/2\, \left(\sqrt{-4q+p^2}+p\right)\, t\right)}$$

„Partikuläre" Lösung:

```
> solp:=soli-solh;
```

$$solp := \left(\int \mathrm{r}(t)\, e^{\left(-1/2\, t\, \left(-p+\sqrt{-4q+p^2}\right)\right)} dt\, e^{\left(1/2\, t\, \left(-p+\sqrt{-4q+p^2}\right)\right)}\right.$$
$$\left. - \int \mathrm{r}(t)\, e^{\left(1/2\, \left(\sqrt{-4q+p^2}+p\right)\, t\right)} dt\, e^{\left(-1/2\, \left(\sqrt{-4q+p^2}+p\right)\, t\right)}\right) /$$
$$\sqrt{-4q+p^2}$$

A.2 *Lineare Differentialgleichungen*

Die allgemeine Lösung soli besteht aus Integralen, die von der Störfunktion $r(t)$ abhängen plus Termen der Eigenschwingung (mit den Integrationskonstanten _C1 und _C2). Nach dem Einschwingen sollte also die Störfunktion die Bewegung bestimmen. Wir wählen eine sinusförmige Erregung:
```
> r(t):=A*exp(I*Omega*t);
```
$$r(t) := A\,\mathrm{e}^{(I\Omega t)}$$

```
> solp;
```
$$\left(-2\,\frac{I\,A\,\mathrm{e}^{\left(-1/2\,t\,\left(\sqrt{-4q+p^2}-p-2\,I\,\Omega\right)\right)}\mathrm{e}^{\left(1/2\,t\,\left(-p+\sqrt{-4q+p^2}\right)\right)}}{-I\,p + I\sqrt{-4q+p^2}+2\,\Omega} \right.$$
$$\left. +2\,\frac{I\,A\,\mathrm{e}^{\left(1/2\,t\,\left(2\,I\,\Omega+\sqrt{-4q+p^2}+p\right)\right)}\mathrm{e}^{\left(-1/2\,\left(\sqrt{-4q+p^2}+p\right)t\right)}}{-I\sqrt{-4q+p^2}-I\,p+2\,\Omega}\right)\bigg/$$
$$\sqrt{-4q+p^2}$$

Es sollte aber eine Bewegung mit der Frequenz $\Omega$ herauskommen!?
```
> solp:=simplify(solp);
```
$$solp := -\frac{A\,\mathrm{e}^{(I\Omega t)}}{-I\,p\,\Omega - q + \Omega^2}$$

Welche Amplitude hat sie?
```
> asolp:=simplify(evalc(abs(solp)));
```
$$asolp := \sqrt{\frac{A^2}{q^2 - 2\,q\,\Omega^2 + \Omega^4 + p^2\,\Omega^2}}$$

Das sieht doch nach Resonanz aus?
```
> with(student):
> ampl:=completesquare(asolp,q);
Warning: new definition for    isolate
```
$$ampl := \sqrt{\frac{A^2}{(q-\Omega^2)^2 + p^2\,\Omega^2}}$$

Und die Phase?
```
> t:=0:
> phase:=evalc(Im(solp)/Re(solp));
```
$$phase := \frac{p\,\Omega}{-q+\Omega^2}$$

Plot der Resonanzkurve und der Phase :
```
> A:=20: p:=1: q:=30:
> plot({ampl,-arctan(Im(solp),Re(solp))},Omega=0..10);
```

`mld2g2.ms`

# B

## Maple

Die Worksheets *intro2.ms* und *intro3.ms* ergänzen die kurze Enführung in *intro1.ms*. Es handelt sich dabei um eine Sammlung der wichtigsten Befehle, die Sie nach Ihrem Bedarf ändern und ergänzen können.

## B.1 Routine

In diesem Abschnitt werden Routine-Befehle, die zu „Physikers Alltag" gehören, aufgeführt und kurz erläutert. Die Mathematisierung eines physikalischen Problems läuft immer auf die Lösung von Gleichungen hinaus. Deshalb sollen hier zunächst die wichtigsten Hilfsmittel zur Lösung algebraischer Gleichungen vorgestellt werden.

*intro2.ms*

*Gleichungen* (?equation)

Das Aufstellen einer Gleichung erfolgt mit dem normalen (logischen) Gleichheitszeichen. Der Gleichung kann ein Name zugewiesen werden.

```
> restart;
> gleichung:=Kraft=Masse*Beschleunigung;
```

$$gleichung := Kraft = Masse\ Beschleunigung$$

*Lösung einer Gleichung* (?solve): Mit `solve(Gleichung,Variable)` kann die Gleichung nach der gewünschten Variablen aufgelöst werden (wenn sie lösbar ist).

```
> solve(gleichung,Beschleunigung);
> 'Beschleunigung'=solve(gleichung,Beschleunigung);
> # fuer schoenere Ausgabe
```

$$\frac{Kraft}{Masse}$$

$$Beschleunigung = \frac{Kraft}{Masse}$$

Eine Formulierung ohne Gleichheitszeichen bedeutet `Ausdruck = 0`

```
> solve(a*x^2+b*x+c,x);
> solve(a*x^2+b*x+c,a);
```

$$\frac{1}{2}\frac{-b+\sqrt{b^2-4ac}}{a}, \frac{1}{2}\frac{-b-\sqrt{b^2-4ac}}{a}$$

$$-\frac{bx+c}{x^2}$$

*Gleichungssysteme* werden wie Mengen geschrieben: { , , }. Die Angabe der Menge der Variablen, nach denen das System aufgelöst werden soll, sollte sinnvoll sein. Falls Sie beim Spiel mit Gleichungen auf `RootOf` stoßen: Das ist ein Platzhalter für eine nicht ausgewertete Lösung.

```
> solve({     a*x-b*t=7,
>          5*b*x+a*t=2},{x,t});
```

$$\left\{t=\frac{2a-35b}{a^2+5b^2}, x=\frac{2b+7a}{a^2+5b^2}\right\}$$

```
> solve({Ekin=m/2*v^2, p=m*v, v=x/t},{t,m,v});
```

$$\left\{m=\frac{1}{2}\frac{p^2}{Ekin}, t=\frac{1}{2}\frac{px}{Ekin}, v=2\frac{Ekin}{p}\right\}$$

```
> solve({Ekin=m/2*v^2, p=m*v, v=x/t},{p,m,v});
```

$$\left\{v=\frac{x}{t}, m=2\frac{Ekin\, t^2}{x^2}, p=2\frac{Ekin\, t}{x}\right\}$$

Ohne Lösung:
```
> solve({Ekin=m/2*v^2, p=m*v, v=x/t},{p,p,t});
```

*Die Zuweisung von Lösungen* geschieht mit `assign`, der Befehl `solve` gibt die Lösung nur an.

```
> x:='x';t:='t';
```

$$x := x \qquad t := t$$

```
> assign(solve({     a*x-b*t=7,
>              5*b*x+a*t=2},{x,t}));
> x;t;
```
$$\frac{2b+7a}{a^2+5b^2}$$

$$\frac{2a-35b}{a^2+5b^2}$$

Nach der Zuweisung kann konsequenterweise die Gleichung nicht noch einmal gelöst werden. Wenn Sie also den Cursor wieder auf `assign(solve...)` setzen und den Befehl ausführen lassen, bekommen Sie eine Fehlermeldung. Also zuerst die Variablen wieder freigeben.

## Differenzieren und Integrieren

Die Differential- und Integralrechnung gehört ebenso zum Handwerkszeug des Physikers. Auch dazu hat Maple die passenden Befehle parat.

*Differenzieren* (`?diff`, `?D`): Für die Ableitung von Funktionen (und Termen) stehen zwei Befehle zur Verfügung. `diff` bewirkt die partielle Ableitung nach der angegebenen Variablen. `D` ist der Differentialoperator.

```
> diff(sin(z^2),z);
```
$$2\cos(z^2)\,z$$

```
> D(sin@z^2);
```
$$2cos@z^2\,D(z)z$$

In der Regel wird man `diff` verwenden, also z.B.:
```
> restart;
> y:=x^3-x; ys:=diff(y,x); yss:=diff(ys,x);
```
$$y := x^3 - x$$

$$ys := 3x^2 - 1$$

$$yss := 6x$$

```
> plot({y,ys,yss},x=-2..2);
```

*Höhere Ableitungen* (`?$`, `?diff`): Hierzu kann auch der Wiederholungsoperator `$` verwendet werden, wenn die vorangehende Ableitung nicht schon vorliegt und man sich die Schreibarbeit mit `diff(diff(diff(...),x),x)` sparen will.
```
> diff(y,x$2);
```
$$6x$$

*Integration* (?int): Der Befehl `int` kann sowohl zur Bestimmung der Stammfunktion als auch zur bestimmten Integration verwendet werden. „Die" Stammfunktion wird (bei reellwertigen Integralen) mit der Integrationskonstante 0 geliefert.

> `int(y,x); int(y,x=x0..x1); int(y,x=-1..4);`

$$\frac{1}{4} x^4 - \frac{1}{2} x^2$$

$$\frac{1}{4} x1^4 - \frac{1}{2} x1^2 - \frac{1}{4} x0^4 + \frac{1}{2} x0^2$$

$$\frac{225}{4}$$

*Symbolische Differentiation und Integration* (?inert, ?value): Will man die Operation nicht auswerten, so schreibt man den ersten Buchstaben des Befehls groß. Dadurch wird der Operator `inert`. Der Wert kann dann zu einem späteren Zeitpunkt mit `value()` abgerufen werden.

> `Diff(y,x); value(");`

$$\frac{\partial}{\partial x} ( x^3 - x )$$

$$3 x^2 - 1$$

> `Int(y,x); value(");`

$$\int x^3 - x \, dx$$

$$\frac{1}{4} x^4 - \frac{1}{2} x^2$$

## *Termmanipulation* (?simplify)

Der Befehl `simplify` wird hier nur stellvertretend für die lange Reihe der Befehle zur Umformung von Ausdrücken erwähnt. Der Umgang mit diesen Befehlen wäre ein Kapitel für sich. Sie werden aber mit der Online-Hilfe und ein paar Experimenten früher oder später sicher Ihre Lieblingsbefehle finden. An dieser Stelle möchte ich nur noch auf zwei nützliche Hilfsmittel aufmerksam machen, nämlich die Befehle `subs` und `op`.

*Substitution* (?subs): Gelegentlich möchte man eine (zu) frühe Bindung zurücknehmen, aus einem alten Ausdruck „von Hand" einen neuen bilden oder einen Ausdruck wie eine Funktion behandeln. Für diese Fälle eignet sich der Befehl `subs(alt = neu, Ausdruck)`:

```
> a:=5; x:=a+b;
```
$$a := 5 \qquad x := 5 + b$$

```
> y:=subs(5='a',x); a:=9; y; x;
```
$$y := a + b$$
$$a := 9$$
$$9 + b$$
$$5 + b$$

```
> z:=(c+d)^2;
```
$$z := (c + d)^2$$

```
> subs(c=4, d=-6, z);
```
$$4$$

*Teilausdrücke* (?op, ?nops): Man kann mit dem Befehl op() gezielt auf Teile eines Ausdrucks zugreifen (nops() liefert die Anzahl der Operanden):

```
> ganz:=sqrt(das^ist*der+ganze/Ausdruck);
```
$$ganz := \sqrt{das^{ist}\,der + \frac{ganze}{Ausdruck}}$$

Er besteht auf der letzten Ebene aus dem Radikanden und der Hochzahl:

```
> op(ganz);
```
$$das^{ist}\,der + \frac{ganze}{Ausdruck},\, \frac{1}{2}$$

Die Ebene darunter bekommt man so:

```
> op(op(1,ganz));
```
$$das^{ist}\,der,\, \frac{ganze}{Ausdruck}$$

Und jetzt wissen Sie sicher, wie es weitergeht. Sie sehen aber auch, daß der Zugriff bei tiefer Schachtelung ziemlich kompliziert werden kann. Deshalb wird man – solange es nicht um eine Automatisierung geht – mit Copy&Paste arbeiten. Will man mit dieser Methode Output weiterverarbeiten, so muß dieser mit lprint zunächst „linear" gedruckt werden. Von da kann er dann in eine Input-Region zur weiteren Behandlung übernommen werden.

```
> lprint(subs(Ausdruck=1234,ganz));
(das^ist*der+1/1234*ganze)^(1/2)

> (das^ist*der+1/1234*ganze)^(1/2);
> # mit ctrl-c und ctrl-v von oben uebernommen
>
> (das^ist*der+1/1234*um-einige^teile/
> erweiterte*Ausdruck)^(1/2);
```

## *Graphik*

Nun verschiedene Tips zu den Plot-Befehlen. In dem reichhaltigen Angebot der Maple-Befehle findet man sich am schnellsten zurecht, wenn man sich zunächst an folgenden Stichwörtern orientiert:

*zweidimensional (2D), dreidimensional (3D), Plot von Funktionen, Plot von Ausdrücken, Punkteplot, parametrischer Plot, impliziter Plot, Animation.* Die zahlreichen Optionen werden hier nicht aufgelistet oder gar erläutert. Sie erhalten Hilfe mit `?plot[options]`.

*2D-Plots* (`?plot`): Die folgenden Beispiele geben einen Überblick über die Varianten der Syntax.

*Bereits definierte Funktion*:

```
> restart;
> g:=t->t^2-t^4;
> plot(g);
> plot(sin);
```

*Mit Bereichsangabe*:

```
> plot(g,-3/2..1.78);
> plot(g,-3/2..1.78,0..2);
> plot(sin,0..infinity);
```

In der Bereichsangabe darf die unabhängige Variable nur erwähnt werden, wenn sie auch beim Funktionsaufruf verwendet wird (das ist u.a. die einfachste Art, Achsen zu beschriften):

```
> plot(g,t=1..2); # funktioniert nicht!
> plot(g(Otto),Otto=0..2, Hans=-5..1);
```

*Plot eines Ausdrucks*: Hier muß die unabhängige Variable erwähnt werden.

```
> plot(u^3,u=-1..2);
```

*Plot von mehreren Funktionen oder Ausdrücken*:

```
> plot({sin(u),g(u),u^3},u=-1..1);
```

*Bereitstellen von Plot-Strukturen* durch Vergabe von Namen und anschließende gemeinsame Anzeige mit `display` aus dem `plots`-package:

```
> pl1:=plot(sin(u),u=0..Pi): pl2:=plot(u-1/3!*u^3,u=0..Pi,
>           style=point):
> with(plots):
> display({pl1,pl2});
```

*Punkteplot*:

```
> plot([1,1,2,2,3,4,5,6]);
> plot([1,1,2,2,3,4,5,6],style=point,symbol=circle);
```

*Parametrischer Plot*:

```
> plot([sin(t),2*cos(t),t=0..3/2*Pi],scaling=constrained,
>         title='Ellipse');
```

*Plot einer implizit gegebenen Funktion* (`plots`-package wird benötigt):

```
> implicitplot(x^2=y^2-2,x=-5..5,y=-5..5,title='Hyperbel');
```

*Polarplot*:

```
> polarplot(1,title='Kreis'); # an den 1:1-Button denken!
> polarplot(exp(-0.1*phi),phi=0..20,title='Spirale');
```

*Kurvenscharen* (der Befehl `seq` wird u.a. in *intro3.ms* erläutert):

```
> plot({seq(parameter*x*(1-x),parameter=1..5)},x=-1..2);
```

*Animation* (`?animate`):

```
> animate(t*x*(1-x), x=-1..2, t=-2..2,frames=10);
```

Und die vielen Beispiele in der Hilfe, die Sie mit Copy&Paste übernehmen können.

## 3D-Plots (`?plot3d`): Die Beispiele sind nach dem gleichen Muster aufgebaut wie im zweidimensionalen Fall.

```
> restart: with(plots):
```

*Funktion:*

```
> f:=(x,y)->sin(x)*cos(y);
> plot3d(f, 0..2*Pi,0..3*Pi);
```

*Ausdruck:*

```
> plot3d(sin(x)*cos(y^2), x=0..2*Pi, y=0..Pi,view=-1/2..1,
>         orientation=[150,-150]);
```

*Punkteplot* (`with(plots)`):

```
> pointplot([seq([sin(i),cos(i),i],i=1..200)],axes=boxed);
```

*Parametrisch:*
```
> plot3d([u^2*t,t^2*u,t+u], t=-1..1, u=-1..2,
>         orientation=[-120,30],style=hidden);
```
*Implizit* (with(plots)):
```
> implicitplot3d(z^2+x^2+3*y^2=40,x=-5..5,y=-5..5,z=-5..5,
>          axes=boxed); #style-option funktioniert nicht?
```
Auf die Befehle `sphereplot`, `cylinderplot` und `tubeplot` sei aufmerksam gemacht, ebenso auf die Möglichkeit, mit der Option `coords` verschiedene Koordinatensysteme wählen zu können. Neben der Darstellung von Oberflächen gibt es noch die für den Physiker wichtige Möglichkeit der Darstellung von Raumkurven sowie die dreidimensionale Animation.

*Raumkurven* (?spacecurve):
```
> spacecurve([cos(t),sin(t),sin(Pi*t/2)],t=0..4*Pi,
>           axes=boxed);
```
*Animation* (?animate3d, with(plots)):

`intro2.ms`
```
> animate3d(sin(t)*(x^2+y^2),x=-2..2,y=-2..2,t=0..2*Pi-Pi/4);
```

## B.2  Details

### *Komplexe Zahlen* (?complex)

Die Wurzel aus $-1$ wird in Maple mit dem großen $I$ abgekürzt. Wer z.B. ein kleines $j$ bevorzugt, kann dies mit dem `alias`-Befehl erreichen. Denken Sie bei der Wahl „Ihrer" imaginären Einheit auch an die Möglichkeit, den Schrifttyp des Inputs zu verändern, z.B. Courier statt Arial.

*intro3.ms*

```
> sqrt(-1);alias(I='I',j=sqrt(-1));
```
$$I$$
$$j$$

```
> alias();restart: alias();
```
$$j$$
$$I$$

Das Rechnen mit komplexen Zahlen geschieht in der üblichen Notation und ist problemlos:

```
> z1:=2+3*I; z2:=3-4*I;
```
$$z1 := 2 + 3\,I$$
$$z2 := 3 - 4\,I$$

```
> z1+z2; z1-z2; z1*z2; z1/z2;
```
$$5 - I$$
$$-1 + 7\,I$$
$$18 + I$$
$$-\frac{6}{25} + \frac{17}{25}\,I$$

```
> z1^2; z1^3; z1^(-1);
```
$$-5 + 12\,I$$
$$-46 + 9\,I$$
$$\frac{2}{13} - \frac{3}{13}\,I$$

> Re(z1); Im(z1); conjugate(z1); abs(z1); argument(z1);
$$2$$
$$3$$
$$2 - 3I$$
$$\sqrt{13}$$
$$\arctan\left(\frac{3}{2}\right)$$

Enthält der Ausdruck Namen, denen noch nichts zugewiesen wurde, so werden die Funktionen Re(), Im(), abs() und conjugate() nicht ausgewertet. Falls erforderlich, kann man mit evalc() nachhelfen oder mit assume() vorbeugen. Es gehört aber zu der Konzeption eines guten CAS, daß möglichst viele Optionen möglichst lange offen gehalten werden.

> z3:=x+I*y; Re(z3); evalc(Re(z3)); evalc(conjugate(z3));
$$z3 := x + I\,y$$
$$\Re(x) - \Im(y)$$
$$x$$
$$x - I\,y$$

> assume(y,real); Re(z3);
$$\Re(x)$$

> y:='y': # Ruecknahme der Eigenschaft von y

*Umwandlung in Polarkoordinaten* (?polar, ?convert): Die Funktion polar() muß mit readlib(polar) angemeldet werden. (Bei der Berechnung einer allgemeinen Potenz geschieht dies automatisch.)

> readlib(polar):
> pol1:=polar(z1); polar(z3);
$$pol1 := \mathrm{polar}\left(\sqrt{13}, \arctan\left(\frac{3}{2}\right)\right)$$
$$\mathrm{polar}(|x + I\,y|, \mathrm{argument}(x + I\,y))$$

Und zurück:

> evalc(pol1);
$$2 + 3I$$

*Allgemeine Potenzen*:
```
> sqrt(z1);evalc(sqrt(z1));
```
$$\sqrt{2+3\,I}$$

$$\frac{1}{2}\sqrt{4+2\sqrt{13}}+\frac{1}{2}I\sqrt{-4+2\sqrt{13}}$$

```
> evalc(z1^(1/10));
> evalf(z1^(1/10));
```
$$13^{1/20}\cos\left(\frac{1}{10}\arctan\left(\frac{3}{2}\right)\right)+I\,13^{1/20}\sin\left(\frac{1}{10}\arctan\left(\frac{3}{2}\right)\right)$$

$$1.131348468 + .1115475887\,I$$

```
> evalc(z1^I);
```
$$e^{(-\arctan(3/2))}\cos\left(\frac{1}{2}\ln(13)\right)+I\,e^{(-\arctan(3/2))}\sin\left(\frac{1}{2}\ln(13)\right)$$

```
> evalc(I^(1/I));
```
$$e^{(1/2\,\pi)}$$

*Funktionen*: Mit `?evalc[functions]` erfahren Sie die Regelung zu den Hauptwerten.
```
> sin(z1);
> evalc(sin(z1));
> evalf(sin(z1));
```
$$\sin(2+3\,I)$$

$$\sin(2)\cosh(3)+I\cos(2)\sinh(3)$$

$$9.154499147 - 4.168906960\,I$$

```
> evalc(exp(z1));
```
$$e^2\cos(3)+I\,e^2\sin(3)$$

```
> evalc(ln(z1));
```
$$\frac{1}{2}\ln(13)+I\arctan\left(\frac{3}{2}\right)$$

```
> f:=(x,y)->(x+I*y)^2;
```
$$f := (x,y) \to (x+I\,y)^2$$

```
> evalc((f(x,y))); f(1,2);
```
$$x^2 + 2Ixy - y^2$$
$$-3 + 4I$$

```
> plot3d({Re(f(x,y)),Im(f(x,y))},x=-2..2,y=-2..2);
```

*Differentiation und Integration*:
```
> z:=(x,y)->x+I*y;
> g:=z->z^3;
```
$$z := (x, y) \to x + Iy$$
$$g := z \to z^3$$

```
> evalc(g(x+I*y));
```
$$x^3 - 3xy^2 + I(3x^2y - y^3)$$

```
> evalc(g(z(x,y)));
```
$$x^3 - 3xy^2 + I(3x^2y - y^3)$$

```
> D(g); D(g)(z); D(g)(x+I*y);
```
$$z \to 3z^2$$
$$3z^2$$
$$3(x + Iy)^2$$

```
> diff(g(z),z); diff(g(z),z)(a,b);
```
$$3z^2$$
$$3(a + Ib)^2$$

```
> int(g(z),z)(x,y);
```
$$\frac{1}{4}(x + Iy)^4$$

```
> int(g(z(x,y)),x);
```
$$\frac{1}{4}(x + Iy)^4$$

```
> int(int(g(z(x,y)),x),y);
```
$$-\frac{1}{20}I(x + Iy)^5$$

```
> evalc(int(Im(g(z(x,y))),y));
```
$$\frac{3}{2}\, x^2\, y^2 - \frac{1}{4}\, y^4$$

*Das Plotten von komplexwertigen Funktionen* ist ebenso problemlos. Die Anzeige des Realteils ist voreingestellt.

```
> plot(sqrt(x),x=-2..2);
> plot({Re(sqrt(x)),Im(sqrt(x)),-abs(sqrt(x))},x=-2..2);
```

## *Prozeduren* (?proc)

Die Syntax der Prozedurdefinition lautet:

proc(<argseq>) local <nseq>; global <nseq>; options <nseq>; description <string>; <statseq> end

Damit ist ein gültiger Ausdruck definiert, dem ein Name zugewiesen werden kann. Eine syntaktisch korrekt geschriebene Prozedur erscheint als strukturierter Output. Die (optionalen) Argumente und Schlüsselwörter bedeuten:

<argseq> : Folge von formalen Parametern (optional mit Typangabe)
local <nseq> : Folge von lokalen Variablen
global <nseq> : Folge von globalen Variablen
> Dabei gilt folgende Konvention: Eine Variable gilt als global, solange sie *nicht*
> - explizit als lokal deklariert wird,
> - auf der linken Seite eines assignments steht,
> - als Index in for oder seq verwendet wird.
> In den letzten beiden Fällen deklariert MapleVR3 die Variable implizit als lokal und gibt eine Warnung aus (?interface, ?warnlevel).

options <nseq> : Für Spezialisten gibt es die kontext-sensitive Hilfe options in der proc-Hilfe.
description<string> : In Backquotes (') kann eine Beschreibung vorangestellt werden.
<statseq> : Folge von Statements, d.h. der Rumpf der Prozedur.

Der Aufruf der Prozedur geschieht mit name(<Argumente>). Der Wert einer Prozedur ist der Wert des letzten ausgeführten Statements oder eines RETURN.

```
> restart;
> test:=proc(x1,x2) local a; global b,c;
> a:=x1; b:=x2; d:=x1^2;
> if x1<x2 then RETURN(x1+x2) fi;
> print(`d=`,d);
> c:=x1-x2;
> end;
>
Warning, `d` is implicitly declared local
```

```
test := proc(x1,x2)
     local a,d;
     global b,c;
        a := x1;
        b := x2;
        d := x1^2;
        if x1 < x2 then RETURN(x1+x2) fi;
        print('d=',d);
        c := x1-x2
     end
```
> test(1,2);a;b;c;d;
> test(2,1);a;b;c;

## *Differentialgleichungen* (?dsolve)

Die Lösung von DGLn erfolgt mit `dsolve(deqns, vars)` oder `dsolve(deqns, vars, options)`. Darin bedeutet

- `deqns`: eine gewöhnliche DGL oder eine Menge (?set) von DGLn in den Variablen `vars`. Anfangsbedingungen werden als eine Menge von Gleichungen dieser Menge hinzugefügt.

- `vars`: Variable (oder Menge davon), nach denen die DGLn gelöst werden sollen.

- `options`: Optionen können durch <Schlüsselwort> oder <Schlüsselwort>=<Wert> angegeben werden. Es stehen zur Verfügung: `exact`, `explicit`, `laplace`, `series`, `numeric` (Hilfe dazu am besten kontext-sensitiv in der `dsolve`-Hilfe holen).

Wenn möglich, wird eine geschlossene Lösung in expliziter oder parametrischer Form geliefert. Integrationskonstanten erscheinen als $\_C1$, $\_C2$ u.s.w. Ableitungen in den Anfangsbedingungen werden mit dem D-Operator angegeben: `D(D(y))(0)` oder `(D@@2)(y)(0)`. Bei numerischen Lösungen *müssen* Anfangsbedingungen angegeben werden. Numerische Lösungen stehen als Prozedur zur Verfügung (`listprocedure` – `procedurelist`, Beispiele siehe Newton-Worksheets). Für einen ersten Einstieg finden Sie auch in der Maple-Hilfe zu `dsolve` eine ausreichende Zahl von Beispielen. Nachdem fast im ganzen Buch mit Differentialgleichungen gearbeitet wird, wäre es nicht sinnvoll, an dieser Stelle noch weitere Beispiele zu bringen. Für eine gezielte Suche steht Ihnen das Programm `stich.m` zur Verfügung.

*Arbeiten mit Lösungen von DGLn*: Die Lösungen von DGLn können wie gesagt wie Funktionen oder Prozeduren gehandhabt werden. Erwähnenswert ist an dieser Stelle aber vor allem die graphische Darstellung von *numerischen* Lösungen, die mit `dsolve(..., numeric)` erzeugt wurden. Dazu steht im plots-package die Funktion `odeplot` zur Verfügung, die folgende Syntax hat:

```
odeplot(s,[vars],r1,r2,<options>);
```

Dabei ist:

- s: die Prozedur, die mit `dsolve(..., numeric)` erzeugt wurde
- vars: Liste von Variablen, die die Reihenfolge der Achsen bestimmen (2D oder 3D)
- r1: „Domain" a..b (unabh. Variable)
- r2: „Bereich" c..d (Lösungsfunktion)
- <options>: wie in plot oder plot3d

```
> l:=dsolve({diff(x(t),t$2)=sin(x(t)), x(0)=1, D(x)(0)=0},
>            x(t), numeric);
  l := proc(rkf45_x) ... end
```

Falls Sie sehen wollen, wie man programmieren *läßt*, führen Sie den nächsten Befehl aus und gehen dann zurück zu `l:=dsolve...` Anschließend können Sie wieder `verboseproc=1` setzen.

```
> interface(verboseproc=2);
> plots[odeplot](l,[t,x(t)],0..5);
> plots[odeplot](l,[x(t),t],0..5);
```

Fehlerquellen bei der Verwendung von `odeplot`:
- Anfangsbedingungen fehlen: `dsolve(.., numeric)` meldet Fehler.
- DGL und Anfangsbedingungen werden nicht als Menge { } angegeben.
- Die Variablen werden nicht als Liste [ ] angegeben.

*Graphische Darstellung* (ohne `dsolve`): Ist man nur an einer schnellen graphischen Darstellung der Lösung von DGLn interessiert, so verwendet man die Befehle `DEplot`, `DEplot1`, `DEplot2`, `dfieldplot` und `phaseportrait`.

## *Typen und Strukturen* (?type)

Neben den einfachen Datentypen kennt Maple die strukturierten Typen Folge (?sequence), Menge (?set) und Liste (?list).

*Die Folge* ist eine Aufzählung von Ausdrücken, die durch Kommata getrennt werden:

```
> restart;
> Folge:= a, b, c;
```
$$Folge := a, b, c$$

Auswahl eines Elements und Anfügen weiterer Elemente:
```
> Folge[2];
> Folge, x,Folge;
```

$$b$$

$$a, b, c, x, a, b, c$$

Auf eine Folge ist kein Zugriff mit op alleine möglich, d.h., die exprseq ist noch kein Operand:
```
> op(Folge); whattype(Folge);
Error, wrong number (or type) of parameters in function op
```

$$exprseq$$

*Aufbau von numerischen Folgen* mit dem seq-Befehl (?seq):
```
> langeFolge:=seq(x,x=1..30);
```

$$langeFolge := 1, 2, 3, 4, 5, 6, 7, 8, 9, 10, 11, 12, 13, 14, 15,$$
$$16, 17, 18, 19, 20, 21, 22, 23, 24, 25, 26, 27, 28, 29, 30$$

*Listen*: Die Folge ist die „sprachliche Grundkonstruktion" in einer Liste, die die *Reihen*folge garantiert.
```
> Liste:=[Folge,a];
> op(Liste);
> Liste[3];
> whattype(Liste);
```

$$Liste := [\,a, b, c, a\,]$$

$$a, b, c, a$$

$$c$$

$$list$$

*Mengen* werden von Maple „betont mathematisch" behandelt, d.h., die Reihenfolge der Elemente spielt keine Rolle. In der Anwendung resultiert daraus die Fehlerquelle der falschen Bezugnahme auf ein Element. Wenn man sich aber daran gewöhnt hat, lernt man, diesen Typ zu schätzen, zumal auch Mengenoperationen wie minus oder union und intersect möglich sind:
```
> Menge:={Folge,Folge,langeFolge} minus {5} union {X,Y,Z};
```

$$Menge := \{1, 2, 3, 4, 6, 12, 13, 14, 15, 21, 22, 23, 7, 8, 24, 25,$$
$$26, 27, 28, 16, 17, 18, 19, 20, 29, 30, 9, 10, 11, c, b, a,$$
$$X, Y, Z\}$$

*Tabellen* (?table): Der wohl wichtigste Datentyp in Maple ist – wie in jeder modernen Interpreter-Sprache – die Tabelle. Das liegt daran, daß diese Sprachen (und damit ein CAS) von Grund auf so strukturiert sind. Will man nämlich möglichst allgemein gehaltenene Anweisungen verarbeiten lassen, so benötigt man eine entsprechend allgemein gehaltene Struktur. Diese liegt mit dem Typ table vor und *kann* mit table(F,L) deklariert werden. Man kann die optionale Indexfunktion F (?indexfcn) selbst definieren oder auf eine vordefinierte zurückgreifen. Sie wird aber im „Normalgebrauch" nicht benötigt. Ebenso kann man sich meistens eine Initialisierungsliste L sparen, weil eine implizite table-Deklaration möglich ist. Das wichtigste Merkmal der table ist der *beliebige* Indextyp. Jeder gültige Ausdruck ist erlaubt. Experimentieren Sie mit den folgenden Beispielen:

```
> restart;
> tab[1]:=eintrag1;   # normale ganzzahlige Indizierung
```
$$tab_1 := eintrag1$$

Zur Ausgabe einer Tabelle hat man drei Möglichkeiten (siehe Worksheet):
```
> op(tab); # Ausgabe der Table mit dem op-Befehl
> eval(tab); # gleiche Wirkung wie op
> tab(); # Auswertung wie bei Prozedur
```

Der Name alleine genügt nicht (wie bei der Funktion und Prozedur):
```
> tab; # nur der Name
```
$$tab$$

Zugriff auf Indizes und Einträge:
```
> indices(tab); entries(tab);
```
$$[1] \quad [eintrag1]$$

Hinzufügen von Einträgen:
```
> tab[Gleichung]:=x^2=exp(sqrt(-4));
```
$$tab_{Gleichung} := x^2 = e^{(2I)}$$

```
> tab[geschachtelt]:=tab[tab[Gleichung]];
```
$$tab_{geschachtelt} := tab_{x^2 = e^{(2I)}}$$

```
> op(tab);
```
$$\text{table}([\\
1 = eintrag1\\
Gleichung = (x^2 = e^{(2I)})\\
geschachtelt = tab_{x^2 = e^{(2I)}}\\
])$$

Wenn Sie das obige Beispiel (und die folgenden) mehrfach abarbeiten, werden Sie u.U. feststellen, daß sich in der Ausgabe die Reihenfolge ändert. Es bleibt jedoch die eineindeutige Zuordnung bestehen. Dies ist eine Maple-Eigenart, die man bei der Verwendung des op-Befehls berücksichtigen muß, wenn man unliebsame Überraschungen vermeiden will. Selbstverständlich lassen sich auch Bäume aufbauen:

```
> restart;
> Energie[kinetisch]:=m/2*v^2; Energie[potentiell]:=m*g*h;
```

$$Energie_{kinetisch} := \frac{1}{2} m v^2$$

$$Energie_{potentiell} := m g h$$

```
> Energien[mechanische]:=op(Energie);
```

$$Energien_{mechanische} := \text{table}([$$
$$kinetisch = \frac{1}{2} m v^2$$
$$potentiell = m g h$$
$$])$$

```
> indices(Energien); entries(Energien);
> Energien[mechanische][kinetisch];
```

$$[\,mechanische\,]$$

$$[\text{table}([$$
$$kinetisch = \frac{1}{2} m v^2$$
$$potentiell = m g h$$
$$])]$$

$$\frac{1}{2} m v^2$$

```
> elEnergie[Kondensator]:=1/2*C*U^2;
> elEnergie[Spule]:=1/2*L*J^2;
```

$$elEnergie_{Kondensator} := \frac{1}{2} C U^2$$

$$elEnergie_{Spule} := \frac{1}{2} L J^2$$

```
> entries(Energie); indices(Energie);
```

$$\left[\frac{1}{2} m v^2\right], [\,m g h\,] \qquad [\,kinetisch\,], [\,potentiell\,]$$

```
> Energien[elektrische]:=op(elEnergie);
```

$$Energien_{elektrische} := \text{table}([$$
$$Kondensator = \frac{1}{2}CU^2$$
$$Spule = \frac{1}{2}LJ^2$$
$$])$$

```
> Physik[Energien]:=op(Energien);
```

$$Physik_{Energien} := \text{table}([$$
$$mechanische = \text{table}([$$
$$kinetisch = \frac{1}{2}mv^2$$
$$potentiell = mgh$$
$$])$$
$$elektrische = \text{table}([$$
$$Kondensator = \frac{1}{2}CU^2$$
$$Spule = \frac{1}{2}LJ^2$$
$$])$$
$$])$$

```
> Physik[Energien][mechanische][potentiell];
```

$$mgh$$

*Arrays* (?array) sind nichts anderes als spezialisierte Tabellen, in denen nur ganze Zahlen als Indices erlaubt sind, z.B. eindimensional:

```
> ar:=array(-1..2,[1,2,3,7]);
```

$$ar := \text{array}(-1..2, [$$
$$(-1) = 1$$
$$(0) = 2$$
$$(1) = 3$$
$$(2) = 7$$
$$])$$

B.2 *Details*

*Vektoren* (`?vector`) und *Matrizen* (`?matrix`) sind spezielle Array-Typen. Der Gebrauch des Typs `vector` erscheint überflüssig, weil das Arbeiten mit Listen bequemer ist und alle Vektoroperationen damit ebenso funktionieren. Außerdem wird in Release 4 dieser Typ geändert. Falls Sie aber dennoch damit arbeiten, benötigen Sie zur Auswertung den `map`-Befehl (vgl. Newton-Worksheets).

## Befehle zur Steuerung

*Verzweigung* (`?if`):

```
if <conditional expression> then < statement sequence>
|elif <conditional expression> then <statement sequence> |
|else <statement sequence> |
fi
```

Die in || eingeschlossenen Wendungen sind optional. Erläuterungen finden Sie in der Online-Hilfe.

*Schleifen*: Wie beim `if`, hält sich die Maple-Syntax auch beim `for` und `while` eng an das Übliche: `for <Laufbereich> do <Befehlsfolge> od`. Man muß allerdings immer im Hinterkopf behalten, daß man in einem *Worksheet* arbeitet und keinen Compiler hat, der einem „Syntaxfehler" meldet. Deshalb ist vor der ersten Benutzung von Schleifen ein Hinweis angebracht:

**Hinweis**: Wenn Sie bei der Eingabe einer `for`-Schleife das abschließende `od` vergessen, interpretiert Maple das so, daß alles zur Schleife gehört, was nach `do` eingegeben wird! Wenn Ihr Computer also „nicht mehr reagiert", kann das an einem fehlenden `od` liegen, das dann nachgetragen werden muß: zunächst an beliebiger Stelle, dann an der richtigen. Ein leicht überschaubares Beispiel (jeder Befehl steht in einer eigenen Input-Region):

```
> for i to 2 do
> a:=i;
> # vergessenes od
> b:=2+7;
> # warum kommt keine Ausgabe???
> restart;
> b:=2+7;
> #funktioniert auch nicht!
> #abspeichern und neu einlesen? auch nicht!
```

Erst nach diesem `od` geht es weiter!

```
> od;
```

$$a := 1$$

$$b := 9$$

In einem längeren Worksheet, in dem z.B. versehentlich ein od gelöscht wurde, ist das nicht so offensichtlich... aber Sie kennen jetzt das Symptom. Die allgemeine Syntax für eine Schleife lautet:

|for <name>| |from <expr>| |by <expr>| |to <expr>| |while <expr>|
do <statement sequence> od;

oder:

|for <name>| |in <expr>| |while <expr>|
do <statement sequence> od;

Hier die drei leicht abgeänderten Beispiele aus der Online-Hilfe:

1. Ausgabe des 17ers von 6 bis 100:

```
> for i from 6 by 17 to 100 do  print(i)   od;
```

2. „find the sum of all two-digit odd numbers": (Das Beispiel aus der Hilfe funktioniert in R3 nicht, weil sum reserviert ist, die laufende Ausgabe wird (hier) durch den Doppelpunkt nach od unterdrückt.)

```
> summ := 0;
> for i from 11 by 2 while i < 100 do
>     summ := summ + i
> od:
> summ;
```

$$summ := 0$$

$$2475$$

3. „add together the contents of a list":

```
> bob:=1,4,7,nocheins:
> summ:=0;
> for z in bob do
>     summ:=summ+z
> od;
```

$$summ := 0$$

$$summ := 1$$

$$summ := 5$$

$$summ := 12$$

$$summ := 12 + nocheins$$

intro3.ms

# C

# Worksheets

Die folgende tabellarische Auflistung dient dazu, dem Inhalt das entsprechende Worksheet zuzuordnen. Zur umgekehrten Zuordnung (Worksheet → Inhalt) kann das Programm *stich.ms* verwendet werden.

**Maple-Einführung**

| | |
|---|---|
| *Worksheets, einfache Befehle, Funktionen, Graphik:* Das Wichtigste zum Einstieg für Maple-Neulinge | *intro1.ms* |

**Kinematik**

| | |
|---|---|
| *Gleichförmige Bewegung:* x-t-Diagramme, zusammengesetzte Bewegungen, Statistikbefehle | *kino1.ms* |
| *Beschleunigte Bewegung:* Momentanwerte, Infinitesimalrechnung, Newtons Physik mit Newtons Mathematik | *kino2.ms* |
| *Dreidimensionale Kinematik:* Vektoren, 3D-Plots | *kino3.ms* |

**Dynamik**

| | |
|---|---|
| *Die Bewegungsgleichung:* geschlossene Lösung, mit der Lösung arbeiten (Bsp. Wurf) | *newton1.ms* |
| *Ausflug in die Elektrodynamik* (Teilchenbahnen in elektromagnetischen Feldern) | *newton2.ms* |
| *Prozedur zur geschlossenen Lösung:* Automatisierung I | *newtpro.ms* |
| *Prozedur zur numerischen Lösung:* Automatisierung II | *numnewt.ms* |
| *Anwendungen:* Das Worksheet *maschine.ms* verarbeitet jedes Kraftgesetz zu einer Bahn. Es benötigt dazu nur die Prozeduren *procnewt.m* und *procnumn.m*. | *maschine.ms* |

Nach der Newtonschen Physik wird die Wellenphysik mit Maple behandelt. Dabei ergeben sich durch die vielfältigen Möglichkeiten der graphischen Darstellung interessante und neue Aspekte. Vor allem die Animationen eignen sich zur Simulation von Experimenten.

### Schwingungen

*Standardthemen:* Überlagerung, Schwebung, Lissajousfiguren, Epizyklen   *oszi.ms*

*schnelle Fouriertransformation:* diskretes Spektrum, schon etwas anspruchsvoller   *fft1.ms*

*Fourieranalyse und -transformation:* Das brauchen wir immer wieder!   *fourier.ms*

### Wellen

*Wellengleichung:* partielle DGLn mit Maple? Arten, Eigenschaften der Lösungen   *wellen1.ms*

*Superposition:* Wellenpakete, Animation   *paket1.ms*

*Wellentypen:* transversal, longitudinal... zum Spielen   *wellen2.ms*

*Form aus Kohärenz:* Das Huygenssche Prinzip ist der Dreh- und Angelpunkt   *wellen3.ms*

Experimente mit Wellen, Dopplereffekt   *wexp.ms*

*Anwendungen:* Doppelspalt, Gitter, Spalt, Simulation und Animation   *wellen4.ms*

Das Bindeglied von der klassischen Physik zur Quantenphysik ist das Wirkungsprinzip. Mit Maple kann man untersuchen, wie dieses Prinzip aus der unendlichen Zahl der virtuellen Bahnen die klassische Bahn herausfiltert.

### Das Wirkungsprinzip

*Die Wirkungsfunktion:* Veranschaulichung, stückweise gleichförmige Bewegung   *wirf1a.ms*

*Schwache Extrema:* Auf der Suche nach der wirklichen Bahn   *wirf2.ms*

Wirkungsfunktion im Parameterraum   *wirf3.ms*

Wirkungsfunktion und Fourierkoeffizienten   *fourw.ms*

*Lineare Approximation:* Wirkungsprinzip, näherungsweise mit Prozeduren   *wirf4.ms* / *wirf5.ms*

*Zufallspfade:* Feynmans Pfadintegrale?   *montew.ms*

Der Übergang zur Wellenmechanik vollzieht sich nahtlos und wird an Beispielen aus der klassischen Physik demonstriert. Allerdings werden nun die Rechenzeiten und der Speicherbedarf etwas größer.

## Wirkungswellen

| | |
|---|---:|
| *Klassische Beispiele:* Wurfparabel (etwas verfremdet) | *wiwurf.ms* |
| Orthogonaltrajektorien (Bahn und Wellenfronten) | *wiwurf1.ms* |
| Zentralfeld (auch darin können sich Wellen bewegen) | *wiwe2.ms* |
| Rydberg-Atome (Gegenstand der aktuellen Forschung) | *rydb.ms* |
| H-Atome (Altvertrautes) | *hydrogen.ms* |

## Theorie

| | |
|---|---:|
| Feynman-Propagator (unendlichdimensionale Integrale?) | *propa.ms* |
| Schrödinger-Gleichung (CAS und Interpretation) | *schroe.ms* |
| Bohm-Interpretation (CAS und Heuristik) | *qpot.ms* |
| PC-Forschung | *bohm.ms* |

## Anhang

## Gewöhnliche Differentialgleichungen

| | |
|---|---:|
| *DG-Werkzeuge:* Ohne Kamke und Bronstein | *madg1.ms* |
| *lineare DG 1.Ordnung:* Aperiodisches | *mld1g1.ms* |
| *lineare DG 2.Ordnung:* Periodisches | *mld2g1.ms* |
| Homogenes und Inhomogenes | *mld2g2.ms* |

## Maple

| | |
|---|---:|
| *Routine:* Gleichungen lösen, Funktionen plotten | *intro2.ms* |
| *Details:* Mit allen möglichen Typen umgehen | *intro3.ms* |

| | |
|---|---:|
| *PostScript-Plots* mit Maple beschriften | *fig.ms* |
| *Elektronischer Index:* interaktiv! | *stich.ms* |

Außer der alphabetischen Liste der Worksheets (mit Kurztiteln) kann mit *stich.ms* eine vollständige Liste der Stichwörter und ihrer Fundstellen (in den Worksheets) ausgegeben werden. Ebenso ist eine gezielte Stichwortsuche (incl. Maple-Befehle) möglich sowie die Änderung von Einträgen.

# Literaturverzeichnis

[1] R.P.Feynman. *QED - Die seltsame Theorie des Lichts und der Materie.* Piper, 1990.

[2] E.Schrödinger. Der stetige Übergang von der Mikro- zur Makromechanik. *Die Naturwissenschaften,* 28:664, 1926.

[3] P.A.M.Dirac. *The Principles of Quantum Mechanics.* Oxford Science Publications, fourth edition, 1958.

[4] R.P.Feynman and A.R.Hibbs. *Quantum Mechanics and Path Integrals.* McGraw-Hill Publishing Company, 1965.

[5] I.Prigogine, I.Stengers. *Das Paradox der Zeit.* Piper, 1993.

[6] D.Bohm, B.J.Hiley. Unbroken Quantum Realism, from Microscopic to Macroscopic Levels. *Physical Review Letters,* 55, 23:94, 1985.

[7] R.P.Feynman, R.B.Leighton, M.Sands. *Lectures on Physics, Vol.I-III.* Addison-Wesley, 1966.

[8] W.Dittrich, M.Reuter. *Classical and Quantum Dynamics.* Springer, 1992.

[9] W.Ellis, E.Johnson, E.Lodi, D.Schwalbe. *MapleV in der mathematischen Anwendung.* Internat. Thomson Publ., 1994.

[10] M.Kofler. *MapleV Release3.* Addison-Wesley, 1994.

[11] Chr.Huyghens. *Abhandlung über das Licht (1678).* Wissenschaftliche Buchgesellschaft, 1964.

[12] I.N.Bronstein, K.A.Semendjajew. *Taschenbuch der Mathematik.* Nauka, Teubner, Deutsch, 1991.

[13] J.D.Jackson. *Classical Electrodynamics.* J.Wiley, 1962.

[14] A.Messiah. *Quantenmechanik Band 1.* W. de Gruyter, 1976.

[15]  R.Penrose. *Computerdenken*. Spektrum der Wissenschaften, 1991.

[16]  A.Budó. *Theoretische Mechanik*. VEB, 1962.

[17]  H.Goldstein. *Klassische Mechanik*. Akademische Verlagsgesellschaft F.a.M., 1963.

[18]  M.Heil, F.Kitzka. *Grundkurs Theoretische Mechanik*. Teubner Studienbücher, 1984.

[19]  L.D.Landau, E.M.Lifschitz. *Lehrbuch der theoretischen Physik Band I Mechanik*. Akademie-Verlag Berlin, 1981.

[20]  Ch.W.Misner, K.S.Thorne, J.A.Wheeler. *Gravitation*. Freeman, 1973.

[21]  A.Sommerfeld. *Atombau und Spektrallinien I.Band*. Vieweg, 8.Auflage, 1969.

[22]  S.Flügge. *Rechenmethoden der Quantentheorie*. Springer-Verlag, 1965.

[23]  K.-H. Besch H.-Th.Prinz and W.Nakel. Spin-Orbit Interaction of the Continuum Electrons in Relativistic (e,2e) Measurements. *Physical Review Letters*, 74/2:353–357, 1995.

[24]  M.Nauenberg. Quantum wave packets on Kepler elliptic orbits. *Physical Review A*, 40,N.2:1133, 1989.

[25]  J.A.Yeazell and Jr. C.R.Stroud. Observation of fractional revivals in the evolution of a Rydberg atomic wave packet. *Physical Review A*, 43, N.9:5153, 1991.

[26]  L.D.Landau, E.M.Lifschitz. *Lehrbuch der theoretischen Physik Band III Quantenmechanik*. Akademie-Verlag Berlin, 1979.

[27]  A.Messiah. *Quantenmechanik Band 2*. W. de Gruyter, 1979.

[28]  L.I.Schiff. *Quantum Mechanics*. McGraw-Hill, third edition, 1968.

[29]  A.Sommerfeld. *Atombau und Spektrallinien II.Band*. Vieweg, 4.Auflage, 1967.

[30]  D.J.Bohm, C.Dewdney, B.H.Hiley. A quantum potential approach to the Wheeler delayed-choice experiment. *Nature*, 315:2511, 1985.

[31]  C.Philippidis, C.Dewdney, B.J.Hiley. Quantum Interference and the Quantum Potential. *Il Nuovo Cimento*, 52B, N.1:15, 1979.

[32]  C.Philippidis, D.Bohm, R.D.Kaye. The Aharonov-Bohm Effect and the Quantum Potential. *Il Nuovo Cimento*, 71B, N.1:75, 1982.

# Index

Maple-Befehle sind unter dem Oberbegriff Maple zu finden. Unterstrichene Seitenzahlen verweisen auf kurze Einführungen.

Ableitung, 40, <u>279</u>
Anfangsbedingung, 60, 62, 64, 65
Animation, <u>283</u>
aperiodischer Grenzfall, 266
Apsidenkreis, 201
Array, <u>295</u>
Assignment, 13
Auflösung, 146

Bahn
    Elektron auf Kreis, 213
    im Zentralfeld, 200
    virtuelle, 160
    wirkliche, 160, 172
Bahngleichung, 55
Befehle, 9, 10, 12, 17, 20, 22, 277
    zur Steuerung, <u>296</u>
Bewegung
    beschleunigte, 40
    dreidimensionale, 55
    gleichförmige, 29
    im Zentralfeld, 200
    stückweise gleichförmige, 34
Bewegungsgleichung, 27, 60, 61, 65, 115
    Anwendungen, 90
    geschlossene Lösung, 76
    numerische Lösung, 82

Bindung, 14, 280

Charakteristik, 138
charakteristische Funktion, 184

Dämpfung, 265
Differentialgleichung, 60, <u>290</u>
    2.Ordnung, 262
    gewöhnliche, 243
    homogene, 274
    inhomogene, 260, 274
    Lösungskurven, 244
    lineare mit konst. Koeff., 255
    partielle, 115
    Reduktion der Ordnung, 270
    Riccati, 253
    System, 262
Differentialquotient, 43
Differentialrechnung, 27, 42
Differenzengleichung, 259, 271
Differenzenquotient, 43
Diffusionsgleichung, 124
Dispersion, 128
Doppelspalt, 141
Drehimpuls, 200

Eigenvektor, 259, 263
Eigenwert, 258, 265, 266
    komplexer, 270
Ellipse, 200
Epizyklen, 101
Exponentialfunktion, 255, 259

negative Basis, 260
Extremalprinzip, 161
Extremum
    schwaches, 164

Feynman, 176, 183
    Propagator, 222
Fibonacci, 272
Folge, <u>291</u>
    geometrische, 259
Fourierkoeffizient, 102, 103, 106
Fourierreihe, 102, 106
Fouriertransformation, 106, 125, 229
    schnelle, 102
Frequenzband, 109
Funktion, 16, 40
Funktional, 156

Gaußverteilung, 110, 125
Geschwindigkeit
    mittlere, 35
    momentane, 40
Gleichgewicht, 151
    dynamisches, 153
    radioaktives, 257
Gleichung, 30, <u>277</u>
    lösen, 30
    Lösung, <u>277</u>
Gleichungssystem, 170, <u>278</u>
    53-dimensionales, 174
Graphik, 21
Grenzwert, 42, 47

Hamilton, 151
Hamilton-Jacobi-Gleichung, 232
Hamiltonsches Wirkungsprinzip, 156
Histogramm, 51
Huygens, 97, 133
Hyperbel, 200

Impulsunschärfe, 217
Infinitesimalrechnung, 27, 47
Integral, <u>280</u>
Integralrechnung, 42

Integrationskonstante, 243
Intensitätsverteilung, 143
Interferenz, 133
    -ellipsen, 142
    -hyperbeln, 142, 235
    Anwendungen, 141
    Fernzone, 143
    Nahzone, 143
    Wirkungswelle im Zentralfeld, 207
Isokline, 250
Iteration, 261

Keplerbewegung, 84
Kinematik, 27, 29, 55
Kohärenz, 132
komplexe Zahlen, <u>285</u>
Kontinuitätsgleichung, 233
Kraftgesetz, 76
    ballistisches, 94
    konstante Kraft, 91
    lineares, 91
    lineares mit Dämpfung, 91
    Lorentzkraft, 91
    mathematisches Pendel, 94
    Wurf mit Luftwiderstand, 91
    Zentralfeld, 94
Kugelfunktion, 220
Kugelwelle, 234
Kurvenfit, 53
Kurvenschar, 33, 245
Kurvenscharen
    orthogonale, 204

Lösung
    partikuläre, 275
Lösungsmenge, 243
Lagrangefunktion, 156, 158
Laplacetransformation, 273
Library, 19
lineare Approximation, 42, 172
    Schwingung, 172
    Wurf, 172
Lissajous, 101

Liste, 41, 43, 292
Lokalisierung, 190
Lorentzkraft, 72
Lorentzlinie, 112

Maple
   :=, 13
   @, 279
   $, 44, 279
   _seed, 179
   alias, 285
   allvalues, 56
   angle, 67
   animate, 115, 283
   animate3d, 284
   array, 103, 295
   assign, 278
   assume, 126
   contourplot, 162
   crossprod, 72
   cylinderplot, 145
   D, 279
   dfieldplot, 248, 269
   diff, 40, 279
   Dirac, 109
   display, 20
   dotprod, 66
   dsolve, 60, 62, 77, 82, 116, 244, 255, 262, 274, 290
      numeric, Optionen, 290
   dsolve,explicit, 247
   eigenvals, 258, 263
   eigenvects, 259, 267
   equate, 61
   evalb, 39
   evalc, 187
   evalhf, 102, 103
   expand, 48
   FFT, 102, 103
   for, 49, 296
   fourier, 107, 125
   gradplot, 162
   Heaviside, 102, 106, 114

histogram, 37, 106
if, 296
iFFT, 105
implicitplot, 162, 283
insequence, 65
int, 280
invfourier, 108
laplace, 62, 262
laplace (Transf.), 273
leastsquare, 53
limit, 43, 47, 147
linsolve, 263
listprocedure, 82, 83, 290
lprint, 281
makeproc, 63, 77
map, 61
matrix, 258, 263
minus, 292
norm, 66
numeric, 82
odeplot, 82, 85
op, 280
phaseportrait, 254, 256, 269
plot, 20, 21, 31, 42, 282
plot3d, 22, 32, 282
pointplot, 283
polarplot, 144, 200
proc, 34, 76, 289
procedurelist, 82, 83, 290
pspl(), 25
rand, 177
randvector, 68
Re, 187
read, 18
readlib, 18
RETURN, 77
RootOf, 56, 263, 278
rsolve, 271
save, 18
seq, 33, 43, 291
series, 170
simplify, 39
solve, 55, 277

spacecurve, 56, <u>284</u>
stats, 35
subs, <u>280</u>
Sum, 50
sum, 46
table, 158, <u>293</u>
unassign, 69
union, <u>292</u>
value, 50, <u>280</u>
vector, 61
with, 18
Menge, 278, <u>292</u>
Mittelwert, 51

Newton, 90
Normierung, 225

Orbitals, 220
Orthogonaltrajektorie, 192, 251
Ortsfunktion, 40
Ortsunschärfe, 217, 229

Package, 20, 243
Parameterraum, 166
Pendel, 86
Pfad
    zufälliger, 176
Pfadintegral, 229
Phase, 114, 184
Phasengeschwindigkeit, 115
Phasengleichung, 269
Phasenportrait, 59, 87, 100, 254, 269
Plot, 20, 21, <u>282</u>
    dreidimensional, 22
    implizit, <u>283</u>
    parametrisch, 57, <u>282</u>
    PostScript, 25
Plotstruktur, <u>283</u>
Polarplot, 144
Polygonzug, 261
Polynom
    charakteristisches, 258
    Laguerre, 220
    Legendre, 220

Prinzip
    D'Alembertsches, 153
    der kleinsten Wirkung, 156
    der virtuellen Arbeit, 152
Propagator, 222
Prozedur, 17, 76, <u>289</u>

Quantenpotential, 232, 234, 240

Radialfunktion, 220
Radialverteilung, 220
Raumkurve, 56, 87
Region, 10
    Graphik, 11
    Input, 11
    Output, 11
    Text, 10
Reihe
    geometrische, 260
Rekursion, 259
Resonanzkurve, 276
Resonanzlinie, 110
Richtungsfeld, 248, 269
Rydberg-Atom, 213

Schrödingergleichung, 124, 230
Schwebung, 99
Schwerpunktsystem, 215
Schwingung, 97, 265
    Überlagerung, 98
    gedämpfte, 99
    schwaches Extremum, 168
    Wirkungsfunktion, 158
Schwingungsgleichung, 262, 271
Spalt, 146
Spektrum
    diskretes, 103, 106
    kontinuierliches, 109, 125
Stammfunktion, 48
Superposition, 98, 133

Tabelle, 293
Tangente, 40
Teilchen, 114

Term, 12, 13
    Manipulation, <u>280</u>
Trajektorie, 250
Tunneleffekt, 188
Typen, 291

Umkehrfunktion, 30, 56

Variation, 154
Variationsrechnung, 156
Vektor, 61, 62
Vielstrahlinterferenz, 143
Vieta, 271
virtuelle Arbeit, 151
virtuelle Verschiebung, 152

Wachstum, 255
Welle, 114, 184
Wellenfronten, 185
Wellenfunktion, 213, 230
    Elektron auf Kreisbahn, 219
Wellengleichung, 114
Wellenpaket, 125, 213
    stationäres, 219
    Zerfließen, 213
Winkelverteilung, 220
Wirkung
    Kurven gleicher, 163
Wirkungsfronten, 185
Wirkungsfunktion, 156, 158, 184
Wirkungsprinzip, 153, 160
    lineare Approximation, 172
Wirkungswelle, 185, 186, 234
    im Coulombfeld, 200
    Interferenz, 188
    stehende, 188
Worksheet, 9, 10
    editieren, 10
    Handhabungen, 11
    laden, 10
    speichern, 10
Wurf, 64, 66
    quantenphysikalisch, 198
    schwaches Extremum, 164

Wirkungsfunktion, 158
Wirkungswelle, 186

Zerfall, 255
Zufallszahl, 177
Zustand
    H-Atom, 220
    Wirkungswelle im Atom, 210
Zuweisung, 13
Zylinderplot, 145